INTO THE UNKNOWN

十问宇宙

[美] 凯尔西 · 约翰逊（Kelsey Johnson）著
柏江竹 译

The Quest to Understand the Mysteries of the Cosmos

中信出版集团 | 北京

图书在版编目（CIP）数据

十问宇宙 /（美）凯尔西·约翰逊著；柏江竹译 .
北京：中信出版社，2025. 9. --ISBN 978-7-5217
-8009-3

I. P159-49

中国国家版本馆 CIP 数据核字第 2025GK2865 号

十问宇宙

著者：　［美］凯尔西·约翰逊

译者：　柏江竹

出版发行：中信出版集团股份有限公司
（北京市朝阳区东三环北路 27 号嘉铭中心　邮编　100020）

承印者：　三河市中晟雅豪印务有限公司

开本：787mm×1092mm 1/16　　印张：21　　字数：270 千字
版次：2025 年 9 月第 1 版　　印次：2025 年 9 月第 1 次印刷
京权图字：01-2025-2729　　书号：ISBN 978-7-5217-8009-3
定价：69.00 元

致所有仰望星空并为之倾倒的人。

目 录

序 —— III

第 1 章 · 管窥宇宙 —— 001

第 2 章 · 知识是什么？ —— 015

第 3 章 · 大爆炸是如何开始的？ —— 039

第 4 章 · 外星生命真的存在吗？ —— 069

第 5 章 · 什么是暗物质和暗能量？ —— 111

第 6 章 · 黑洞里到底有什么名堂？ —— 133

第 7 章 · 时间的本质是什么？ —— 173

第 8 章 · 宇宙中存在其他的维度吗？ —— 197

第 9 章 · 是谁在操控背后的自然法则？ —— 229

第 10 章 · 宇宙是否经历过微调？ —— 265

第 11 章 · 我们在宇宙中究竟扮演什么角色？ —— 293

致谢 303

延伸阅读 305

注释 311

—— 序 ——

故事要从我的小学时期说起。那天，我走在放学的路上，脑子里突然闪过这样一个问题：“既然火的燃烧依赖于空气，那么在没有空气的太空中，恒星如何能够通过燃烧发出光和热呢？”

要么是我太愚钝了，无法理解这些看似矛盾的事实如何共存，要么这里的某个结论必然是错误的，而这意味着宇宙本身就不合逻辑。总之，当时我的内心迷茫而焦躁。那天晚上，我向母亲提出了这个问题，她回答道：“很抱歉，妈妈不够聪明，无法回答这个问题。如果你爸爸今晚在家就好了，他一定能解答。”（尽管我的母亲相当睿智，但她只上过高中。）也正是在那天夜晚，我才终于意识到，宇宙中有些事物超出了我的理解范围。同时我也暗自下定决心，未来一定要努力去理解它们。当时的我还坚信，哪怕一时无法理解其中的奥妙，我最终总能找到答案。

在初中时，我们的科学老师（感谢你，萨基特先生！）带我们班去参观了当地的州立大学。我们在那里旁听了几节课，其中包括一场关于小行星导致恐龙灭绝的天文学讲座。当时，我从未深入思考过恐龙为什么会灭绝，只是理所应当地认为这是一个“也许有人能解释清楚的知识点”。当得知小行星可能是恐龙灭绝的罪魁祸首时，我感到十分震惊，因为从来没有人告诉过我这一切。那天我们还旁听了一堂物理课，教授通过精彩的演示展示了角动量和磁力的神奇之处，这使我意识到，现实世界中存在一些看不见、摸不着却神通广大、令人着迷的神秘事物。虽然我还不太明白这意味着什么，但从学校回到家后，我立马就向母亲宣布：我要成为一名天体物理学家！

高中时期，一位老师带我们去参观附近州立大学的图书馆，那里的藏书量与我们本地的图书馆相比堪称浩如烟海。我简直不敢相信自己的眼睛，原来科学界已经积累了如此丰富的见解。或许，我可以在这里找到解开宇宙奥秘的答案。我在图书馆借阅了关于黑洞、时间旅行和多维空间的书籍。尽管有些我不太能看得懂，尤其是书中那些怪异的符号和数学公式，但这反而让我更对这些谜团着迷了。

进入大学后，我尽一切可能去学习关于宇宙的知识。凭着一股冲劲，我踏上了追求知识的旅程。经过几个学期的学习，随着我的数理基础知识掌握得越来越扎实，我清楚地认识到科研工作的重心反而是一些细枝末节的问题。令我惊讶的是，大学里的教授几乎不会探讨那些驱使着我选择天体物理学的深邃宇宙之谜。诚然，人们往往“只见树木，不见森林”，但同样，“只见繁星，不见宇宙”也会让人一叶障目。

当时，我以为所有教授都掌握着这些重大问题的答案，只是我缺乏足够的背景知识，未能理解他们传授的内容。现在回想起来，我觉得他们之所以不谈论那些重大问题，可能是因为他们也不知道答案，所以更专注于各自研究领域内的具体问题：那个黑洞的质量有多大？那些星系会碰撞吗？下一次超新星爆发何时到来？在我们探索宇宙奥秘的过程中，这些问题固然都很重要，但它们与激发我们学习天体物理学的那些美丽的存在主义问题相比，仍然稍显逊色。

随着知识的积累，我越发认识到人类对宇宙的理解是多么有限。太多的根本性问题仍然悬而未决：大爆炸是怎么发生的？时间的本质是什么？暗物质又是什么？还有一个同样重要的问题：知识究竟是什么？于是，我逐渐放慢了探索真理的脚步。也许等我顺利拿到博士学位后，我才能站在更高的视角上重新审视这些谜题，而那时的我或许能够取得新的进展。

如今的我，在经历了大学和研究生阶段的十年寒窗后，已在世界顶尖公立大学之一任教多年。在这段时间里，我精进了自己对已知宇宙的理解，也更加清楚地认识到哪些可能是不可知的。通过跨学科合作，尤其是与宗教学领域的同事们的交流，我也获得了宝贵的经验以及对多种认识论观点的见解。

近年来，我开始热衷于帮助人们理解那些构成宇宙奥秘的根基——哪怕是没有经历过长时间数学和科学训练的人，也能够从中获益。当然，掌握高等数学和尖端科学无疑会增强一个人的科学直觉。但我认为，即使一个人没有取得过天体物理学博士学位，也一样能理解很多内容。我有一个听上去可能有些天真的想法：如果所有人都对宇宙有更深入的理解，那将对整个人类大有裨益——毕竟我们每个人都是宇宙的一部分。

如果你期待的是读到一本关于“已解之谜”的书，那么你可能需要另寻他处。宇宙中的谜团无穷无尽，这对像我这样的科研工作者来说倒是不错的工作保障；但是当面临选取哪些内容写成一本书这个问题时，这又确实是一个不小的挑战。我和大多数正常人一样，选择了自己最钟爱的主题；也正是因为它们的存在，我常常辗转反侧，彻夜难眠。

本书将要探讨那些挑战人类知识和理解力极限的问题。每个问题的本质都可能是未知甚至不可知的——它们处在科学、哲学和神学的交汇点。我们会遇到一个又一个问题，最终的答案可能都是“上帝”。我要明确一点，在此我并不排斥某种超自然力量存在的可能性。事实上，综合在天体物理学领域的多年深耕，以及对宇宙未解之谜的长期探索，我通过纯粹的逻辑推理得出了以下这个结论：关于宇宙及其起源，必定存在我们尚未理解甚至永远无法理解的事物。我没有十足的把握来否定超自然力量的存在。当我们在本书的各个章节中触及理解的边界时，我将尽力提供一系列可能的解决方案，其中既包括“某种超自然力量”，也包括“我们尚未考虑到的东西”。但我不会告诉你哪个是“正确”的答案，因为我们人类至今依然未能掌握这些答案。

本书涉及的主题错综复杂。事实证明，宇宙演化至今也称不上结构清晰、层次分明，人类自然也写不出关于宇宙的结构清晰、层次分明的书。当你随着我共同踏上这段旅程时，你会发现越是深入探索这些谜题，不同主题之间的联系就越紧密。如果你感兴趣，不妨考虑再看一遍：第一遍先构建整体的知识体系，第二遍则专注于建立更深层次的关联。当然，仅仅是抽出时间阅读可能已经相当奢侈，但无论你是只看一章还是通读全书，甚至重读一遍这本书，我都由衷地感谢你对宇宙的好奇心。

我希望这本书能够启发读者去独立思考宇宙的奥秘。如果你能够坚持读到最后，相信你对我们有幸得以栖身的浩瀚宇宙所抱有的困惑与好奇将更甚以前。

第 1 章

管窥宇宙

天文学家在介绍自己的“天文学家”身份（有些深居实验室而很少抛头露面的人会自称“天体物理学家”）时，通常会得到这样的回应：“哇！我一直对星座很感兴趣！不过，天上的那些东西我们不是已经了解得差不多了吗？”

并非如此。更准确地说，远非如此。

我们只是刚刚触及冰山一角而已，甚至于这整座“冰山”可能只是一种幻觉。我在很多宴会上常常会感到困扰，原因之一在于闲谈的内容与现实的本质往往并不匹配。

当然，我们大可以不去在意那些涌动的暗流，正常地生活即可。我们用微波炉加热冷冻食品（即便有的时候加热得不够均匀），驾驶汽车在道路上疾驰（甚至自动驾驶已经出现），用计算机不停地计算各种各样的数据，其中一些还相当有用。我们向太阳系的各个角落都发射了探测器，而且还计划着将宇航员送到火星或其他地方进行探索。可以肯定的是，我们人类已经掌握了很多知识，似乎在一定程度上了解了我们所生活的世界。所以，认为我们已经对这个世界的方方面面了如指掌好像也情有可原。但我写这本书的目的是希望大家能够摆脱这种安逸的想法，勇敢地走出舒适区。考虑到我们的认知实际上极为狭隘，却在迈向宇宙的征程中依然取得了如此丰硕的成果，在我看来简直匪夷所思。

我们之所以认为整个世界都符合自己的直觉，其中一个原因大概是我们早已习惯了在这个世界中生活，于是很容易认为日常生活中的一些基本现象是理所当然的。它们好像本来就“应该”是这样的。例如，现在你可能坐在椅子上，或是站在地板上（当然也有可能是坐在地板上，不过最好不要站在椅子上），这是你最熟悉的日常体验之一。那么请你稍微花点儿时间想一想，地球重力把你拉向地面，其本质是地球的质量对你的质量具有某种吸引力，但是重力为什么发挥这样的作用呢？“本应如此”并不是一个令人满意的回答。我们在与孩子们相处的过程中往往有这样的感受，他们几乎从不接受“本应如此”这样的话，而是会刨根问底。这里其实还有另外一个问题，质量到底是什么？坦率来说，我们确实对质量和重力都有一定程度的了解，我也知道汽车的引擎盖下有一台发动机，但这并不意味着我知道发动机的工作原理（老实说，这方面我确实一无所知）。

人类在广阔无垠的宇宙中渺小如尘埃，这一点着实让人难以接受。宇宙在时间和空间上的尺度都远远超出了我们的理解能力，我常常觉得我们能做的只是认清重要的一点：我们并不能完全“理解”这个世界。哪怕是整日思考这些问题的天文学家，也很难真正理解时间和空间的浩瀚。我们中的很多人对于这种抽象概念已经感到麻木，而这种麻木或许可以帮助我们在未知面前保持理智。如果无法将这种麻木作为一种常态，那么时时刻刻凝视着深渊的我们可能会完全迷失自我。

然而，身处地球这颗小小星球上的我们，不仅试图理解我们称之为家园的“暗淡蓝点”，还在尽可能地尝试理解整个宇宙。这条探索之路任重而道远，而我们目前所掌握的只是九牛一毛。我们已经成功地向太阳系中的所有其他行星发射了一些像铁皮箱子的航天器，并且从中获取了不少数据，这无疑是人类的创造力所取得的伟大成就。尽管我们在宇宙中的存在微不足道，但是我们依然应当为自己身为人类而感到些许自豪（只是不要过于自大，我们也搞砸了很多事情）。

需要明确的是，我们可以使用的工具非常有限。从某种程度上来说，天文学家无异于拾荒者：除了从太阳系内获取的少量信息，光几乎是我们从宇宙中获取信息的唯一来源。因此，我们非常擅长捕捉光，并从中抽丝剥茧，挖掘出每一条有价值的信息。如果你下定决心要成为一名天文学家，那么你就需要花很多时间来学习如何分析光。除了分析光[1]，我们只能依赖自己的大脑和逻辑来进行探索。

然而，我认为传达一些有关宇宙的观念还是相当重要的。问题在于，通过一本书来做到这一点难如登天。你可能也意识到了，你手中的这本书对于整个宇宙而言不值一提。仅仅通过在这本书中看到的某些内容，比如一张银河系的图片，你的大脑就会进行一系列巧妙的处理——如此庞大的银河系居然可以浓缩在一本书的一幅图中，而大脑让我们认为这种事情“稀松平常”。虽然这种处理方式与真正站在（或者更恰当地说是飘浮在）银河系边缘，感受它向各个方向近乎无限的延伸有着天壤之别，但它却能让我们去试图理解这些复杂、巨大的事物，而不会感到过度困惑。

现在，天文学家拍摄了一些令人惊叹不已的宇宙景象。我们甚至记录了那些离开光源 130 亿年左右的光。这些光穿越了整个可见宇宙，最终落入我们的某个望远镜中。[2] 换句话说，我们可以回望 130 亿年前的历史。这是不是让你觉得自己就像站在一个黑暗且深不可测的深渊边缘？没错儿，事实就是这样。

我们先从比较贴近日常生活的事物说起，以便让你初步建立起对宇宙尺度的概念。如果有一条直通月球的高速公路，并且全程限速与地面上的标准差不多，你觉得我们需要多长时间才能开车抵达月球？答案是大约半年（仅考虑中途不停车的情况，所以也许你需要准备一大堆纸尿裤)。但你至少清楚“半年”大概有多久，除非你是一位年轻且早慧的读者，否则这应该是一段你经历过许多次的时间跨度。清清楚楚的事实也摆在眼前，月球是我们人类到达过的最远的地方。我再提一句，这并不是什么坏事，我对不受限制的外星殖民不感兴趣。我们对这种行为后果的伦理认识和道德理解远远跟不上一些组织的“雄心壮志”。不过到目前为止，我们只在 20 世纪中叶成功登陆过月球几次。仅此而已。

现在，国际空间站是人类常驻的距离地球最远的地方，也许它会让你觉得人类已经踏上了征服太空的征途。如果你在国际空间站经过头顶时开车前往，大约需要 4 个小时。也就是说，吃完早餐后出发，差不多午餐时间就能到达(理想条件下)。

我无意扩展到整个宇宙的尺度，而是向外迈出一小步，只在太阳系的尺度上展开阐述。如果太阳的大小是一个西柚，那么地球大约就相当于撒在纸杯蛋糕表面的糖霜颗粒。想象一下，把它们排列在一起进行比较(或者如果你手上有西柚和糖霜，可以实际操作一下，这时你的家人、室友或宠物或许也投来好奇的目光)。一个有趣的事实是，太阳内部大约可以装下 100 万个地球(如果你拥有超能力并且不在乎被烤焦的话，那么可以试试看)。根据我的发现，人们普遍会严重低估地球与太阳之间真实的比例关系，这不难理解。为了完整地展示太阳系，大部分书籍都不会按照比例绘制示意图，部分原因在于，如果严格地按比例绘图，那么读者恐怕除了太阳之外什么也看不见。这种在惯例上不按比例的示意图可能会让不知情的读者误以为，地球比实际情况大得多，与太阳之间的距离也比实际情况更近。如果这种视觉印象从小就根植于我们的大脑中，并最终成长为根深蒂固的观念，那么我们对自己以及我们在宇宙中所处位置的看法势必会被扭曲。

现在，基于上述有关西柚的类比，我们可以开始思考太阳与其他恒星之间的真实距离了。如果“太阳”西柚位于华盛顿特区，那么“最近的恒星”西柚大概位于美国西海岸某处，比如西雅图或洛杉矶。西柚之间相隔很远。当然，我想强调的关键在于，宇宙极为辽阔。这是一个理所当然的说法，但我认为它已经失去了应有的冲击力。其中一部分原因在于，我们这些普通人几乎无法直观地理解其中的尺度到底有多大。因此，与其直面这些尺度（以及人类相较之下有多么微不足道），我们不如将这一概念装进盒子里，塞到床底下，这样就不用去思考它了。这可能是一种经过精心设计的心理防御机制，以避免人类自身陷入持续的存在主义危机，我完全可以理解。但我认为，至少还是要保留一点儿存在主义危机，用来滋养我们的灵魂。

那些促使我们反思存在的本质以及知识局限性的体验是敬畏感的丰富来源。发生在最近几十年的一系列研究表明，敬畏感对人类的繁荣起到了重要作用，包括增强人类的创造力、好奇心和批判性思维能力。[3]心理学研究将敬畏概括为“宏伟”（vastness）和“顺应”（accommodation）这两大核心要素：“宏伟”指的是所有“被认为比自我大得多的事物，或者超出自我通常的经验水平或参考框架的事物”[4]；“顺应”则指的是为了同化新的信息或经验而更正现有心理结构的需求。[5]

毫无疑问，没有什么能比接触宇宙更能体现“宏伟”和“顺应”这两个概念的体验了。仅仅是“宇宙存在”这一纯粹的事实，以及我们何以“有”物而非“无”物，可能已经超出了人类所能理解的概念和现实。可是当我们再考虑其他事物的存在时，比如一种看不见但强大到足以导致宇宙加速膨胀的力，时间具有可延展性，我们所感知的维度可能只是现实世界的投影，甚至欧拉方程这样简洁的公式，你可能都会真切地感觉到，你的大脑正在为了顺应这些远超人类经验范围的宏伟概念而不断伸展。

别担心，我们不会立即把装着存在主义问题的盒子打开——在那之前，我们还有一些准备工作要做。在我们能够有意义地谈论我们不知道的事情之前，我们还需要花些时间思考我们如何（或者是否）了解任何事情，以及科学、神学和哲学在这一过程中各自扮演的角色。

忘记你了解的关于科学的一切

对很多人来说，他们可能只会在高中的课堂上接触科学。大学里可能还有几门大型入门级科学课程。通常，学生们会在上述经历中留下这样的印象：科学就是死记硬背、解方程和做“实验”——这些所谓的实验有无数人曾做过，并且都有明确的“标准”答案。这样的学习过程完全忽略了科学的本质，说白了，这与实际从事科学研究几乎毫无共同之处。归根结底，科学研究就是通过摆弄已知的事物来发掘宇宙中（顺便说一下，这包括我们的地球及其上面的一切）的新鲜事物，而这些新发现对你来说闻所未闻，甚至有可能对所有人来说都是前所未见的。

打个比方，就拿拼写和语法来说。有些人热衷于学习如何拼写单词和使用正确的语法。我猜喜欢学习拼写的人很少见，大多数人只是为了应付外界的要求而硬着头皮去学。然而，大多数学生也早在上高中前就能掌握拼写和语法的基础知识，并且依靠这些知识去做一些（在我看来）真正有趣的事情，例如阅读精彩的小说，以及撰写优美的诗篇，等等（并且我也认为他们往往会淡忘当初打基础时所经历的种种烦恼）。而如果你没有掌握拼写和语法的基本功，即便你再怎么努力，也很难读懂一部名著或是写出一篇好文章。

同样，在科学领域，死记硬背、解方程以及做那些根本无法揭示新发现的所谓“实验”就相当于学习拼写和语法。而很多人从来没有参与过相当于阅读名著或是吟诗作对这种水平的科学实践（虽然这并非他们的错）。当下的教育体系所面临的巨大挑战在于，如何找到方法来让学生体验到亲身参与科学探究的乐趣（没错儿，是真正发自内心的快乐），我指的是设计一个实验来回答你真正想探究的问题，而这个问题可能目前还没有人知道答案。有时候，科学家做实验只是出于好玩。

许多人对科学和科学家的看法往往深陷刻板印象当中。毕竟，一个普通人几乎接触不到专业的科学家，更不要说与他们互动了。例如，人们对创造力的看法总是缺乏创造性，以至于会认为科学并不需要创造力，这多少有些离谱了。你如果想解决一些具有代表性的重大问题（哪怕只是一些小问题），那就必须产出新的想法，甚至是一些听上去相当疯狂的想法。遵循科学中的规则就像学习拼写和语法规则一样。我们在写小说时是否需要遵循规则呢？某种程度上可以说是。写作中确实存在不少诀窍，如果无法熟练运用，那么写出来的作品就有可能会让别人难以理解（谢天谢地，我有一位编辑帮忙）。但如果只是一味地遵循公式化的规则，那么最终得到的作品很可能没多少人爱看。科学亦如是，在科学研究中有一些基本原则非常重要，它们确保了你的研究成果既稳固又能为更广泛的群体所用。但如果你想有所突破，那么创造力是不可或缺的。

还有一种普遍的看法是，科学中已没有多少可供解释的空间。弗里德里希·尼采有一段名言常常被人提起："一切事物皆服从于解释。在任何时期占据主导的解释，都是权力的产物，而非真理的体现。"（不过，我注意到这句话并不是他真正想说的意思。）[6] 在科学中，我们收集数据，尝试评估哪种理论最符合这些数据。这听起来相当直接，但决定哪种理论最契合，还要取决于你认为哪些因素最重要，是否认同此前做出的假设，以及是否相信数据具有代表性，等等。一名科学家必须每日三省其身："我要如何验证自己的解释是否正确？"如果这种验证难以进行下去，那就得转过头来仔细想想，自己到底有没有走在正确的道路上。

也就是说，我们还需要保持怀疑的态度。现在，"怀疑"这个词已经在日常语言中泛滥成灾了。对于科学家而言，"怀疑"并不意味着全盘否定。"怀疑"指的是审视任意既定主张的优缺点，并在这一过程中坚持证据优先。从这个意义上讲，科学家应当（也必须）时刻保持怀疑态度。在我看来，不仅是科学家，所有人都应该这么做。如果你总是不假思索地相信别人告诉你的一切，那么我可就要向你兜售夜空中的那些星星了（只是开个玩笑，这绝对是一个骗局，请别当真——不好意思）。你会毫不质疑地相信你读到的每一则新闻吗？此外，还有一个显而易见的问题，实际上你做不到采信每一条你所接收的信息，因为其中不可避免地会有一些相互矛盾的说法。这时候又该如何取舍呢？于是，怀疑主义闪亮登场。

最后，我完全认同将科学作为理解宇宙的工具，但想要最高效地使用工具，就必须了解它的局限性。诚然，我确实在某些情况下将螺丝刀的手柄当作锤子，或用餐刀来替代螺丝刀，但是倘若有更趁手的工具，结果一定会更好。就科学而言，它非常擅长验证那些可验证的事物，但是对于那些不可验证的事物，科学则显得有些无能为力。而宇宙最为深邃的奥秘恰恰隐藏在后者之中。

科学的边界

我们用大脑和逻辑已经取得了很多令人惊叹的成就，并且在将来还会不断地继续下去，但凡事皆有极限。有时，我们只要坚持不懈地付出努力，就能通过改进设备与实验流程来突破极限，得到答案。我们通常对此深信不疑，也就是说，但凡能够想到办法来推动某项实验，我们就必将解开其对应的谜团。用这种方式在现代科学前沿开疆拓土往往需要花费巨大的成本（不过并非总是如此）。比如，下一代超级对撞机或超大型望远镜造价不菲，却可能是解答一些宇宙未解之谜的关键。

有时，我们所面临的局限性折射出人类从事现代科学研究的时间（相对来说）还是太短暂了。毕竟，科学革命距今不足400年，而这仅占宇宙年龄的0.000 003%，地球年龄的0.000 01%。更何况，作为现代科学两大支柱的广义相对论和量子力学，其问世也才约一个世纪。这不仅意味着我们在科学探究方面还没来得及投入足够多的时间，也提醒我们，宇宙不会因人类的需求而主动揭晓答案。宇宙自有其理。你的博士论文需要一颗超新星的详细数据？那就请耐心等待下去，或许在未来约50年的时间里，你能有幸在银河系中找到一颗超新星。

有时，在尝试揭开宇宙本质的过程中，我们会遇到认知能力的限制。坦率地说，就是我们的大脑不够用了。想想看：人类DNA（即脱氧核糖核酸，携带着所有遗传信息）与黑猩猩的DNA仅相差约1.2%。尽管黑猩猩也很聪明，这毫无疑问，但你能教会它们微积分（更遑论广义相对论和量子力学）吗？假如我们人类的DNA再进化1.2%，那会变成什么样？我们的大脑将会具备何等惊人的抽象思维（以及其他我们甚至无法用语言描述的思维）能力？需要澄清的是，我并不是在鼓吹超人主义，而是想要强调：若是认为现有认知能力足以完全理解宇宙本质，那么这种傲慢本身就可能成为认知的桎梏。但这绝不意味着我们应该停下脚步。

有时，我们在探索宇宙本质时遇到的极限是根本性的（或看似是根本性的）。无论我们的大脑如何进化，某些自然法则中也有可能存在永远无法参透的奥秘。这意味着，我们可能永远无法完成某些实验

（希望你可以感受到我还是持保留意见的，并且我对此持乐观态度）。我们可能永远无法观测到黑洞内部究竟发生了什么，也可能永远无法探测到（更不用说与之交互）其他维度（如果它们的确存在的话），还可能永远无法破解宇宙起源背后无穷无尽的因果链（宇宙诞生的背后有何原因？宇宙诞生背后的原因背后有何原因？宇宙诞生背后的原因背后的原因背后有何原因？以此类推）。这很容易让人想起那个著名的“乌龟塔”寓言（详见后文）。我们在这里触碰到了科学的边界。

从定义上来说，科学命题的核心特征在于可验证性。不过，这里有一个小小的漏洞：当下不可验证不代表永远不可验证，但是至少要在理论上存在未来可操作的验证途径。如果一个观点或假说无法被验证，那并不意味着它是错误的，它只是无法被验证而已。但是这样一来，我们又如何知道它是否正确呢？在我看来，这些（或许）不可验证的想法恰好也是最有趣的想法，这可能是因为它们已经困扰了人类数千年。

已故作家、未来学家亚瑟 · C. 克拉克曾提出三条指导其思想体系的格言，即现在众所周知的“克拉克三定律”。[7] 每当我思索人类智慧和实验能力在当下所面临的极限时，这些“定律”总会浮现在我的脑海中：

> 1. 若一位德高望重但年事已高的科学家声称某件事是可能的，他们很可能是对的。若他们声称某件事是不可能的，他们很可能是错的。
>
> 2. 想要探索可能性的边界，必须敢于涉足不可能的领域。
>
> 3. 任何先进的技术，乍看之下都与魔法无异。

由于本书所探讨的诸多主题涉及未知（甚至永远不可知）的领域，

我们将频繁游走于实证探究（科学）、哲学和神学的交汇地带。这固然令人不安，却是最有趣的问题的所在之处，因此我们不必因为复杂或沉重而回避这些话题。倒不如说，正因为它们纷繁复杂，并且在多种信仰体系中具有重要意义，才恰恰说明它们有讨论的必要。当然，在深入其中之前，别忘了带着审慎与尊重的态度。

在正式启程之前，请允许我最后提一个请求：保持好奇。你既然已经捧起了这本书，相信你心中一定尚存探索的火种。还记得小时候你用无数个“为什么”在大人耳边如连珠炮般抛出的一个又一个问题吗？现在正是重新点燃这股精神的好时机，请将类似“因为我是这样说的”这样的话语暂时抛于脑后，这是成年人给出的最能扼杀好奇心的回答之一。如果你能时刻保持好奇，世界会变得更加有趣。而科学的进步也正是因为我们的好奇心。此外，也请学会容忍对某个问题的回答是“我们不知道”——这里的“我们”指的是全人类。当你听到这样的回答时，或许摆在你的面前的挑战正是：“我们如何才能找到答案？”如果你破解了这个难题，那么未来的某一天你可能会将诺贝尔奖收入囊中。

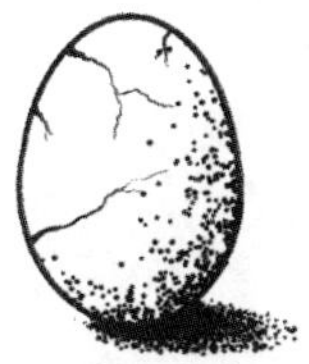

小　结

这是一本关于“我们不知道什么以及为何不知道”的书。但在论及未知之前，我们需要审视“知道”本身究竟意味着什么。如果无法如实地评估当前的知识与理解的版图，我们便无法揭示无知的领域。

理解知识的准确性会将我们直接引向人类感知的极限，以及我们对逻辑的隐性依赖。然而即便是逻辑，或许也并非能给出我们所期望的那种“真理”的解释。

因此，我们的探索之旅将从这个谦卑的问题开启：“我们究竟知道什么？”

第 2 章

知识是什么？

请列举出你知道的3件事。

现在请问问自己，你究竟是如何知道它们的？

也许你最先想到的就是你的名字。这确实是一个相当合理的答案，但你又是如何知道它的呢？大部分人给出的答案可能是"父母告诉我的"，或"我的出生证明上写着的"。很好！这都可以作为依据的一部分。但问题在于，这两种依据都有可能出错。例如，我敢说人类历史上的每个孩子都曾被他们的父母或监护人欺骗过。或许其中大多是善意的谎言（但愿如此），但谎言毕竟是谎言。你能100%确定父母告诉你的名字是真实的吗？也许你有99.99%的把握，但这与100%有本质区别。至于出生证明嘛……你确定这个世界上从未有人伪造过出生证明吗？

我们可以用类似的方法质疑你自认为知道的大多数事物，这是我经常在课堂上和学生玩的一个有趣而又令人沮丧的游戏。最终，你可能会提出类似"1 + 1 = 2"这样的事实。这总该是真理了吧？这总不可能会出错吧？嗯……

在阿尔弗雷德·怀特海和伯特兰·罗素合著的《数学原理》中，[1] 两人用了300多页的篇幅"证明"1 + 1 = 2，严谨地列出了一系列必需的假设和逻辑，才最终推导出这一关键结论（而这是我们在孩童时期甫一接触数学便认为是显而易见的事实）。即使是这个看似"显而易见”的结论，也建立在一些公理（或假设）之上，而这些公理则被视为“不证自明”的真理。也就是说，它们本身无法被证明。

$$*54{\cdot}43.\quad \vdash :. \alpha, \beta \in 1 . \supset : \alpha \cap \beta = \Lambda . \equiv . \alpha \cup \beta \in 2$$

Dem.

$$\vdash . *54{\cdot}26 . \supset \vdash :. \alpha = \iota`x . \beta = \iota`y . \supset : \alpha \cup \beta \in 2 . \equiv . x \neq y .$$

$$[*51{\cdot}231] \qquad \equiv . \iota`x \cap \iota`y = \Lambda .$$

$$[*13{\cdot}12] \qquad \equiv . \alpha \cap \beta = \Lambda \qquad (1)$$

$$\vdash . (1) . *11{\cdot}11{\cdot}35 . \supset$$

$$\vdash :. (\exists x, y) . \alpha = \iota`x . \beta = \iota`y . \supset : \alpha \cup \beta \in 2 . \equiv . \alpha \cap \beta = \Lambda \qquad (2)$$

$$\vdash . (2) . *11{\cdot}54 . *52{\cdot}1 . \supset \vdash . \text{Prop}$$

根据算术加法规则，由此命题即可推导出 1 + 1 = 2 这一结论。

图 2–1　怀特海和罗素运用他们的公理体系证明 1 + 1 = 2，摘自《数学原理》（第二版）第 360 页

当我在课堂上要求学生告诉我他们知道的 3 件事时（就像我在本章开头对你所说的那样），通常会有学生油嘴滑舌地说他们知道自己的存在（也就是笛卡儿家喻户晓的那句听上去有些扬扬自得的话“我思故我在”，以此证明自己的存在是无可置疑的）。[2] 我时常会想，或许正是因为我们对自己的存在过于习以为常，反而有些麻木得意识不到自己的“存在”本身已经是一个奇迹了。

我们如果暂且采用“我们存在”这个看似不证自明的公理，就像是 1 + 1 = 2 那样理所当然，就会触及最大的谜题：为什么会存在“有”物而非“无”物，而且不仅仅是有“物”，甚至其中还诞生了生命？不仅仅诞生了生命，而且诞生了能够试图理解宇宙，理解为何会“有”物而非“无”物，理解其自身究竟如何存在的生命。我们在自我指涉的迷雾中打转，处处都是值得深究的哲学困境。

现在，我们换个问题，请列举出你相信的 3 件事。

这是不是比列举出你“知道”的 3 件事要简单一些？

为什么你会相信这些事物？这个“为什么”非常重要，它是使你相信的合理性依据。有些依据确实比其他依据更站得住脚，有些依据的来源更为可靠，而当来自不同渠道的大量证据汇聚在一起时，就能构建出一个相当稳固的论据。从理论上讲，你完全可以尝试评估各类证据来源的可靠程度，而这也是科学家日复一日的工作内容。例如，你可能相信地球是圆的，这一观点实际上与我们日常的生活经验背道而驰。那么，有什么证据能够支持这个观点？

总的来说，我们总会严重高估自己真正“知道”的事物的数量。在认识论学者（真正致力于思考和理解“知识”是什么的人）的圈子里，关于“知道”之确切含义的唇枪舌剑从未停歇。要想解构“知识”这个概念，不妨从以下两个步骤入手。首先，我们应承认，存在一些我们不愿相信的真相；反之亦然，肯定也存在一些我们深信不疑的谬误。我的感觉是，一般人倾向于认为我们所相信的事物与真相之间有很大重合，至少这是我们努力追求的目标（如果你所追求的是相信那些不真实的事物，那么这本书可能不太适合你）。在这种信念–知识–真相的三元框架中，我们可以称知识为“我们相信且恰好为真的事物”。

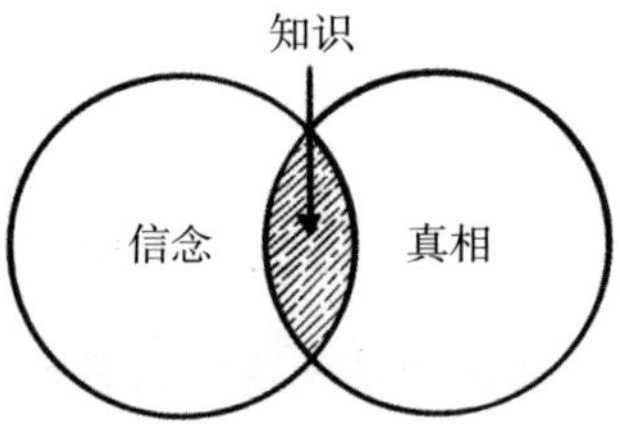

图 2–2 信念–知识–真相的三元框架

你可能注意到这里存在一个相当明显的困境，那就是我们通常无法判断我们所相信的事物是否为真。我们如果明知其并非为真，那么大概也不会相信它们（但愿如此）。因此，随着局面变得越来越复杂，我们需要引入新的维度——合理——来解决问题。

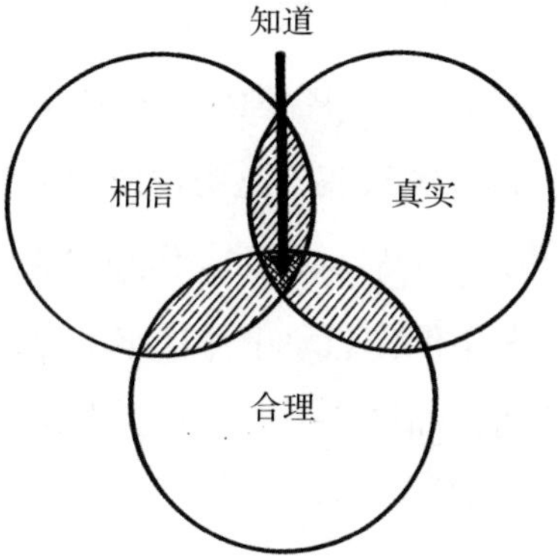

图 2–3

你的信念到底有多么合理？它需要达到多么合理的程度才可以被视作知识？认识论学者甚至提出疑问，认为我们恐怕无法“知道”任何东西。作为肉体凡胎的我们，永远无法确证那些公理是否为真，或我们的合理程度是否足够。

“知识”这一概念所面临的困境，恐怕多多少少要归咎于“知道”这个词的词源。它可追溯至原始印欧语，其含义更类似于“识别”或“感知”，而这在本质上与其在现代哲学中的意义大相径庭。如今，我们在讨论“知道”和“知识”这两个词语的时候，往往随意且不精确，这很容易让人搞不清楚我们真正指的是哪种意义。有时我甚至觉得，英语或许需要创造一个新的词语——这个词既要在程度上弱于“知道”（在现代哲学意义上），又要比“基于现有合理性依据而表示强烈怀疑”这种表达更便于应用在日常交流中。

想象一下这样的场景，在你常走的某条路上有一座钟楼。某天午后，你正赶往下午 2 点要召开的一个会议。你估计现在大约是 1 点 55 分，但为了确保准时，你看了一眼手表，糟糕，电池没电了！谢天谢地，还有那座可靠的钟楼，它显示现在的时间是 1 点 56 分。太好了，你还有 4 分钟。然而，你不知道的是，钟楼上的钟在凌晨 1 点 56 分就停摆了。幸运的是，现在的时间恰好是下午 1 点 56 分。你的信念看似既合理又真实。但事实上，你的合理化过程却是错误的。那么，你能说你知道现在是下午 1 点 56 分吗？这类情形的关键正是认识论中著名的“盖梯尔问题”。其带来的启示在于，你必须清醒地意识到，支撑信念的合理性依据可能并不像你想象中那样牢不可破。即便你的信念恰好为真，你也很难证明你知道这一点（至少在认识论学者的眼中，你是过不了关的）。

我必须坦白一点，我对于“知识”这一概念的认知完全是自相矛盾的。一方面，在理智层面，我认为我们永远无法真正地“知道”任何事物。用认识论的术语来说，这种思想属于“普遍怀疑论”的范畴。普遍怀疑论受到不少抨击，其中最关键的一点在于其极为不切实际（尽管“不切实际”并不意味着是错误）。很多人本能地反感这样的怀疑论，这种情绪完全可以理解。我认同这些批评的出发点，但迄今为止，我发现所有驳斥普遍怀疑论的论点要么做不到在理智上如实表述，要么无法有力地阻止人类的自我欺骗。

另一方面，我显然在日常生活中按照“我‘知道’一些东西”的方式行事，毕竟生活总是要务实的，我们需要依据当下对现实最可靠的认知框架来行事。这种由双重标准所引发的认知失调时而加剧，时而缓和，而我对此安之若素。生而为人，就意味着即便竭尽全力，也难免会有自相矛盾的非理性时刻。

有限的感官

在结束“你以为自己知道什么”这个话题之前，我们应当停下来思考一下，信息究竟是如何进入大脑的。我们普遍认为，大多数人拥有 5 种感觉（嗅觉、味觉、视觉、听觉、触觉），至少这是我从小学时期就被反复灌输的观念。

当然，有很多人由于各种原因缺失其中一项或多项感觉，但他们的大脑居然能够在重组之后采用新的方式感知世界，这实在令人惊叹。我们可以举一个常见的例子，如果你日常佩戴眼镜，而此时你去医院重新验光并且配了一副新的眼镜，那么重新佩戴好新的眼镜之后，你可能会体验到世界突然扭曲变形，甚至会感到头痛或陷入深度知觉问题。但最终，你的大脑能够适应过来，一切又恢复“正常”了。关键在于，你的大脑在不断构建你所感知的现实，而这个现实可能与客观现实存在差异。我们知道有些动物进化出了人类无法企及的感知能力。以螳螂虾为例，它们不仅能够探测光的偏振，而且与我们人类通常具有的“三色视觉”（眼中大致有红、绿、蓝三种颜色感受器）相比，某些种类的螳螂虾拥有多达 16 种颜色感受器！[3] 而且，有些人生来便拥有第 4 种颜色感受器，我们将这群人称为“四色视者”，这简直就像拥有超能力。[4]

那么，还有其他我们现有的 5 种感觉无法直接探测的事物吗？如果我们的感知能力更上一层楼，世界又将呈现出怎样不同的面貌？事实上，我们的感觉并不能直接触及现实本身。在我们思考自己对宇宙的了解程度时，牢记这一点尤为重要。

我的目的在于，引导你去质疑自己的知识体系，以及反思信念形成的根源。正如著名物理学家、诺贝尔奖得主理查德·费曼所言：“不要欺骗自己，你正是最容易被欺骗的人。”[5] 请时不时地问问自己：什么样的证据能促使你改变自己的某个信念？例如，什么样的证据足以让你相信，你的生日并非你所认为的那一天？或者，怎样能使你相信地球是平的？或者，怎样能使你相信自己其实只是一个计算机模拟程序？如果你能够基于新的证据而改变某个信念，那么这样的信念就是

“可证伪的”。这个精妙的词语正是科学的核心之一。不如从今天开始挑战一下自己（当然，这并不是什么严肃的挑战，正如前文所述，很多科学家一开始做实验的出发点也只是好玩而已），开始尝试着在日常对话中加入“可证伪”这个词。为了科学的进步，我们必须下定决心，根据新的证据改变我们对宇宙真相的一部分信念。况且，新的证据正源源不断地扑面而来。总之，我们的最终目的是让维恩图中“相信”、“真实”和“合理”这三个部分尽可能地重合（参见图 2–3）。

问题在于，改变信念相当困难。事实上，我们的大脑天生就倾向于寻找和解读那些支持既有观念的信息（看一会儿社交媒体，你就能体会到）。这种思维上的短视有可能导致严重误判。我们往往也会回避认知失调的体验，也就是头脑中同时存在多种矛盾观念时所产生的压力感。若想解开宇宙最深奥的谜题，我们必须走出舒适区，尽力理解那些看似不合常理的事物。

公理与猫

不得不承认的是，我们在日常生活中必定会做出大量假设。没错儿，确知确凿的事实固然更好，但我们也必须承认，能够真正确知无疑的事物极为罕见。在形式逻辑中，我们称这些假设为“公理”。一个假设不必非得为真才能作为公理，只要你将其作为论证（或构建逻辑结构）的前提条件即可。例如，你可以将 $1 + 1 = 2$ 作为一个公理，对于大多数人来说这似乎是不证自明的（尽管如前所述，罗素和怀特海可能会提出异议）。你也可以将 $1 + 1 = 0.5$ 作为公理，这好像就显得没那么理所当然了。但在假定 $1 + 1 = 0.5$ 的前提下，你可以尝试建立一个基于该假设的逻辑体系，看看会发生什么。

在试图理解宇宙时，我们通常会从以下两个角度来看待公理：

1. 标准公理：我们普遍认为其为真的事物/观点/概念。如果假设这些事物/观点/概念为真，那么我们理解理论和解释数据的过程都会受到相应的影响。

2.“如果……会怎样？”公理：我们未必认为这些事物/观点/概念为真，但假如它们为真会怎样？科学中的那些最重大的突破，往往源自这种质疑根本假设的思维方式。当然，创造性思维和强大的情景推演能力也必不可少。

在日常生活中，我们仰仗公理来理解世界。当我的孩子还在襁褓中时，我就着迷于观察他们如何与周围世界互动，并逐步建立起我们理所当然地接受的那一套庞大体系。我想你也会把重力使物体下落，你自己还活着，以及时间总是匀速流逝这些现象视为理所当然。没错儿，这些在你看来不证自明的基本认知构成了你的世界观。如果某个你深信不疑的公理被证明为假，你的世界观又该如何改变？这种替换公理的设想，正是科幻小说的绝佳素材。

最著名的公理当数“亚里士多德三大联想律”（需要补充说明的是，类似的思想在公元前 6 世纪的古印度也曾出现过）。我想你会不假思索地表示同意，这些公理看起来确实不证自明，用猫来举例或许会更加直观：

名称	公理	示例	以猫为例
同一律	事物等同于其自身	A = A	猫即是猫
排中律	事物要么具有某属性，要么不具有该属性	A = B 或 A ≠ B	猫要么是活的，要么是死的
矛盾律	事物不能同时具有且不具有某属性	A = B 与 A ≠ B 无法同时成立	猫不可能既是活的又是死的

这些“定律”看上去牢不可破，因为这些公理看上去完全不证自明，我们很难想象它们究竟怎样才能被证明为假。但是后来，一种名为“量子力学”的物理理论闪亮登场，彻底击碎了这种认知。

如果你直到现在还没接触过量子力学，那么你还有机会继续做一个心智正常、心理健康的人。而一旦踩入这道坑，那就开弓没有回头箭了。正如理查德·费曼那句流传甚广的名言：“如果你自以为理解量子力学，那恰恰说明你还没有真正理解量子力学。”[6]

量子力学为何会使诺贝尔奖得主级别的物理学家也开始质疑现实？诚然，量子力学所涉及的数学极其复杂，但这种现象在抽象程度较高的高阶物理学中并不罕见。量子力学的特殊性并不在于其数学上的复杂性，真正具有颠覆意义的是，它动摇了那些显而易见、不证自明的思维定律。物理学中有一只非常著名的猫，那就是由埃尔温·薛定谔提出的思想实验中的“薛定谔的猫”（请注意，所谓的思想实验，指的是实际上没有任何一只猫受到过伤害，这只猫仅存在于假设中）。根据量子力学的一种诠释，在盒子①打开之前，里面的猫处于既活又死的叠加态。直到盒子被打开，对这只猫的量子力学描述才终于强制坍缩为符合亚里士多德三大联想律的确定态。

还有许多不涉及猫的例子，有些公理可能在某一理论框架下看似显而易见，但是一旦我们转变思考方式，它们就会被无情推翻。拿欧几里得几何学来说，还记得那条平行线永不相交的公理吗？你可以在草稿纸上画两条平行线来验证它。当然，你画的线可能并不完全平行，但是实验结果大体上支持这一公理为真。因此，这条公理看似完美成

① 该实验的内容是，将一只活猫放入一个不透明的密闭盒子中，且保障盒子内的氧气供应。这个盒子里同时装着少量放射性物质、一个探测器和一瓶毒药。放射源每小时有 50% 的概率发生衰变，如果探测器探测到衰变发生，就会释放毒药将猫毒死。再次声明，这只是一个思想实验，并未付诸实践。——译者注

立，前提是你要在平面上作图。现在，你可以找一个球体来试试，看看结果会怎样？恐怕结果完全不同了。在平坦空间（即“欧几里得空间”）中成立的一整套公理，在其他情境下可能就不再适用。我们应该认识到：一条公理在你的餐桌上看起来有效，并不意味着它在超出我们的经验或验证能力的范围的情况下也成立。

这就是问题的关键所在，即便是那些看似理所当然、不证自明的思维定律，也并非神圣不可侵犯。这应当能够促使你对自己所掌握的现实有所怀疑。那些在你所存在的狭小角落里看似正确的公理，可能并非普适的真理。越早意识到这一点，对你越有好处。

然而，我们还是要竭尽全力理解现实。我们没有举手投降、放弃思考，而是一直在寻找时机，通过实证研究验证我们的假设与观点。

荒岛上的实证探究

此时，你的心里可能犯起嘀咕：“那么，我们究竟如何才能确知某个事物呢？”好问题。也许我们真的一无所知，但试图弄清楚总比放弃要有趣。况且，这还有助于我们的生存（至少我们是这么认为的，但这又是个无法证明的公理）。

想想一个俗套的电影场景：你乘坐的飞机坠毁在一片荒无人烟的丛林中，而你正拼命求生。现在，你要如何判断哪些食物可食用而不至于中毒？

一种可行的方案是，观察其他动物吃什么、避开什么。那些动物避之不及的明黄色浆果？最好别碰。那群未知的爬行动物正在大口吞食的看起来像无花果的东西？或许可以试试。

但是你能百分之百确定将其塞进嘴里之后不会即刻殒命吗？最好还是先想个办法验证一下。实际上，有一种方法叫“通用可食性测试”，其大致遵循如下的流程：

1. 闻。如果气味非常难闻，就不要吃；如果不难闻，则继续。

2. 将这种疑似可食用的东西涂抹到皮肤上。

3. 如果皮肤出现红肿、麻木或灼烧感，就不要吃；如果没有，则继续。

4. 取出一小部分，放到嘴边感受一下，观察是否出现第 3 步的现象。

5. 取出少量放进嘴里，等待观察（同第 3 步）。

6. 吞下一小口，再等待一段时间（大概几个小时）。你还活着吗？若仍无异常，则可以谨慎增加进食量。*

---

* 如果你计划深入丛林探险，请务必寻求专业人士进行指导，而不是听从一个天体物理学家的建议。

假如这些测试中的某一步失败了，你仍然存活，并且饥饿感不断加剧，又该怎么办？那你恐怕就得重新考虑一下，要不要模仿那只爬行动物的饮食习惯了。你看，那边好像有一只鹿！至少它是一种哺乳动物，不妨凑过去观察它的饮食偏好（以及规避对象）。但这也不是万全之策，例如，著名的颠茄对人类来说可能致命，却对牛、兔子等其他哺乳动物无害。又比如毒葛，山羊可以肆无忌惮地啃食，但人类最好还是敬而远之。反之亦然，也有人类能吃但是某些动物不能食用的东西。如果你在岛上发现一块巧克力，那真是上天的恩赐，甚至会让你怀疑自己是否真的处在一座“荒岛”上。但许多动物（包括狗、猫和熊等）无法代谢巧克力中的“可可碱”，因此巧克力对它们来说是有毒的。

这段荒岛生存小故事的寓意是：第一，在实证探究的过程中，一定要对所做假设保持高度谨慎；第二，尽量避免流落荒岛。

“通用可食性测试”完美诠释了科学的方法论。科学方法令人烦恼的地方在于，你永远无法真正地证明某件事，而是只能不断地设计更严苛的测试，看看它能否经受得住考验，这就是所谓的“循环验证”。（1）验证理论；（2）若通过验证，则单独设计一个新的环节，或是设计更加严苛的新测试；（3）如此循环往复。循环的次数越多，理论的可信度就越高。只闻了一下你就想把这堆长得像浆果的东西吃进肚子里？还是多试几次吧。

我们已经深入探讨了一些科学术语，而理解科学家对于某些词语的用法也十分重要（或许你已经发现了，科学家口中的某些词语的含义有时与其日常语义截然不同）。

> 假说、理论和定律走进一家酒吧，试图寻找完美的解释：
>
> 假说：“我觉得你真聪明。”
>
> 理论：“那我们可以开始约会了。”
>
> 定律：“我已经准备好与你相伴一生了。”

“假说”其实是“猜想”的一种雅称。更准确地说，是一种有根据的或是基于某些见解和直觉的猜测。如果你提出的所有假说都恰好正确，那就说明你的创造性思维还没有充分发挥出来。如果未解之谜的答案都显而易见，那我们早就把所有问题解决了。所以，不要排斥那些疯狂的想法，有时不走寻常路反而能找到通往答案的捷径。当然，这些想法必须是可验证的。你的想法具备可验证性吗？如果是的话，恭喜你已迈入科学之门。

“理论”在科学语境中的含义与刑侦剧中所提到的并不相通。如果你与不懂科学的朋友聊天，当他们说“我有个理论”时，大概只是在说他们有了一个经过推敲的猜想——在科学家那里，这个东西叫作“假说”。而当科学家在科学的语境下使用“理论”这个词时（而不是在派对上为了与人搭话时使用这个词，毕竟我们也会试图融入很多社交场合，还请多多包涵），他们指的是一种“解释”，一种目前看起来与所有的事实和数据都相符的解释。一个好的理论必须能够做出可验证的预测，并且永远都要提心吊胆，可能下一次对该理论的重大验证就会推翻它。测试越是严苛，理论就越令人信服。

在我们对某个理论一次又一次地进行验证（不断循环往复），且验证过程层层加码之后，我们或许最终会将其称为“定律”，这意味着：“这个理论已经顺利通过了所有验证，我们已经想不出还有什么新方法来验证它了。”在这种情况下，定律代表着科学所能达到的最接近“被证明”的状态。但请注意，即便在科学领域，也有很多被错误命名的事物和概念。毕竟，如果没有例外，那世界该多么无趣？例如，广义相对论几乎可以说是我们现有理论中最接近定律的，但它的名字中依然带有“理论”的字样，这无疑会让那些粗心大意的学生感到困惑。同样，牛顿的万有引力定律非但不是一个真正的定律，甚至其正确性也有待商榷。万有引力定律在地球上表现得还算马马虎虎，但归根结底它只是一种特定条件下的近似解（我绝没有诋毁牛顿的意思，也不是想让你对自己的高中物理老师产生疑问）。但也不要为牛顿感到难过，他实实在在得到了以他的名字命名的“定律”，这在科学界绝对称得上是一项巨大的荣誉。[7]

至少我们能证伪吧？

既然我们永远无法真正证明任何事物，那至少我们能证伪吧？这样一来，我们就可以通过否定其他选项来有效证明某些事物。正如阿瑟·柯南·道尔的名言："当你排除一切不可能之后，剩下的无论多么不合理，都必定是真相。"这种方法的一个明显问题在于，你得知道除了想要证明的对象以外到底还有多少种其他的可能性。另外，证伪这件事你到底能不能做得到还不一定呢。

证伪不是一件简单的差事，而我们如何操作则取决于我们是从实用主义的角度来讨论，还是要一丝不苟地遵循逻辑推理。让我们回到刚刚那座荒岛。现在你提出了一个假说，因为某种类似哺乳动物的生物似乎在吃那个长得很像水果的东西，所以它可能对人类来说是安全的。于是，你将这个东西涂在皮肤上，结果起了严重的皮疹。这是否证伪了"可以食用"的理论？从实用主义的角度来看，恐怕的确如此。除了这个东西本身对你有毒之外，我们也可以提出其他解释：也许当天早些时候有某种唾液中含有毒素的动物在你不知情的情况下舔过这块皮肤。在这种情况下，你大可以放心地将那个"水果"吃下去。我们还能编造出更多更加牵强的说法来强行解释，但如果你不想死在丛林里，恐怕还是要把实用主义放在心上。

从纯粹哲学的角度来看，如果你无法证明任何事物为真，那就意味着你无法证明任何前提为真，也无法证明任何实验步骤毫无缺陷（因为这些都属于"任何事物"这一庞大的范畴）。最终，这种逻辑推导出的结果就是，你无法 100% 证明任何事物为假。

此时，我们遇到了奥卡姆剃刀原理，它常被用来决定谁是"最佳"解释。但请注意："最佳"的解释可不一定是正确的。所谓的奥卡姆剃刀原理指的是：对于任何给定的数据或观察结果，存在无数种可能的解释，但其中需要最少附加假设的解释最有可能是正确的。注意：我并没有说该解释一定正确，只是从统计的角度来说，某个解释需要我们做出的非常规假设越多，其正确的可能性越低。

下面我们看一个实际场景的示例：

假如一名教授要从办公室到教室去上课，最简单的路径可能是沿最短路线直接步行。大多数时候，他们可能确实是这么做的。但是在今天，他们可能需要先去同事的办公室送点儿东西，或迫切地需要喝一杯咖啡才能讲课（教授身上是否带着咖啡？），又或者他们与同事先去一起喝咖啡，然后决定绕校园池塘散步后再去上课。这些路径都不算离谱。但若让你在没有任何数据的情况下选出一个答案，你会选哪个？如果教授的手上拿着带商标的咖啡杯，这一观察结果就可以作为“数据”纳入考虑；如果教授在干燥天气里穿着湿漉漉的鞋子走进教室，你可能会根据这一细节调整解释，使绕行池塘这一路径的可能性大大提高。

我们还可以编造更加离谱的路径，比如教授早早离开了办公室，先飞往另一个城市发表演讲，再飞回来，刚好来得及给学生上课。可能吗？当然有可能。可能性高吗？大概不高。除非教授拉着行李箱冲进教室大喊：“我刚从华盛顿做完演讲回来！”总之，根据奥卡姆剃刀原理，符合现有数据的最简解释通常最有可能是正确的。

最终，当证明或证伪某事物时，研究者常会说：

结果与……理论一致。

这其实是暗指“数据可能支持该理论，但我们不愿意用‘证明’一词”。

或者，还有一种老掉牙的说法（希望你对绕圈子的说话方式没那么反感）：

结果与……理论并不矛盾。

这句话的意思其实是，“数据既不排斥也不支持该理论，但我们想把这句话说得听起来更科学一些”。

然而，有些看似荒诞的事物最终却被证实为真，我们必须对下次实验有可能颠覆现有理论的可能性保持开放态度。你听说过姆潘巴效应吗？在同等质量、同等体积和同等冷却环境的条件下，热水比冷水结冰更快。这是否违背了你的直觉和日常经验？很好，请记住这个教训。

实证主义的泛滥

若你未接触过实证主义，请允许我先澄清一个常见误解：实证主义（positivism）与乐观、快乐（positive）无关（尽管实证主义者可能同时积极乐观，但我也认识不少脾气暴躁的实证主义者）。“实证主义”这一术语源自法语positif（而该词又可追溯至拉丁语*positivus*），意为“放置”，由此衍生出“定位”的核心概念。在这里，“positive”一词特指“确定无疑”的认知状态。在哲学上，实证主义指的是坚信逻辑、理性和实验是获取现实意义的唯一途径。基于这一定义，实证主义在科学与科学方法中扮演重要角色。

我大体认同实证主义的大部分内容（其学派分支五花八门，堪比新教的各个宗派，它们虽然在核心教义上达成共识，却在诸多细则诠释上存在分歧）。作为一名科学家，我当然重视实证研究，但我也有底线。实证主义中存在一个极端的流派，主张逻辑、理性和实验之外的现实没有任何意义。以我之愚见，这种观点散发着对人类认知能力的盲目自信，人类的感知如此有限，思维如此狭隘，却敢妄言穷尽真理的所有可能？一味地否定所有人类无法感受和验证的现实维度，这种傲慢暴露了其学术上的短视，最后也必将是死路一条。倘若我们对当前无法实证的现实之外的可能性连最低限度的开放态度都不保留，就等于主动切断了未来有可能得到验证的诸多路径。正如克拉克三定律中的第二条所说的："想要探索可能性的边界，必须敢于涉足不可能的领域。"

基于个人哲学立场，我愿意将当前无法验证（甚至永远无法验证）的观点视为现实的一部分，但思考某事与相信某事绝对不是一回事。

逻辑、谬误与冰激凌

理解宇宙还依赖于我们运用逻辑的能力，这是人类的工具库中为数不多的重要资产。问题在于，我们的大脑容易在诡计和捷径的诱惑下误入歧途。在此，我不会详尽地列出一大串逻辑谬误清单（你可以松口气了），仅重点讨论那些在探索科学和宇宙奥秘的过程中常见的谬误。

相关与因果谬误

俗话说："混淆相关与因果者终将消亡。"该谬误还有个花哨的拉丁语说法：*Cum hoc, ergo propter hoc*（如果你想在聚会上给其他人留下深刻印象，请务必用故作高深的语调念出这句话），其直译为"伴此，故因此"。我们会被这种谬误欺骗，因为许多事物之间确实由于因果关系而彼此关联（我们称之为"相关"）。例如，我往锅里不小心多撒了一点儿辣椒粉，最后出锅的饭菜就会变得更辣，两者之间存在因果关系。如果将辣椒粉数量和菜肴辣度绘制成图表，就能发现两者之间也存在非常明显的相关性，但这其实是因果关系的体现。然而，反之则未必成立，良好的相关性并不意味着存在因果关系。

例如，冰激凌销量与暴力犯罪率呈现出相关性：在炎热的夏季，二者均达到峰值。[8] 无论是冰激凌销量还是暴力犯罪率，它们都与季节之间存在因果关系，因而二者在统计学的角度看具有相关性，这也是我们的大脑稍有不慎就会落入的误区。由于某些相关性的背后确实隐含因果关系，所以我们的思维难免会习惯于走捷径。在上述示例中，我们可能会不假思索地推断出，暴力犯罪激发了对冰激凌的消费欲望；或者反过来说，冰激凌诱发了暴力犯罪行为。但显然，这两种推断简直荒唐至极。

后此谬误

如果你已经初步掌握了拉丁语，那就试试能不能看懂这句话：*Post hoc, ergo propter hoc*。对比前面那句话，我们可以得出其含义，即“后此，故因此”。该谬误与上一条谬误的区别在于，这里讨论的不是相关性，而是事件之间的时序关系。例如，我家门口之前开了一家纸杯蛋糕烘焙坊，他们宣称自己制作了一种特殊的柠檬纸杯蛋糕，可以促进临产孕妇分娩。在这家店的宣传材料里，有很多孕妇在食用后 48 个小时内成功分娩，其中也包括我。乍看之下好像没什么问题，我们在那段时间里确实都吃了那种蛋糕。但仔细一琢磨就会发现不对劲了：超出预产期的孕妇本就临近分娩。在吃下那份柠檬纸杯蛋糕的时候，我已超出预产期近两周。话说回来，柠檬纸杯蛋糕确实是孕妇的最爱（在社交平台上随便搜搜就知道了）。也许这一切只是准妈妈享用美味蛋糕的借口，不过作为一名超期两周的孕妇，我觉得自己享用美食根本无须借口。

我们很容易受到这个谬误的蒙骗，因为我们渴望拥有清晰的因果解释，尤其是在事情的发展超出掌控的时候。但是要切记：X 发生于 Y 后，不意味 Y 导致了 X。

假两难谬误

你要么是我的朋友，要么是我的敌人。这句话眼熟吧？虽然将世界简化为非此即彼的二元对立可以带来方便，却总有不奏效的时候。

除了“朋友”和“敌人”之外，我们至少还能通过以下两种方式来思考一个人究竟是何身份：（1）除了“朋友”和“敌人”这两种极端情况之外，还有其他不同的立场；（2）“朋友”和“敌人”有可能是一个连续统一体的两端，人们可能处在中间任意位置（比如 90% 的朋友属性，或 60% 的敌人属性）。

还有另外一种情况：我们根本没有意识到还有其他选项或可能性。一个全色盲症患者只能看得出物体的灰度，整个世界在他眼中不过是黑与白之间的标尺。这时，有人告诉他：这个世界是有颜色的！他从未见过色彩，所以这对他而言是一个抽象的概念，而他原本单一的灰度系统从此刻起突然增加了一个全新的维度。这个例子告诉我们，不能妄图基于有限的经验穷尽所有可能性。

虽然我们现在讨论的是有关“二分法”的问题，但哪怕是“三分法”“四分法”，情况也没有什么不同。无论给出多少种选项都无所谓，毕竟宇宙中的大多数事物都处于连续统一体中，彩虹就是一个典型的例子。我们小时候都学过，彩虹由“赤、橙、黄、绿、蓝、靛、紫”7 种颜色构成，这对于小学阶段的色彩理论来说或许正确，但它从根本上说却是错误的。彩虹（毕竟有量子尺度[①]的限制）可以被划分为无穷多种颜色，并且其中还包括人的肉眼看不见的波段（这些内容对小学生来说恐怕过于深奥了）。我们的基础教育将彩虹分成 7 种颜色，你大可以称之为“七分法”，但这个术语估计不会广为流传。

---

① 从理论上讲，彩虹的颜色可以被无限细分，因为光的波长是连续的，但这实际上会受到量子力学的影响。光的本质是以离散的能量单元（光子）存在的，这在某种程度上限制了可见光颜色划分的精细程度。——译者注

物理学中也有一个假两难谬误的经典案例，那就是光的波粒二象性问题。事实证明，光的本质并不是那么简单。从“事后诸葛亮”的角度来说，我们曾经预设的二元框架已然崩塌。因此，接下来在面对其他未解之谜的时候，必须始终牢记“或许会是某种我们尚未想到的可能性”。

诉诸无知谬误（或“夹缝之神”谬误）

简而言之，这个谬误就是：“所有我不理解的东西背后，必然有超自然力量在搞鬼。”话说得这么直白，想必你也发现了问题所在，上述表达显然排除了大量原本可能的选项，即“并非超自然但人类尚未理解的解释”。就本书而言，更普遍的说法是，“人类尚未理解（但未来可能会理解）且不是超自然的事物”。注意：这并不是在否定超自然的存在，而是在说，假定人类能理解宇宙中所有非超自然的事物这一想法实在太愚蠢了。[9]

事实上，以此来论证超自然的存在反而有风险，正如德国神学家、杰出的反纳粹斗士迪特里希·朋谔斐尔所说的：

> 用上帝填补认知空白何其错误！若知识边界不断扩展（事实正是如此），上帝便会被不断逼退。我们应在已知而非未知中寻找上帝。

关键点：某一事物无法理解，并不意味着它一定是超自然的；反之亦然，自以为理解某事也不能证明神明的干预不存在。所以，要时刻注意。如果超自然的存在如此轻而易举地就能证明或证伪，那我们早该解决了。

模棱两可谬误

某些词语具有多重含义，从而会使整个论证原本的含义产生偏差。例如，科学语境中的“理论”指“经充分验证并成立的假说”，但在日常用语中，“理论”更像是一种猜测。这导致诸如“进化论只是理论，故不可信”一类的谬论产生。

起源谬误

许多谬误都可以被归类为“起源谬误”，其中“起源”（genetic）一词来自希腊语*genesis*，意为“来源”。此类谬误主要是指错误地将某个来源的可信度作为衡量某一观点真实性的标准，其中主要有以下几种：（1）谬误者谬误：因论证无效而假定结论错误；（2）诉诸权威谬误：声称某一事物的真实性取决于其提出者的身份；（3）人身攻击谬误：攻击观点的提出者而非观点本身。

当然，善于在日常生活中识别这些谬误会给我们带来实际价值，但更重要的是，我们在思考宇宙重大谜题时也必须尽力避免落入其中。当大脑缺乏足够的信息时，我们就很容易仓促下结论，虚构无逻辑的模式，臆造不存在的关联。

接下来的每一章，我们要谨慎思考“知道”究竟意味着什么。实证研究、数学与逻辑将我们推向了现代科学前沿，但那些最棘手的难题超出了这些工具的能力范围。探索宇宙未解之谜的旅途仍在继续，我们在这条路上会反复回顾本章的主题——关于我们是否（以及如何）知道。

小　结

现在，我们已经对认识论以及“知道”究竟意味着什么有了些许了解，接下来便可以去探索未知的领域。毋庸置疑，宇宙中的一些重大奥秘由于种种原因仍然属于“未解之谜”的范畴：有些谜团可能终究超出了人类大脑的理解能力；有些可能只是需要更多的时间、更好的数据和更巧妙的分析就能在不远的将来迎刃而解；还有一些可能需要我们在数学或物理学领域取得重大突破才能取得进展。接下来的 3 章将重点讨论 3 个问题，分别是：我们可能永远无法解答的问题，我们可能需要更多时间和数据才能解答的问题，以及似乎需要物理学取得突破才能推动进展的问题。

我认为，我们还是从头说起吧。

第 3 章

大爆炸是如何开始的？

“妈妈，我有一个问题。”

系好安全带，我们要出发了。这句话听起来像是我当时年仅4岁的女儿随口说出的一句话，但现在抚育了3个孩子之后，我深刻地意识到，小孩子提出的问题包罗万象，其中既有明显毫无意义的呢喃，也有让人完全找不到头绪的难题。

这种以“妈妈，我有一个问题”开头的重磅提问已经成为家常便饭，而我的女儿似乎最喜欢在我们驱车进城的长途旅行中抛出这些棘手的问题。无论如何，想要在4岁儿童的认知水平上解释那些复杂的概念实属不易，更不用说还要在开车时分心应对。

就在上周，我的女儿在“我有一个问题”之后接着问道：“第一个妈妈是从哪里来的？”这样的问题会让我的内心陷入一片混乱，那个眨着眼睛望向我的孩子还没有上过学，没有积累足够的词汇量，尚不具备抽象思维能力，甚至连系鞋带都不会，我该如何平等、坦率地回答她呢？

那天清晨，当我们沿着乡间公路行驶时，天上正下着雨。我的女儿安静地坐在那里，看着雨滴滑过车窗。

“水是从哪里来的？”

太简单了！不管怎么说我也是拥有博士学位的人，给一个学龄前儿童解释水循环还不是轻而易举？呵呵，我太自大了。我试图在不使用任何多音节单词的情况下解释蒸发、凝结和降水，讲完一遍之后还颇为自得。我暗地里以为，她会因为我的解释而感到无聊，然后冷不丁地转换到别的话题，毕竟跑题是所有儿童的天性。但从后视镜中，我可以看到女儿对我的解释并不满意（我过去常常称她的这副表情为“苦瓜脸”）。事实上，随着我的讲解不断深入，她看起来越来越沮丧。我想也许我使用的术语过于复杂，或是概念过于抽象了。说实在的，试图一边开车一边向一个 4 岁的孩子解释水循环并非一件容易的事。我试着用更简单的词语和概念来解释，比如“雨”。

“宝贝，你知道有时候会下雨吗？”

“不！我不是那个意思！”

看来，我完全误解了她的问题，于是我开始努力揣摩她到底想问什么。我真心希望我的女儿不要大发脾气，因为她逐渐拔高的声调预示着她的不满情绪即将爆发。由于我没能理解她的意思，所以她越发变得沮丧，这完全可以理解。新的一天从尖叫和哭泣开始，这对谁来说都不是好事（包括我在内）。

现在，她带着恼怒的情绪，以及只有这个年纪的孩子才能轻松驾驭的那种任性的口吻再次提问：“不，妈妈，水是从哪里来的？”

好吧，也许这个问题并不像我想象的那么简单。

于是，我用那种最平静、最有耐心的妈妈式语气说道：“宝贝，你是想知道为什么地球上有水吗？”

“是的！水是从哪里来的？”

原来最初的问题已经准确表达了她的本意。“水是从哪里来的？”事实上，因为当时正在下雨，所以我以为她只是想知道有关下雨的事。不过她问的不是雨，而是水。

我（自以为）终于抓住了她的问题的核心。好吧，我是一名天文学家，这个问题我能回答。

“这是一个很好的问题！太空中存在众多巨大的脏雪球，叫作‘彗星’。在很久很久以前，它们撞上了地球，同时也把它们身上的雪和冰一起带了过来，这就是地球上大部分水的来源。”这个解释并不是百分之百准确，例如，太空里并没有真正的“雪”，其他类型的星子也带来了水（不同来源带来的水的确切比例仍有争议），但这已经是我当时能想到的最佳答案了，所以请多包涵。有时候，为了让学生（或蹒跚学步的孩子）能够快速理解某些问题，我们不得不牺牲一些精确性，并祈求这些“类比”不会在将来反噬。

但是，我女儿的那副“苦瓜脸”还是没有变化。现在，我开始担心她会因为彗星撞击地球而感到不安。于是，我开始在脑海中组织语言，准备回答“为什么我们现在不再经常被彗星撞击”之类的问题，而我还没有想好要怎么解释概率论和统计学。

结果，她用“超级生气的小孩子”的语气大声喊道：“但是，水是从哪里来的？”

驾驶座上的这位可怜的妈妈，大脑显然没跟上小孩子的节奏。她的问题单刀直入，没有那么多小心思，她只想知道水是从哪里来的，也就是在它来到地球之前，在彗星和小行星带来水之前，甚至在水以水的形式存在之前。这真是一个宏大的问题，我觉得自己需要喝点儿咖啡才能继续解答。不过，我至少明白了一件事，我们即将一头扎入科学知识和理解的“无穷倒退”①当中，因果关系要一直追溯到“开始”。

当我们终于到达日托所的时候，我们已经回顾了星际分子云的形成、恒星核心中的核合成，并一直追溯到万物的源头——宇宙的起源

① 哲学术语，指的是一种“套娃式”的逻辑链条，每一层解释都需要另一个更底层的解释，永无止境。——译者注

（当然，我在阐述的过程中没有使用上述任何专业术语，并且忽略了很多细节。事实证明，向一个不知道原子是什么的人解释核合成实在太难了）。此时，我们一头撞上了南墙（只是打个比方，幸运的是，现在我已经把车停下了）。[1]

“宝贝，没有人真正知道宇宙是如何形成的。很多人都提出过不同的想法。”当然，我很想用“假说”这个词代替“想法”，但我及时地收住了。眼下的话题已经颇费周章，我着实不想因为用词不当而陷入更大的麻烦。

“比如什么样的想法？”

哦……我实在不想向一个 4 岁的孩子解释量子涨落。在此，我要向历史上那些思考过宇宙起源的思想家以及大量的相关文献致敬，而坐在车后座上的这个 4 岁的孩子只是在执着地追问水到底是从哪里来的，但是她还没有意识到自己已经涉足宇宙起源这个宏大的问题了。

乌龟塔

这一段关于我女儿的故事直指“无穷倒退”的概念，即因果链中的每一个元素都有前因。最终，我们的问题可能会是：“大爆炸的起因是什么？”假设我能给出这个问题的答案，你的下一个问题可能就是：“是什么引起了大爆炸的起因？”于是，我们就陷入了无穷倒退的循环。在另一则故事中，“无穷倒退”的概念可以概括为“一直向下的乌龟塔”，也就是说，地球被驮在一只乌龟的背上，这只乌龟又被驮在另一只乌龟的背上，如此无限延伸下去，永无止境。我认为，尽管现代宇宙学凭借着海量的数据、复杂的数学模型和高性能的望远镜建立了庞大的体系，但是其哲学本质与这种“乌龟塔”的解读并无二致。

大爆炸的话题不仅让我们陷入无穷倒退的困境，更引发了对因果律本身的质疑。在当前这一时空维度下，我们往往基于日常生活经验，将因果律视为理所当然。对因果律的认知深深植根于我们的存在之中，并且在亿万年的进化过程中不断强化。每个事件似乎都有其原因（或是多种因素共同作用导致某一结果）。我最喜欢的咖啡杯碎了，是因为它掉到了地上；我的绿植枯死了，是因为我忘了浇水。当然，对于这些日常生活中的真实案例，其根本原因比这些说法要细致得多，涉及在微观层面上影响原子和分子的力的相互作用，而这超出了人类的感知。但关键在于，在宏观层面上，因果律始终如影随形地存在于我们周遭时空的每个角落。在讨论大爆炸时，时间的本质（将在后续章节中详细探讨）以及时间本身是否有一个开始都成了问题。如果时间本身始于大爆炸，那么谈论时间之外的因果律就不太对劲了。坦率来说，关于抽象意义上的因果律到底是什么，哲学家们已经争论了几个世纪，而因果律真正的本质可能正是我们解开"戈尔迪之结"①的关键。

为了更明确地阐述这一点，下面介绍一些让许多物理学家、哲学家和神学家彻夜难眠的问题。

首先，假设时间向过去（这一方向）无限延伸，也就是说，时间没有起点。在这种情况下，什么导致了宇宙在某一特定时刻的诞生？为什么在时间轴上的无穷多个点中，这一时刻如此特殊？如果在宇宙诞生之前有无限长的时间，为什么宇宙不更早出现？还有，如果已经过去了无限长的时间，为什么万物仍未依照热力学第二定律所言而归于热寂？

12 世纪时，托马斯·阿奎那利用这类论据得出了一系列结论：上帝存在，时间有其开端，并且上帝存在于时间之外。[2]

坦白地说，我对阿奎那的智慧十分仰慕；我认为他会很喜欢现代

① 希腊神话中的典故，相传能解开此结者便是亚细亚之王。其象征着看似无解但可通过简单且直接的方法解决的复杂问题。——译者注

宇宙学（也许他还会感到一丝困惑，在几个世纪后的今天，我们的哲学理解基本上与他当年的观点一致）。但可以肯定的是，阿奎那并不是第一个考虑这些问题的人，例如，生活在他之前近 1 000 年的圣奥古斯丁就对此类问题颇有微词。有一个流传甚广的故事，据传当圣奥古斯丁被问及创造宇宙之前上帝在做什么时，他回答道："他在为提出此问题的窥探天机者建造地狱。"[3] 看起来我好像惹上麻烦了。

接下来，考虑另一种猜想，即时间有起点。这样一来，我们不仅会遇到因果律的问题（如无时间，何来原因？），还会遇到语言表述的困境（我们是否能描述"发生"在时间之外的事件？）。例如，人们可能会忍不住问："是什么导致时间的开始？"但在时间并不存在的情况下，这个问题本身是否有意义尚有疑问，更不用说我们还会陷入逻辑和语言上的混乱。我个人主要依靠扩展维度的概念来理解这一猜想——虽然我们目前感知到的是三个空间维度和一个时间维度，但我需要设想，除了这些维度还有"额外"的元维度，而我们所感知的现实即存在其中。这些元维度可能具有类空间或类时间属性，或两者皆备，抑或是我们无法感知也难以用语言描述的其他形式。

必须声明，我并没有确凿的理由相信这样的元维度确实存在，但若摒弃这一概念，我的直觉就会陷入绝境。事实上，我始终觉得这些问题的答案存在于一片人类无法完全理解的荒原，这让我清醒地意识到我们自身在智力和感官上的局限性，以及我们与黑猩猩的DNA仅有1.2%的差异。然而，只要我时刻铭记，这条思维路径可能是一种自我欺骗，我便能安心将其作为开拓可能性的利器。如果将其作为一个思想实验，那么我们就可以大胆构想，在常规的时间维度之外，还存在某种准时间维度。接下来，我们就能创造新的语言来描绘这片元维度疆域中的坐标，并设想出发生在本宇宙时间之外的因果关系。这使我们得以提出诸如"时间为何恰在'准此刻'萌生？"以及"'准此前'

存在着什么？”这样的追问。诚然，这般措辞可能并不优雅，但试问谁能为不可感知，甚至存在与否尚未可知的维度中所发生的事件创造出完美无缺的术语？

在讨论大爆炸之前，我必须先承认这是一个棘手的话题。宇宙起源的话题涉及科学、神学和哲学的交叉领域，这是无法回避的事实；它缺乏实证数据，极易引发辩论和分歧。我的经验告诉我，大家对这类话题唯恐避之不及，因为它们可能导致家庭聚会中出现激烈争吵的局面。但我相信，像这样的问题可能是最值得探索的。

有一种普遍流行的观点认为，科学家都没有宗教信仰。我可以向你保证，这种说法绝对是错误的，我认识的科学家有着各种各样的信仰。甚至，梵蒂冈罗马教廷在美国亚利桑那州拥有一座由耶稣会天文学家运营的天文台。我个人认为，宇宙中有一些真理是我们无法验证或证明的（至少目前还不能），这一点是不言而喻的。然而，仅仅是某些事物超出了实证研究的范畴，并不意味着它们不可能存在，它们只是不可验证而已。许多人对宇宙的信念从根本上与他们相信的基本公理（其中一些他们甚至可能没有意识到）以及他们认为有效的理由紧密相关。这可以追溯到前文有关认识论的章节。如果你跳过了那一部分内容，我恳请你回过头去翻看一遍，因为这些主题会在整本书中反复出现。

我在学习天体物理学研究生课程时，遇到了一位相当有意思的同学，他信奉的基本公理是：上帝在不到一万年前创造了如今的宇宙。他认为，我们找到的那些能证明宇宙年龄比这大得多（超过 137 亿年）的证据本质上是由超自然力量特意放置的，其目的正是捏造一个古老的宇宙来愚弄无神论者。我认识的大多数天文学家都无法接受这种所谓的“年轻地球创世论”，因为它经不起实证研究的考验。一项又一项研究成果表明，宇宙大约有 140 亿年的历史。然而，如果我们完全保持理性，就不得不承认，我们无法真正排除整个宇宙是由超自然力量精心策划的一场骗局的可能性。这就是基本公理的特点——它们本身无法被证明或证伪。鉴于公理对我们的信仰和世界观有着巨大影响，我们必须弄清楚自己内心的公理是什么，以及为什么我们会坚信它们。

出于上述原因，在讨论大爆炸时，我想坦诚地说明为什么我们会认为我们知道我们自以为知道的事情，以及当前知识的局限性体现在哪里。最终，我们会发现自己处于科学的边缘地区，而我们在这里提出的假说目前尚无法验证。

名字背后的意义

谈到大爆炸理论，人们总有诸多误解，其中一些正是源于这一名称本身。首先，日常口语中的“理论”一词往往让人联想到某些茶余饭后的奇谈。而相较于“理论”，“大爆炸”这个词造成的误导更为严重，它让人们错误地认为这是一次发生在太空某处的巨大爆炸。我们需要澄清这一点：这不是一次爆炸，而是空间自身的一种极速膨胀。而且，它并非发生于空间中的某一特定位置，而是同时发生在整个空间中。换句话说，无论我们现在身处何方（从我敲出这段文字时所处的位置，到我们目前观测过的最遥远的星系），都是 137 亿年前的那场所谓的“大爆炸”的案发现场。大爆炸是空间自身经历的事件，而不是在空间中发生的事件。

天文学家口中的“大爆炸”，指的是宇宙早期经历的一段短暂而剧烈的空间暴胀时期。我们可以用一些数字来量化这种剧烈的暴胀：具体而言，在这段暴胀时期，宇宙中的线性尺度扩大了 10^{26} 倍。也就是说，如果某个物体在暴胀前的大小是 1 毫米，那么在暴胀过程中它会膨胀到 1 000 万光年的规模。

重要的不仅是暴胀过程中的尺度变化，还有这一“宇宙暴胀”所经历的时间跨度。现有证据表明，这种剧烈膨胀从宇宙诞生后的约 10^{-36} 秒开始，持续时间不到 10^{-32} 秒。[4]

这一时间跨度之短暂，让我一时之间找不到什么像样儿的类比能帮助你在人类日常经验的框架内进行理解。[5] 也许你已经注意到，此时空间各点的膨胀速率远远超出了光速。为了避免让你担心这是否违背了那条神圣的物理定律，在此需要特别说明：这种超光速膨胀并不“违规”，因为该过程没有传递任何信息。宇宙中的事物彼此分离的速度可以（而且确实）比光速还快，这是理论所允许的。它们无法做到的是互相产生因果联系（即以因果律的方式影响对方）。换句话说，只要没有任何东西能够以超过光的速度在不同事物间传递，就不会违背任何定律。

既然“大爆炸”和“理论”这两个词都有严重问题，你可能会疑惑，天文学家为何会提出这个术语。事实上，这原本只是一句玩笑话。简而言之，在 20 世纪中叶有一位名叫弗雷德·霍伊尔的著名天文学家，他非常厌恶宇宙可能正在膨胀的想法，因为这种膨胀意味着宇宙有一个开端；而如果宇宙有开端，那似乎暗示它可能是由神创造的，这对霍伊尔来说是一种不可接受的伪科学。这里的逻辑和讽刺意味非常耐人寻味，而霍伊尔的观点也凸显了“证真偏差”的威力：当科学证据与其既定信念不符时，他便将证据全盘否定，而这似乎与科学精神背道而驰。在英国广播公司（BBC）的一次关于该主题的广播访谈中，霍伊尔讥讽地[6] 用“大爆炸”来概括这种宇宙膨胀的观点，却未料到这一名称脍炙人口，最终竟广为流传。[7] 于是，如今我们不得不沿用“大爆炸”这一术语，而这一切仅仅是因为一位天文学家在广播节目中的戏谑之言。这也在很大程度上解释了，为什么该术语的真实含义与大众认知存在偏差。

另一个需要明确的要点是：从科学意义上讲，“大爆炸”并不是指宇宙的实际起源，尽管这个术语经常与宇宙诞生的最初一瞬混为一谈。实际上，“大爆炸”指的是从可能存在的某个微小的原始宇宙胚芽开始所经历的那一段剧烈暴胀时期。至于那个最初的胚芽来自何处，咱们恐怕得去问问下一只乌龟。

这是科学发展的关键所在：一个声称宇宙在不到 10^{-32} 秒的时间内暴胀了 10^{26} 倍的疯狂设想，必须要有令人信服的证据支撑。当然，科学家并不是某天早上突发奇想，毫无根据地说：“嘿，我有一个激进的想法，宇宙在 140 亿年前经历了极端的暴胀。”相反，大爆炸这一观点的形成历经数十年的积累，在多个突破性发现的推动下才得以逐步完善。

尽管完整地还原 20 世纪的科学界如何最终广泛接受大爆炸理论这段科学史并非本书主旨（你肯定可以在其他地方找到更详尽的记述），但是鉴于本书（至少部分）讨论了实证研究的极限，我觉得有必要解释几个关键的实证证据，让你看看这个初听犹如天方夜谭的暴胀假说如何征服了几乎所有天文学家和物理学家（以及天体物理学家）。[8]

事实上，第一个证据甚至无需现代天文台的帮助：你是否思考过夜空为何黑暗？这个看似简单的问题，实则蕴含深意。至少早在公元 6 世纪，希腊僧侣科斯马斯就为此感到困扰，他凭直觉意识到，如果宇宙在时间和空间上都是无限的（并且均匀地分布着恒星），那我们就会被烧焦。[9]

如今，这一现象被称为“黑夜悖论”，但通常被归功于海因里希 · 威廉 · 奥伯斯，“奥伯斯佯谬”也因此而得名。科学史学家对这一命名是否名副其实一直抱有怀疑。[10]

黑夜悖论（如同很多名为“悖论”的陈述一样，它实际上并非真正的“悖论”）的逻辑是这样的：如果宇宙在时间上无限延伸，在空间上也广阔无垠，同时恒星数量无限且均匀分布，那么向太空望去的每一条视线都应该能落在一颗恒星上。如果这是真的，那么整个夜空就应该明亮如白昼，毕竟目光所及，无处不是星光。然而，夜空是黑暗的，这对即使是未经训练的观察者来说也很明显（除非他们住在繁华的闹市区），因此关于宇宙的某个或是某些假设必然有问题。

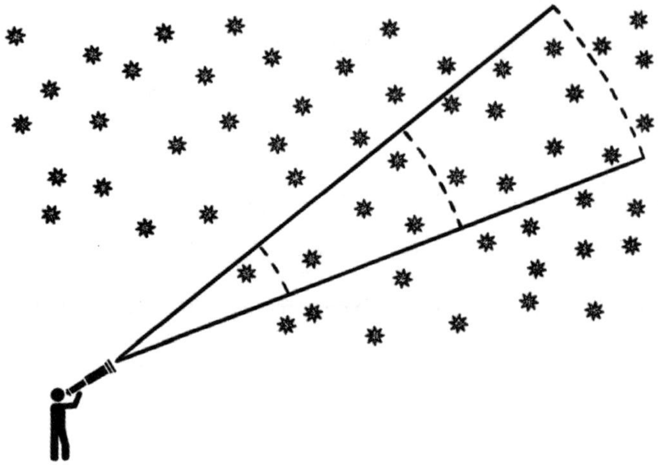

图 3–1　当我们看向宇宙深处时，恒星由于远距离而显得暗淡，但在我们的视野范围之内也有更多的恒星，这两种效应相互抵消了

我的学生经常被他们的直觉误导，他们很自然地认为更远的恒星看起来会更暗淡，并且这种亮度递减一定至关重要。后半句话确实是对的，但问题是，在我们视野内的每一层宇宙中所包含的恒星数量恰好成比例地增加。换句话说，恒星的视亮度随距离的平方而减弱，但我们视野范围内的恒星数量也随距离的平方而增加，这两种几何效应相互抵消。

解决黑夜悖论的方法有很多种，其中一些非常牵强。但只要宇宙有一个开端，“悖论”就将不复存在。

我们可以从黑夜悖论中得出一个重要结论，那就是我们不需要多么复杂的设备就能提出很多令人信服的假说。有时，科学进步只需要对某些我们习以为常的事情提出一个简单的问题，比如："为什么夜空是黑暗的？"

另一个在 20 世纪的物理学界涌现的"悖论"是，宇宙尚未衰减到统计平衡状态。显然，将热力学第二定律推广到整个宇宙会导致明显的矛盾。当时的物理学家借助新鲜出炉的广义相对论，提出宇宙不受稳定外部条件的约束（它不是一个闭合系统，这是热力学第二定律能够适用的前提条件），以此作为规避悖论的理论漏洞。[11] 在我看来，这种辩解只是把问题暂时搁置一旁，继而引发出更深层次的诘问：为什么宇宙可能不受稳定外部条件约束？宇宙之外到底有什么？即使是外行也能明显看出的事实是，宇宙还远远没有进入"热力学平衡"。这一事实正是逐渐累积的证据链中的关键一环，可能表明宇宙实际上并非处于稳定状态。

与此同时，数学计算和天文观测领域还有另外两条并行的研究脉络也在展开，并且最终发现宇宙正在膨胀。[12] 这可是一件大事。

我经常设想，如果有人毕生坚信宇宙大体上处于永恒的稳定状态，现在却被迫要接受这样一个颠覆性的世界观，那会是怎样的体验？这一结果毫无意外地引发了激烈的辩论。当一个可能改变研究范式的新想法出现时，这种辩论是有益于其向前发展的。数据具有不可辩驳的说服力，人们越来越难以忽视这个推论，即不断膨胀的宇宙必然意味着过去的宇宙比现在更小。如果沿着这一思路继续推演下去，其最终结果就是宇宙（也许）曾经无限小。当然，还有一些需要审慎对待的细节，例如，我们只能观测到可观测宇宙范围内的事物（这句话确实有些陈词滥调了）；在遥远的宇宙中，完全可能存在与我们所在区域的物理规律迥异的区域。好消息是，大爆炸假说带来了一整套极为有力的预测，而这些预测都可以（并且已经）通过观测进行验证。

大爆炸模型最有力的预测之一，就是宇宙中各元素具有精确的相对丰度。对于我们这些居住在岩石行星上、周围遍布重元素的人类而言，误以为氧和碳在宇宙中含量丰富是可以理解的。但是必须再次强调，我们的视角实在太过局限。如果你从未思考过元素周期表中曾经让你在化学课上伤透脑筋的各种元素从何而来，现在是时候了。就像夜空的黑暗一样，元素的存在是理所当然的，我们很少探究其本源。但是当你深入挖掘并开始提问时，新的谜题就会出现。元素周期表上有这么多种元素，而氢大约占据了在当前宇宙中所有原子质量的 3/4（氦则占据了剩下的 1/4），其他元素好像被它们霸凌了一样，这也太不公平了！

回望过去，我指的是大爆炸后大约 10^{-6} 秒时，宇宙中甚至没有任何元素存在，有的只是一锅由夸克和胶子等基本粒子组成的极端炽热的浓汤。不久之后（以我们的生活经验应称为“瞬间”），这锅浓汤逐渐冷却，形成了质子、电子和中子。从这一刻起，宇宙只用了大约 20 分钟的时间来合成所有它能创造的元素，之后温度就会下降，原子核将无法碰撞在一起。宇宙没有浪费这珍贵的 20 分钟，而是马不停蹄地完成了元素的构成工作。但受时间所限，它在这 20 分钟所能做到的极限就是制造一些氦原子核（通过氢原子核，即质子的碰撞形成）和微量的锂原子核。至此，宇宙流干了最后一滴汗水（但不是字面意思的汗水，毕竟现在宇宙中还没有氧，更没有 H_2O），而这些元素构成了宇宙此后漫长岁月里的主要成分——直到数亿年后，恒星开始形成。所有其他元素都是在恒星的生死循环中形成的。正如那句名言所说，我们本就是星星的孩子（当然，更准确地说，我们是由恒星的内脏构成的，但是这么说就一点儿也不浪漫了）。

我知道这些物理过程可能听起来很复杂，但实际上它们只是遵循一些基础的热力学和粒子物理学原理。关键在于，我们可以对氢、氦、锂及其同位素的确切丰度做出非常准确的预测。[13] 这些同位素中最重要的是氘，也叫"重氢"（因为其原子核同时包含一个质子和一个中子）。与其他元素在恒星中合成不同，氘会在恒星内部消耗，因此随着宇宙的年纪渐长，恒星持续燃烧燃料，氘的含量会不断降低。更重要的是，除了大爆炸核合成之外，目前尚未发现任何能够批量制造氘的途径。氘与普通的氢（也称为"氕"）的比例为我们了解宇宙最初 20 分钟的物理条件和时间尺度提供了极其精确的参考。而观测数据与理论预测的完美吻合正是大爆炸理论最有力的实证支撑。

虽然另一条证据只是间接证据，但是目前只有运用大爆炸理论才能将其解释清楚。如果我们看向左侧 100 亿光年外的视界，再看向右侧 100 亿光年外的视界，[14] 就会发现这两个区域（当它们各自发出的光朝我们的方向出发时，它们彼此相距约 200 亿光年）[15] 在统计学意义上是无法区分的。事实上，无论我们朝哪个方向的视界望去，宇宙似乎都是均匀的。

若宇宙长期处于某种稳定状态，这些区域不可能在 200 亿年的时间里一直因果相关并共享信息，因此视界根本不可能保持均匀。宇宙暴胀在此为我们提供了解决方案。在宇宙暴胀模型中，整个可观测宇宙都处于因果联系中。暴胀结束时，如今的可观测宇宙直径大约只有 1 米，即约 3×10^{-9} 光秒。换句话说，当宇宙只有一条宠物狗那么大的时候，其各个区域之间有充足时间建立因果联系。视界难题就此迎刃而解。

大爆炸理论还给出了一个其他物理模型无法解释的关键预测：大

爆炸约 40 万年后，宇宙应该已经冷却到足以让电子与质子结合，形成真正的原子。出于某些被我刻意略过的原因（我们不妨把这些原因称为“物理学机制”），当质子和电子结合时，光就能够自由发散并在空间中朝任何方向直线传播，直到其遇到障碍。这种来自天空各个方向的背景光被称为宇宙微波背景（CMB）。这种CMB辐射应该具有非常具体的观测特征，精准标示出宇宙在其发出时的确切温度。结合与我们所了解的质子和电子结合成原子时所需要的温度，我们得到了一个非常具体且可供验证的预测。该过程的物理学机制非常好理解，哪怕是最倒霉的物理系本科生也可以轻松地完成该内容相关的课后习题。真正的挑战在于如何验证这一精确的预测。

幸运的是，电子和质子结合成原子时释放出的一部分光，经过 130 多亿年的旅程最终抵达地球。科学家开展了多次重要实验来测量宇宙微波背景的特性，并且精度不断提高。接下来的事情就顺理成章了，观测结果与大爆炸理论的预测完全一致。大爆炸理论再下一城。

总而言之，如今有大量基于不同预测和实验方法的证据共同支撑着大爆炸理论。迄今为止，唯一能与实验数据百分之百吻合的另一种假说，就是某种超自然力量刻意设计了这个宇宙，并且处心积虑地哄骗我们这些凡夫俗子相信大爆炸发生过。然而，这一假说显然缺乏可验证性和预测能力。

信心的纪元

尽管我们有大量证据支持大爆炸的确发生过，但这与理解它如何发生或为何发生，完全是两码事。论及宇宙的各个历史时期，越往前追溯，我们的理解程度就越低。话虽如此，但是从很大程度上讲，我们对宇宙诞生后 20 分钟至 40 万年这一阶段的物理过程的理解，竟然意外地比我们对过去 10 亿年间所发生的物理过程的理解要更加透彻。

我们的信心会随着我们对某一理论的实证检验能力的下降而急剧下降。例如，我们能够接收到的最古老的光大约来自宇宙诞生后 40 万年。确切地说，这正是宇宙冷却到足以使电子和质子稳定下来形成原子的时候。当然，在此之前也存在大量的光，但它们被困在粒子浓汤里。因此，这是我们可以直接通过光观测到的最早的宇宙图景，并且这一现状永远无法改变。

虽然无法实际观测到宇宙诞生后 40 万年的情况，但这并不意味着我们完全一无所知。例如，我们的引力波探测能力正在飞速发展，这将为我们提供一个了解宇宙的全新窗口。目前，我们探索更早期宇宙的主要工具还是物理学实验室中的前沿实验。现代设备已能常规观测到宇宙诞生几分钟内的高能条件，因此我们对这些条件下展开的物理过程已经了如指掌了。

我们如今能够探测到宇宙诞生后 10^{-32} 秒内的能量水平，即便是我这个对天体物理学已经感到些许麻木的大脑，对此也感到瞠目结舌。欧洲的大型强子对撞机就可以重现这种疯狂的能量水平。请感受以下这个事实：现代物理实验竟能探索年仅 10^{-32} 秒大的婴儿宇宙。

不过，我们也要清醒地认识到，即使有大型强子对撞机，我们也无法自由探索早期宇宙。这类实验过程难以长期维持，且局限重重。打个比方，我们通过大型强子对撞机研究宇宙，就好比试图通过一根无法控制方向的吸管来观察一整间屋子。更糟糕的是，这根吸管还总是需要关停维护，而且房间内大部分时间都是黑暗的。

目前，对于大型强子对撞机无法复现的更早期宇宙（包括暴胀时期）的能量水平，我们还没有任何观测和实验手段能进一步深入研究。关于暴胀的起因，我们目前有一个可行的假说，涉及所谓的“假真空”状态以及“暴胀场”，它们共同产生负压，从而触发了宇宙的急剧膨胀。但是截至本书撰写时，我们既无法回到137亿年前去验证这一假说，也没能在实验室中重现其所需的条件。

暴胀本身的起因仍然是未解之谜。但是（这个“但是”非常重要）我认为这可能是一个很快就能解决的谜题，或许下一代超级对撞机就能带来新的突破。

当我们将目光投向更早的时期，比如普朗克时间（约为10^{-43}秒），那才是真正陷入了困境，因为我们目前所掌握的物理定律在这段时间里完全失效。根据不确定性原理，任何小于普朗克时间的时间测量都是不确定的。如同面对黑洞中心时所遭遇的困境，我们在宇宙诞生的那一刻显然也会遇到一个奇点，而量子引力理论似乎是唯一的出路。

然而，关于宇宙暴胀的起因，乃至在普朗克时期发生了什么，并不是许多人辗转反侧想弄清楚的问题。更深层次的困境在于，当我们抽丝剥茧，层层追溯下去，终将会遇到那个最根本的问题：为什么会存在可供暴胀的“某物”（无论它多么致密或怪异）？换句话说，为何有物而非无物？

无中生有

我不知道你对宇宙来自“虚无”这一观点有何感受，但这始终困扰着我。这正是我们困惑的根源所在：是否存在某种“无”可以生成“有”。这个问题让我寝食难安，但当得知历代（或许从人类有思想以来）无数的思想家都曾长久地思考过这个问题时，多少给我带来些许慰藉。“无中生有”的思想有着悠久的历史，例如，托马斯·阿奎那认为，这个问题本质上证明了上帝即为“第一因”。[16]

如果你对这个“无中生有”的问题同样感到困惑，那么至少你并不孤单。

当我还在读研的时候，我总感觉其他人似乎都对如何解开这个哲学难题心知肚明，只是我还没有领悟。物理学界的主流说法似乎是“宇宙的诞生来自量子涨落”，仅此而已。当然，这种解释至今仍受到广泛追捧，后面我会详细探讨。然而，我一直觉得这种对宇宙起源多少有些敷衍的解释回避了（至少对我来说）一个更深层次的问题：就算是量子涨落导致了宇宙的形成，那么，究竟是什么为量子力学的存在提供了基础？又是什么为物理定律搭建了盛大的舞台？换句话说，这些统御万物的法则栖身何处？这些疑问在我心底埋藏多年，始终挥之不去。

许多物理学家会辩称（而且确实也有些人曾与我争论过），试图在暴胀之外寻求更深层次的解释毫无意义。这个关于为何有物而非无物的哲学问题常常让许多人感到沮丧，并恼羞成怒地将其斥为“超出科学范畴”。我承认他们或许有理，这个问题可能真的超出了科学的范畴。如果这个问题归根结底就是无解的，那么继续沉湎其中除了让像我这样的天体物理学家更加睡不着觉之外，也许没有任何实际价值。但我必须指出，这种回避态度是一种自我实现的预言。如果科学家因为可能没有科学解释就放弃探索，那我们取得科学进步的机会将更加渺茫。我也说不清原因，但明知不可为而为之的徒劳并不能阻止我的思维坠入无底深渊，而我相信有这种困扰的人绝不仅仅只有我一个。

同时我也认为，选择无视“无中生有”的问题完全是在推卸责任，科学已经将我们推向了这个驱动了无数代人思想与信仰的最玄奥的存在主义之谜的悬崖边上。可以肯定的是，从目前的情况来看，科学、哲学和神学之间必然在 10^{-43} 秒内完成了某种交接，但我认为科学家不应就此全身而退，因为将来的实证研究很可能揭示出下一只驮着普朗克时期的乌龟。

在探讨是否或如何“无”中生“有”之前，我们需要退一步，先给“虚无”下一个精准的定义。在讲到这个问题的时候，我往往会花整整一节课的时间来讨论“虚无”，恐怕会有不少人因此而质疑自己的学费到底花得值不值。然而，“虚无”确实有几种不同的类型。实际上，全世界范围内的学术讨论已经阐述了多种类型的虚无，但在这里我会聚焦其中三种主要的类型。

第一类“虚无”是最浅显易懂的，可能也是多数人在思考“虚无”时最先想到的一种。在这种虚无的概念下，宇宙就像一间毛坯房，里面没有物质，没有能量，也没有力场。需要阐明的是，我们至今无法在实验室中实现这种类型的虚无——即使是在最极端的超真空腔室内，仍然存在渗入空间中而无法消除（至少目前还不能）的场，例如赋予物体质量的希格斯场。

虚无的分类	质能[①]存在	时空存在	物理法则存在
1	∅	✓	✓
2	∅	∅	✓
3	∅	∅	∅

第二类“虚无”则将虚无提升了一个层次，在这种情况下，连时空的基本结构都不复存在。我们依然用房地产来做比喻，这就像是你手握建造房屋的许可证，但连一块可以用于建造的土地都没有。不过，那些规定了什么能做、什么不能做的法则已然确立。这种类型的虚无之中既无实体，也无容身之所，但是支配可能性的底层法则仍然“存在”。这种类型的“虚无”明确提出了一个问题：这些法则没有宇宙得以栖身，那它们存在的根基是什么？然而，这个问题超出了这种“虚

① 爱因斯坦的质能方程揭示了质量与能量是等价的，它们可以相互转换，因此在物理学中常常采用“质量-能量”（简称“质能”）来代替我们日常生活中常用的“质量”。这一概念将会在本书中反复出现，故此说明。——译者注

无”的范围（我们将在讨论宇宙定律的章节中进一步探讨）。

在这第二类“虚无”中，我们或许可以想象存在某种超自然力量，界定了可能性的疆域。换句话说，支配宇宙的法则与之同在。这正是许多神学家的观点，且在我看来很可能是正确的。但这只是将我们所面临的哲学困境往后推进了一点儿，毕竟无论这种超自然力量以何种形式存在，他也终究不是“虚无”，那么究竟为何有物而非无物？我们依然没有答案。

第三类“虚无”是最极端的：无物、无场、无容身之所、无底层法则。这是完全的、彻底的、无法用任何语言表述的虚空，甚至称其为“虚空”也不合适，因为这相当于默认了存在某种空空荡荡的容器。这种类型的“虚无”与当下（显然）存在的“某物”（例如我们面前的晚餐）之间的矛盾是最难调和的。在这种类型的“虚无”中，甚至连超自然力量也无处藏身，因为那将不再是“虚无”。

如果你期待我去解答这个哲学难题，那我恐怕要让你失望了。我与所有人一样困惑。我（基本上）已经接受了每次只能在乌龟塔上向下走一层的现实。不过，我还抱有一丝希望，也许当我们找到下一只乌龟时，真相就会更加清晰了。

在继续推敲下一只乌龟是什么之前，我想暂停一下，与你分享一个可观测宇宙的有趣特征。让我们想象一下，你想要买一辆车，但没有钱。一位非常善良且慷慨的朋友愿意提供无息贷款，助你圆梦。现在你有了车，但是欠朋友的钱正好等于汽车的价值。那么，从现实的意义来说，你的净资产为零。事实证明，宇宙也处于类似的境况之下，只是宇宙级的贷款体量极其庞大。

可观测宇宙的“净资产”似乎就是零（或者说，就我们目前的观测精度而言，确实无限趋近于零）。我们可以估算出整个可观测宇宙的全部质量/能量（这是正数），再估算出整个宇宙的引力势能（这是负数），结果显示，两者似乎相互抵消。如果宇宙的净资产为零，那么问题就从“为何有物而非无物”变成了“这笔贷款是怎么操作的”。

显然，此刻的我们正处于科学探索的边界，但这无法阻拦人类思考在我们所知的宇宙之前[17]可能存在的东西，哪怕这些推测（目前）游离于实证研究的范畴之外。主流研究策略一般是基于现有的物理学认知框架，尝试向外推演可能性。

在这些猜想中，有一个概念历史悠久，即宇宙不断经历着创造和毁灭的循环。纵观历史，在多种文化和神话历史中都有循环宇宙这一思想的身影。例如，在印度教和佛教的宇宙观中，都有“劫波”与“轮回”的概念，也就是宇宙的创生、毁灭和重生的往复循环。[18]古希腊宇宙论同样充斥着循环的概念，如恩培多克勒（大约生活在公元前5世纪）就提出了一种包含爱与冲突的循环宇宙论。[19]

循环宇宙论自然会引人注目，它巧妙地回避了“开端”的问题，并且还为我们提供了心理慰藉，即相信无论现在看起来多么糟糕，都会有机会重新开始。现代循环宇宙论的基本模型提出，宇宙经历了无穷多次往复循环，其中每个周期都以“大爆炸”开始，以“大挤压”结束。根据这一假说，宇宙在大爆炸后膨胀和冷却，最终由于引力的作用而减速并自我坍缩，随后触发反弹并再次膨胀。

这套体系一度完美自洽且极具说服力，直到我们通过实证探究检验了宇宙膨胀的速度到底有多快。这导致了暗能量的发现（我确信你有能力向后翻页并找到关于暗能量的章节，所以此处不再赘述）。当然，我们对暗能量的认识仍然存在巨大空白，但就目前的观测结果而言，我们知道暗能量的作用强度会随着时间的推移而增强，并且致使宇宙膨胀呈加速态势。除非存在某种尚未探明的相变机制（我绝对不排除这种可能性），否则我们没有理由认为这种加速会停止。在这种情况下，循环宇宙论的可能性基本可以排除，这着实令人有些沮丧。

在物理学界，量子力学或许是关于宇宙起源最主流的解释。量子力学的迷人之处在于，它为"可能发生之事"提供了丰富的理论漏洞，当然，这也为伪科学猜想提供了无限的素材。然而，量子力学本身是经过充分实证检验的成熟理论。在量子世界中，"因"和"果"这样的概念缺乏严格的定义。这种因果关系的脱钩就像是往"宇宙诞生之谜"这间又闷又热的房间（尤其是在时间不存在的情况下）里注入了一股清冽的空气，使我们得以大胆构想，也许宇宙诞生根本无需"起因"，因为这个词本身已经失去了意义。

量子力学的另一个关键特性（我们将在关于黑洞的章节中深入探讨）是，粒子可以从"虚无"中凭空涌现与湮灭，这正是由不确定性原理的本质揭示的——在这种情况下，能量和时间无法同时具有精确值，而"虚无"则恰好对应能量严格为零的状态。不得不承认，单个粒子从量子场中涌现与整个宇宙从量子场中涌现之间存在天壤之别，但这个漏洞确实存在。然而，这也带来了新的问题：任何涌现行为都需要以量子场为基底。那么这种装载着量子场的"虚无"到底属于哪一类虚无？

在诸多关于宇宙"开端"的解释中，我接下来要提到的"无边界"假说可能是最抽象的，它要求我们从根本上以一种与日常体验完全不同的方式思考时间和空间。该假说最初由史蒂芬·霍金和詹姆斯·哈蒂于 20 世纪 80 年代提出，而他们正是本着消弭时间的"开端"这一目的，才提出这一假说。因此在"无边界"假说中，时间没有开端。[20]

因为这个概念有点儿抽象，所以我们可以通过以下类比来理解它。

请想象出一个标准的地球仪，上面绘有我们常用的经纬线。现在，将自己想象成一名无畏的冒险家（或许实际上你就是这样的人，正好省事了），此刻正前往南极。当向南旅行时，你自然会意识到——就像所有无畏的冒险家都会意识到的——经线和纬线是垂直的，这为你辨别南北轴线和东西轴线提供了清晰的参照。然而，这种几何特性将会在你抵达南极的瞬间遭到彻底颠覆，无论你面向哪个方向，都是北方。不仅“南”这个方向消失了，“东”和“西”也一样。当然，站在南极点的你丝毫不会察觉到自己的脚下与几米外的地方有什么不同。这种所有方向均坍缩为“北”的结果，只存在于我们用来描述地球定位的标准坐标系中。

简而言之，无边界宇宙假说的机制是：其基本构想在于将时间和空间视为在时空中正交的维度（想想赤道上的纬线和经线），其中时间维度沿南北轴向延伸。而这一假说的绝妙之处在于，当我们到达宇宙的“南极点”（即时间的开端）时，就没有更远的地方可以去了。如果“时间 = 0”指的是南极，那么就不存在“时间 = –1”的情况，因而在这个坐标系中也就没有“时间 = 0 之前”的概念。

我们还有另外一种理解该模型中时间本质的视角，即时间呈现出“虚数化”或“类空间化”特征。为了直观地理解这一点，你可以想象沿着纬线将地球细细地切成薄片，最终你会得到一个由从北到南先是逐渐增大，随后逐渐缩小的圆圈堆叠而成的结构。这些圆形切片正是空间的切片。在南极点，不仅空间切片的大小趋近于零，而且原本与空间维度正交的时间维度，也扭曲成与空间维度相同的平面。

无边界宇宙的这一设想巧妙地规避了传统的因果律，以及关于宇宙“之前”的哲学困境，因为它完全排除了“之前”的概念。然而，它还是没有解释清楚，宇宙到底是在什么地方登台亮相的？

如果说无边界假说匪夷所思的话，那么接下来要登场的假说听起

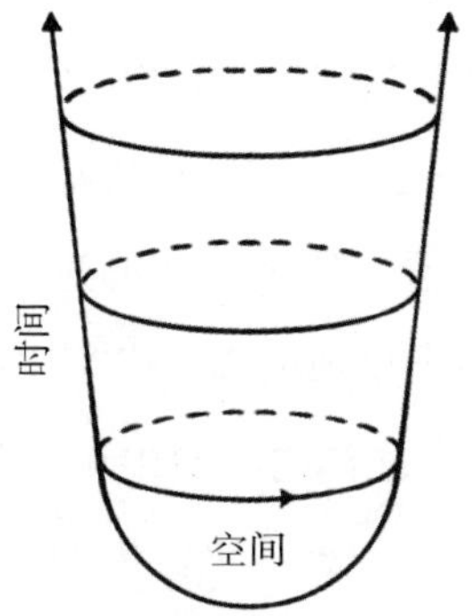

图 3–2　史蒂芬 · 霍金和詹姆斯 · 哈蒂构想的无边界宇宙示意图。在这张图中，“时间 = 0”的位置类似于地球坐标系中的南极，没有比南极更南的地方。同样，在这一构想中，“时间 = 0”之前没有时间

来就完完全全是科幻小说了，但它却实实在在地扎根于当下最前沿的物理学研究中（并且有经过同行评议的论文发表）。[21] 该模型是暴胀的替代方案，而我之所以在这里提到它，是因为它也探讨了“大爆炸之前发生了什么”的问题。

这一模型的核心构想是，我们所在的宇宙可能是一个多维的“膜”，存在于更高维度的体积中（我们实在不擅长命名，姑且称之为“体空间”吧）。依照惯例，我们还是做一个类比，我喜欢把这个模型想象成漂浮在海洋中的巨型海带。其中，我们的宇宙就是海带，而体空间则相当于海水（这幅画面比实际上的物理模型要平和多了）。关键是，我们所在的膜并不唯一，体空间中可能漂浮着无穷多个膜（而我们所了解的情况非常有限）。如果两个宇宙膜发生碰撞，它们就会向对方注入巨大的能量。该模型的优势在于没有时间为 0 的概念，因此时间同样没有“开端”，但是在某个元宇宙中可能存在无限的时间，宇宙膜则在其中不断碰撞和分离。

我事先警告过你，这听起来像是科幻小说。但问题是，真实的物理学研究提供了足够的间接证据来支持这个理论。这一整套关于宇宙膜相互碰撞的疯狂想法，实则根植于另一个可能疯狂却又格外美丽的想法，即“弦理论”，我们将在相关章节中对其展开论述。这种不断手动植入“超链接”的方式是不是有些让人抓狂？相信我，我能理解你的感受。设身处地地想想看，我在写作的过程中也一直殚精竭虑地思考，到底应该以什么顺序来呈现内容。但是宇宙就是如此复杂和纠缠，或许我们不应该对许多未解之谜之间的相互关联而感到惊讶。

好消息是，这种所谓的“火劫宇宙模型”提出了一些有别于标准的暴胀范式得到的预测，并且这些预测都是可验证的，其中包括我们尚未探测到的原初引力波频谱。就当前的研究进展而言，虽然观测结果更加倾向于暴胀模型，但我还不准备完全放弃这个疯狂的火劫宇宙模型。退一万步说，即使宇宙膜的碰撞并非大爆炸的起因，静态的膜结构仍然可能是现实情况的一种有效描述。

但是，这些膜最初从何而来？

大爆炸与黑洞这两种天体物理环境具有一个共性，那就是它们都具有令人头疼的奇点，我们所掌握的所有物理定律在这里统统失效。不过，奇点也将我们导向宇宙起源的另外一种可能。

强烈的好奇心可能驱使着你注意到，这两种环境看起来好像存在镜像关系，例如，空间本身会流入黑洞内部，却又从大爆炸喷涌而出。这不正是我们想象中的黑洞的对立面——白洞吗？没错儿。事实上，相关研究已经发展为独立的“黑洞宇宙学”，而且同样有经过同行评议的论文发表。

暗能量的特性则为此注入了新的可能。根据我们目前（尽管有限）对暗能量的理解，它对空间结构的作用就像一种负压，而在爱因斯坦场方程中，负压表现为斥力。巧合的是，拉伸空间结构正是获得负压的一种方式。猜猜看，黑洞的内部会发生什么？在黑洞深处，空间结构被拉伸至临界状态，致使暗能量主导空间演化的进程，使空间像气球一样剧烈膨胀，而这种设想完全有可能成立（并且很可能在未来很长一段时间内保持如此，因为我们离了解黑洞内部发生了什么还很遥远）。这般图景是不是似曾相识？

就我们所知，现有观测结果与这样的宇宙完美契合：我们的宇宙诞生于母宇宙超大质量黑洞内部。这是好消息。但坏消息是，我们目前还没有办法通过实证手段对这一点进行验证，也无法在黑洞孕育的宇宙和传统的暴胀宇宙（即使是后者，也同样迷雾重重）之间做出决断。

这个假说令人心驰神往，如果可以选择一个假说作为解释大爆炸的解决方案，那么黑洞宇宙学将是我的答案（可惜现实从不理会你我的偏好）。从黑洞婴儿宇宙假说还可以推导出一个惊人的结论：我们自己的宇宙可能拥有无数个后代。更加精妙的是，根据弦理论的某些主张（在弦理论中，宇宙的确切属性是由紧致化额外维度的形态决定的），母宇宙可能通过物理常数的确切取值在某种程度上传递遗传信息[22]。若果真如此，便将催生宇宙的自然选择机制，正如物理学家李·斯莫林提出的自然选择机制：一个宇宙越是具备制造黑洞的天资，其孕育的婴儿宇宙就越强大。[23]

不过我得再提醒一句，我们仍要面对母宇宙从何而来的问题。这将是又一只乌龟。

在探讨宇宙起源时，我们始终无法回避超自然力量存在的可能性，毕竟全球人口中的很大一部分都对此深信不疑。正如我们不能证明上帝存在一样，我们也无法证明上帝不存在。鉴于我们知道自己对宇宙知之甚少（更不用说还有很多东西我们甚至都不知道自己不知道），加之我们的感官和智力所面临的极大局限，我认为断然否定未知领域的可能性实在是人类傲慢的终极体现。

为了明确起见，此处的“超自然力量”所指的未必是传统意义上的“上帝”。事实上，它可以是任何超出我们现实领域之外的未知对象。它可能是某种超级智慧生物，至少按照人类标准来看具有超级智慧，尽管它们可能在自己的同类中显得愚钝不堪（出于对全人类的利益考量，但愿不是这样）。甚至整个宇宙可能只是某个高等智慧文明的实验室，或是它们中的某个学生的课外实践。就像我上小学时做过的植物对照实验（相信很多人都做过类似的实验）：有些植物浇了水，有些则没有；有些植物放在阳光下照射，有些则没有；有些植物被用了漂白剂，有些则没有。谁知道呢，也许我们的宇宙只是一份家庭作业。

再次强调，“超自然力量”并非虚无。

魔法思维

说到宇宙的奥秘，思考宇宙起源比其他任何话题都更容易让我陷入存在主义危机。这不仅是因为相关的物理现象是未知的（甚至可能是无法描述的？），更因为我总是会陷入哲学困境当中。我清楚地意识到，以我的智力根本不足以解答这个问题，那个根植于无穷倒退中的本质悖论，似乎找不到任何能让我信服的解决方案。正因如此，我常常倾向于将这个问题抛诸脑后，将其视为超出人类理解范围的超自然现象。

但这时，我的心底总会有另一个声音小声地提醒我，我不理解某件事并不意味着它就是无法理解的。我相当确定的是，无论我多么努力，我都无法教会我的宠物理解广义相对论，恐怕就连教会它们热力学都很艰难。记得有一次，我在家里举办聚会时布置了几个充满氦气的气球，当时我养的一只名叫真子的猫吓得完全失去了理智。在我和我的丈夫看来，真子的猫脑显然在思考："那些在屋子里飘来飘去的东西违背了自然法则！"

以我们人类有限的大脑来看，难道我们真的如此傲慢，认为我们不理解某件事，就表示它一定是超自然的吗？这正是重温上一章关于认识论的内容中提到的"夹缝之神"这一谬误的好机会。当然，反过来说也是成立的：虽然我们自认为理解了某件事，但也不能排除它可能是超自然的。毕竟，克拉克三定律中的第三条是："任何先进的技术，乍看之下都与魔法无异。"

小　结

在“为何有物而非无物？”这个问题之后，常常会紧跟着另一个问题：为什么这种“有”中包含了生命？这个问题早在现代科学诞生以前就已存在，但如今或许已经在我们的能力范围之内。

若能证实地外（ET）生命存在，这无疑会成为人类历史上最重大的发现，甚至比火、车轮，乃至切片面包的发明还要重大。虽然这样的发现未必会动摇我们对现代科学的基本理解，但它无疑会彻底改变我们对自己以及我们在宇宙中所处地位的看法。

我从小信仰的宗教明令禁止地外生命的存在，即便在当时我也觉得这种禁令颇为怪异。有人指着《圣经》告诉我，宇宙是为人类创造的。我想，如果一个人既不了解宇宙的浩瀚无垠，又自诩为宇宙的中心，那么“人类即万物之意义”似乎就不会显得如现实所见那么荒谬了。

第 4 章

外星生命真的存在吗？

你看到“外星生命”这个词的一瞬间，脑海中浮现出的是什么画面？

我询问过的大多数人回答的都是影视剧和综艺节目中出现过的，整体上与人类形象相差无几的形象。或许你想象中的外星生命拥有绿色的皮肤、8 只手臂，同时还有一条长长的尾巴，但这些特征与人类的基本生理结构并没有太大不同。受到好莱坞电影的影响，人们对外星生命实际样貌的想象力往往极度贫瘠。如果你想象的并不是一个好莱坞式的形象，那么请用你仅有的两只手（毕竟你不是拥有 8 只手的外星生命）给自己比个赞。

无论你刚刚的答案是什么，都请你在此基础上深入思考一下，为什么你会想到这样的形象，而不是其他形象？即使在我们地球上的生物圈内，也有很多生命形式比人们想象的更像外星生命。例如，海洋中的生命形式往往比大多数影视作品中所呈现的外星生命要更加奇特。

一只毛茸茸的小飞象章鱼很可爱，如果在太空中遇到这种生物，我们可能会想要抱抱它（免责声明：这不一定是一个好主意）。但在漆黑的太空巷道中遇到一个与人类体形相当的片脚类生物则会是噩梦般的体验。

冠状皱囊虫是我最喜欢的地球生命形式之一，人们曾一度认为这种生物是人类非常远的远亲。现在，这种生物已经灭绝，它们生活在 5.4 亿年前的寒武纪时期，其样貌比好莱坞描绘的几乎所有东西都更具“外星”感。值得注意的是，科学研究表明冠状皱囊虫似乎没有肛门。

图 4–1　冠状皱囊虫（左，由田村信绘制，通过CC BY-SA 4.0 协议获得授权），小飞象章鱼（中），片脚类生物（右）

重点是，地球上的生物多样性已经让人目不暇接了，这让人不禁要提出疑问：在完全不同于地球的环境中生活的外星生命，恐怕不太可能长得像人吧？事实上，大多数人想到的可能都是宏观层面的生命形式，但这些“大型”生命形式显然在整个生命谱系中只是极少数。说到微观层面的生命形式，有一个值得思考的问题：我们的身体到底在多大程度上属于我们自己？一个冷知识：我们体内的细菌细胞在数量上远超人类细胞（两者分别为大约 38 万亿和 30 万亿）。所以，你究竟是谁?

请再次回想你在本章开头所设想的外星生命形式：其生长环境中的哪些因素会驱使它向这个方向进化？如果你最终只是复述了一遍地球表面的环境，那么我建议你突破思维定式，想象出一颗与地球截然不同的行星。在这种地球生命极度陌生的环境中，生命需要进化出哪些特征才能保证其生存？或者更进一步，也许有些生命根本不在行星上生存呢？以我们对地球生命的了解为起点来推想外星生命确实有其合理性。但是，我们同样需要跳脱出既有框架，充分考虑到宇宙中其他地方的生命可能在截然不同的条件下繁衍生息。当我们探讨外星生命是否存在时，必须先明确“生命”的定义，并且也必须接受宇宙中其他地方的生命可能与地球生命迥然相异。

你可能会自信满满地说，“我看一眼就能明白”什么东西是“活的”。但你真的确定吗？事实上，要准确定义生命可没那么容易。著名物理学家埃尔温·薛定谔在出版于1944年的著作《生命是什么》中，尝试从物理学角度定义“生命”。薛定谔认为，生命的本质特征在于其抵抗衰退至平衡态（或用更物理化的术语来说，抵抗“熵增”）的能力。关于熵的概念，我们后续将会深入探讨。不要对物理学术语感到害怕，它远没有听上去那么可怕，并且还对我们了解宇宙至关重要。在此我们暂时搁置相关的物理学讨论，以免让这些题外话干扰你关于外星生命的思绪。

这个操作性定义颇为有趣，但是其微妙之处不可忽视。例如，我们应当以何种时间尺度来衡量事物抵抗衰退的能力？如果我们将自己视为生命体（估计多数人也乐意接受这种设定），那就必须承认，随着年龄增长，我们的身体会持续衰退；而在死亡之后，衰退的进程更是急剧加速，直到最终与周围环境达成平衡态。关键在于，我们并不能百分之百抵抗衰退。事实上，我们当下正处于衰退中。

即使是专业的生物学家，也在生命的定义上存在争议，所以如果你很难想出一个合适的定义，那也情有可原。通常，当前学界常用的“活着”的判别标准包含以下列出的几个要素。但是，只需几次追问就能让整个体系漏洞百出。

由细胞组成

这里的“细胞”究竟是什么意思？是否必须完全符合生物学的定义？为什么？这种限定似乎过于狭隘了。

能够进行新陈代谢（消耗能量）

有人可能会说这就好比石头不会消耗能量，那么冰箱呢？电脑呢？是否需要将能量用于某个目的？如果是的话，由谁来判定什么算作“目的”？

能够生长

我不明白为什么生长是活着的必要条件。难道一个不再发育的人类个体就不算活着吗？如果只有青春发育期的个体才被视为“活着”，那我们就大难临头了（作为一个中年女性，我这么说可能有一定程度的偏见）。

能够适应

需要适应的条件有多大范围？人类可以适应一小部分环境，但这种适应能力也有局限。我还认识一些几乎无法适应任何陌生环境的人。

能够对外界刺激做出反应

这倒是一个有趣的话题，因为对外界刺激的反应涉及物理定律。牛顿第三定律（作用力和反作用力）意味着，在某种程度上，宇宙万物都符合这一标准。为了方便讨论，我们姑且假设“反应”是一种更加复杂的机制。（什么样的机制？）那么，这种反应是否需要意识的参与？如果是这样，那么植物这种无意识的生命形式怎么办？再者，若自由意志原本就不存在，又当如何？

能够繁殖并表现出遗传性

许多通常意义上的活物实际上并不具备繁殖能力。以骡为例，它们是驴和马杂交的产物。驴有 62 条染色体，而马有 64 条染色体，因此骡拥有 63 条染色体，这导致骡无法生育（公正地说，确实有一些骡子生育的案例，但这只是极端个例）。某一个体无法生育就意味着它们不是活的吗？还是说，只需要该类别的大多数个体满足这项标准，而允许个别个体存在例外？

能够维持内稳态（稳定的内部条件）

内稳态确实是一个重要指标。无法维持内稳态的个体就会死亡，至少根据我们对生命的操作性定义来说是这样的（不得不说，这个定义相当拙劣）。人类可以在有限的环境条件（压力、温度、化学成分等）下维持内稳态，但我们实际上并不是一种非常强健的生命形式。如果把一个人丢在北极的冬季里没有避难所的地方，他恐怕很快就无法保持“稳定的内部条件”了。另外，电脑通过风扇防止过热算不算维持内稳态？那么地球本身呢？毕竟它可以通过地质碳循环（通常，这一过程需要耗费数百万年的时间，而人类仅用了短短几个世纪就将其搅得天翻地覆）等机制来尝试维持行星尺度的内稳态。

能够进化

这里提到的“进化”到底是什么意思？仅仅是指每一代都与上一代有所不同吗？（顺便提一句，这需要繁殖作为前提条件。）还是说，每一代都需要在某些方面变得更好？（谁来决定什么是“更好”？）如果某种生命形式达到了假设中的进化终点，之后再也无法“进化”了，那该怎么办？这一标准的存在也意味着，除非我们能够观察到某一种群的多个不同世代有何表现，否则就不能定义其是否“活着”。

能够死亡

死亡这一能力直接让我们陷入了语义循环的泥淖，因为对大多数人来说，死=不活（薛定谔的猫除外）。要判断某物是否“死亡”，就要先明确什么是“活着”。如果（假设）未来科学发展出一条通往永生的道路怎么办？这是否意味着未来永生的人类后裔都不算活着？

希望上述分析可以让你对所有关于生命的操作性定义都产生深刻的质疑。细究这些标准便能发现，我们总是需要在不同情况下处理各种例外。是否所有标准都需要得到满足？如果不是，那么到底要满足哪几条？满足标准的时间跨度和条件范围是否影响判定结果？如果“例外”的情况超过一定数量，那么所谓的“规则”就没有任何价值了。“我看一眼就能明白它是不是生命”这样的判定方式显然不够严谨。依我看来，我们可能最终需要建立一个从 0 到 10 的“生命度”连续体。我敢肯定，人类必然会秉持着特有的傲慢，自诩为生命形式之巅峰，然后毫不犹豫地给自己打上 10 分。

我们如今所知的生命

我们陷入了困境。我们知道关于宇宙中可能存在的生命还有很多未知领域，但我们总得先找到合适的切入点。仅在地球的生物圈中，就存在诸多能在极端条件下生存的生命形式。我们在那些不利于人类生存的环境中发现了生命（而且是生生不息、生机勃勃的生命），这为“我们如今所知的生命”存在的物理条件提供了重要启示。

有些生物能够在不利于人类生存的恶劣环境中繁衍生息，它们往往被归入爬虫类，比如某些特殊种类的蠕虫。我从小就被教导，如果没有阳光，就不会有生命。然而事实并非如此，巨型管状蠕虫就是绝佳的例子。这类蠕虫栖居在海底热泉附近，并通过热泉获取能量。还有甲烷冰蠕虫，这种长约 1 英寸①的小生物在深海黑暗寒冷的环境中找到了理想的栖息地，它们藏身于对人类来说有毒的甲烷冰中。与巨型管状蠕虫类似，甲烷冰蠕虫同样不依赖阳光构建自身的生态系统，而是通过捕食那些分解甲烷冰的细菌来获取能量。

从温度范围来看，与甲烷冰蠕虫形成鲜明对比的是激烈火球菌，其学名直译为“狂暴火球”，这个名字听起来就像一串魔法咒语，而它们的超能力也没有辱没这个响亮的名头。这类微生物的理想生存温度是 100 摄氏度（212 华氏度）。下次当你试图通过煮沸的方式给饮用水灭菌的时候，不要忘了这种细菌可是能在这种温度下舒舒服服地泡热水澡的。

另一种对人类有害的物理条件是高能辐射，这是载人航天器所面临的一大难题。但当人类为防护辐射焦头烂额之际，耐辐射奇球菌却表示这只是小菜一碟。它的学名直译是“抵御辐射的可怕浆果”，[1] 而如此强悍的体质也为其赢得了“细菌柯南”的美名。“细菌柯南”被吉尼斯世界纪录评为“世界上已知最顽强的细菌”。它可以在各种恶劣环境下存活，包括脱水、极度寒冷、酸性环境以及外太空的真空环境等，而它同时也是聚嗜极生物中的杰出代表。然而，“细菌柯南”真正让其他竞争对手望尘莫及的还是它极强的抗辐射能力，它能够在千倍于人类致命剂量的辐射中毫发无损。

在太空中生存的另外一种有用的技巧是假死（或称“隐生现象”），许多生物都具备这种能力，其中包括蛭形轮虫。它们可以在西伯利亚的永久冻土层中进入隐生状态长达数万年，在解冻之后可若无其事地苏醒过来，甚至可以直接开始觅食充饥。像这样的例子还有很多，这不禁让人深思，在全球变暖的大背景下，这类生物的集体苏醒将给当

---

① 1 英寸 = 2.54 厘米。——译者注

前的生态环境带来何等动荡？

压轴登场的嗜极生物自然是大名鼎鼎的水熊虫，而这也是我最喜欢的生物之一（我甚至有一双朋友送我的毛绒水熊虫拖鞋）。作为聚嗜极生物中的佼佼者，它们可以在接近绝对零度和超过 150 摄氏度（约 300 华氏度）的温度下生存。哪怕是受到千倍于人类致命剂量的辐射，它们也只会迈着可爱的小短腿悠然离去。它们还可以承受太空中的真空环境，即便脱水 10 年，仍可存活。这般生命奇迹，试问谁能不为之倾倒？我甚至还在我家附近的地衣中发现过一些水熊虫，并一度将它们当作“宠物”喂养。

重点是，即便是我们如今所知的生命，显然也可以在多种条件下存活，甚至繁衍生息。就我们如今所知的生命而言，似乎有一些物理条件是必不可少的，至少在我们看来是这样的。根据我们目前所掌握的情况来看，地球上大多数（甚至全部？）生命都需要一些基本的生存条件。但话又说回来，我们也要清楚地认识到，即使这些条件不存在，地球上的生命或许也能进化出其他超能力，或是适应迥异的环境。

获取能量可能是对我们如今所知的生命最为重要的生存法则。正如巨型管状蠕虫和甲烷冰蠕虫的例子，除了太阳之外，还有其他可以支持生命的能量来源，包括地热能和化学能。如果想要彻底跳出思维定式，我们甚至可以设想出一些我们未知的生命形式，而它们可以驾驭诸如磁场和引力波这种新奇的能量来源。宇宙中蕴藏着大量可供创造性利用的能量来源。

对于我们如今所知的生命而言，复杂分子似乎也是不可或缺的，而这些复杂分子的构建需要重元素参与。在宇宙诞生初期，氢和氦是仅有的两种元素，直到第一批恒星步入死亡，其核心处锻造的较重的元素才得以撒播。在宇宙的演化过程中，氢和氦厥功至伟，但它们构建复杂分子的能力非常有限。构成生命的真正基石实际上是碳元素，正因为碳元素构建复杂有机分子的能力极强，才使得有机化学以艰深著称。在元素周期表中，硅元素位于碳元素的正下方，它也可以形成复杂的分子，但是其化学键不够牢固，因而硅基分子比较脆弱。对复杂分子的需求意味着，我们如今所知的生命只有在足够多的恒星走完其生命历程，并将重元素撒播之后方能出现。千万别忘了，实际上你就是由这些恒星在数十亿年间锻造出的元素构成的。

在探讨宇宙中的生命时，液态水的身影也频频出现，其背后也有充分的科学依据。无论是作为化学反应的催化剂，还是作为生物系统中的物质运输介质，液态水都有不可替代的作用。水分子还有一些常常受到忽视的神奇特性。首先，由于水分子的结构，氧原子和氢原子不在一条直线上，这导致它的一侧略带负电，另一侧略带正电。这一特性使得水成为一种“万能”溶剂。公正地说，它其实也没有那么“万能”，并不能溶解所有东西（万幸如此，否则淋浴体验将会截然不同），但其溶解能力确实远超绝大多数液体。溶解这个词可能听上去有些凶猛（想想强酸腐蚀物体时的惊悚画面），但水溶解物质的能力使其成为在生物体内运输重要营养物质的得力干将。

人们往往对水结冰之后体积膨胀这一现象习以为常，毕竟我们在日常生活中经常能见到。然而，这一特性其实相当罕见。除水以外的大多数材料在凝固为固态之后，体积都会变得更小，密度变得更大。这与生命有什么关系呢？设想一下，如果水在冻结之后密度增大，那么湖泊、河流、海洋等水体都将从底部开始结冰，直至整体完全凝固。然而，因为冰的密度比水小，所以它可以漂浮在水面上，这样不仅为下层水体提供了隔热层，而且从根本上使生命能够在冰壳下得以存续。如果没有水的这种奇特性质，地球上的生命将会大不相同（甚至可能不复存在）。

就液态水而言，地球与太阳的距离使得地球恰好位于所谓的“宜居带”（“金发姑娘区”），这个恰到好处的位置让液态水得以稳定存在。再远一点儿，液态水就会结冰；再近一点儿，液态水就会蒸发。耐人寻味的是，火星恰恰位于宜居带的边缘附近，并且有确凿的地质证据表明，火星上曾经也有河流、湖泊，甚至可能有一个古老的海洋。若将火星上已探明的水冰储量均匀分布，则足足可以覆盖整个火星表面 35 米厚，并且其底下深层很有可能还蕴藏着更多水冰。这些发现暗示着火星或许曾孕育过生命，甚至可能仍有生命蛰伏。这一可能性促使一些人尝试“改造”火星，以使其适合人类居住。但是我想在此声明，通过核爆火星表面（正如某位知名的亿万富翁所鼓吹的那样）使其“适合”人居住是一个糟糕透顶的想法，原因包括但不限于：第一，这行不通；第二，这触及了道德底线。

但是，身处宜居带并非拥有液态水的唯一途径，因为（后排的同学们请注意听讲）阳光并不是唯一的能量来源：只要存在水冰，并且具备充足的能量来源，液态水就一定能出现。以木卫二为例，它是木星的众多卫星之一（目前已经确认的木星卫星接近 100 个，所以你分不清它们也情有可原，我自己有时也分不清），其位置远在太阳系“宜居带”之外。木卫二拥有一层厚厚的冰壳，而在冰壳下面则是富含矿物质的海洋，就像一颗特别版的巧克力豆。例如，木卫二通过“潮汐加热”的奇特现象获得大量能量。当木卫二绕木星运行时，其内部结构受到木星引力的反复挤压（与地球上的潮汐类似，只是我们的潮汐仅发生在表面）。这种持续挤压不断产生摩擦，而摩擦意味着产生热量。瞧！液态水出现了！

虽然拥有某种液体似乎对生命来说至关重要，且水又似乎特别适合担此重任，但尚不清楚这种液体是否必须是水。例如，我们知道太阳系其他地方存在甲烷湖泊，并且我们也知道有些嗜极生物（如甲烷冰蠕虫）可以适应高浓度的甲烷环境，因此这引出了一个问题：是否存在依赖其他液态物质而非液态水的生命形式？或者说，如果我们真的想要彻底跳出思维定式，是否有可能在完全不依赖任何液体的情况下，实现生命所必需的化学反应与物质传输？

生命起源的最后一道门槛是时间。从简单的有机化合物到生命演化过程需要漫长的积淀，同时生命还需要一个舒适安全的环境作为孕育的温床。关于这个孕育期的具体长度仍有争议，但有一些耐人寻味的间接证据值得我们深入考虑。为了解释这一点，我们需要回到太阳系刚刚开始形成的早期阶段。那时的太阳系环境相当恶劣，太阳系内的天体还没有进入稳定、有序、近似圆形的运行轨道，无数碎片在其中横冲直撞，将毫无防备的岩石撞个粉碎。有证据表明，约 38 亿~41 亿年前，气态巨行星的运行轨道发生了改变（专业术语称为“行星迁移”），将整个太阳系都拖入了动力学混乱的深渊，于是这种情况愈演愈烈。这一时期被称为“晚期重轰炸期”，因为它处于太阳系早期演化过程中的“晚期”，而且小天体的轰炸也确实非常严重。如果你能想象到一场足以重塑行星地貌的陨石暴雨，便能理解当时地球所承受的灭顶之灾。

地球上的生命可能在晚期重轰炸期之前就已经开始萌芽，但我们可能永远也无法证实，因为整个地球表面在那时都被灾难性地重塑，而这必然会毁灭所有当时可能存在的生命（甚至有可能被反复抹除过多次）。这使得“生命的孕育需要多长时间”这一讨论变得尤为有趣，因为根据化学特征识别出的地球上最早的生命证据大约可以追溯到 36 亿~38 亿年前，刚好就在晚期重轰炸期结束后不久。如果你想寻求比化学特征更加有力的证据，那么最早的生命化石记录大约可以追溯到 35 亿年前，在天文学的时间尺度上，二者之间的差异只是短暂的一瞬间。

这些时间尺度表明，地球上的生命在环境允许的第一时间就迅速发展起来了。由此推断，生命孕育的速度之快可能表明，对于生命来说，起步并不那么困难。但鉴于目前只有一个存在生命的行星样本，我们在得出结论时还是要多加谨慎。但是若以现有证据为基准（毕竟这是我们唯一可参考的数据），那么至少我们知道，在某些情况下（无论这种情况到底是“常态”还是“个例”）生命的起步并不是那么困难。

要想为原始生命在舒适安稳的环境中赢得足够的时间，还有一个关键的制约因素，那就是行星系中心恒星（如我们太阳系中的太阳）的寿命。巧合的是，我们的太阳可以说是恒星当中最“典型”的，这使它（相对来说）不太起眼。不过，这对我们来说是一件好事，宇宙中那些活跃的地方可能并不适合生命的形成和进化。一般来说，恒星的质量越小，寿命就越长。我们的太阳属于质量相对较低的恒星，其预计总寿命约为 100 亿年。在太阳最终消亡并摧毁一切之前，生命的演化拥有充裕的时间窗口。

质量最大的恒星（它们的活动非常猛烈）大约只能存活 100 万年，并且在其短暂的生命中，它们周围的环境也不适宜居住。即使考虑到地球上的生命在晚期重轰炸期结束后迅速出现，100 万年的时间也还是太短了，无法让任何形式的生命完成演化，更不用说发展到超越微观状态的程度了。另一方面，质量最小的恒星基本上可以说是永生的（好吧，并非严格意义上的永生，但从实际角度来看也差不多）。但是（这个“但是”非常重要），因为它们的质量很低，其周围可供行星拥有液态水的“宜居带”就会极为狭窄，且相当靠近中心恒星。这又带来了新的问题：首先，在如此狭小的区域内发现行星的可能性微乎其微；其次，在这种位置，围绕中心恒星运行的行星很有可能因为距离过近而被“潮汐锁定”。这意味着，行星的一侧将始终面对中心恒星，于是面向恒星的一侧可能会过于炎热，而另一侧则过于寒冷。不过事情还有转机，这里的“可能”正是其中关键，实际上，有很多方法都可以绕过这个问题（例如，在行星的明暗交界处形成一条环绕全球的适宜生命生存的区域）。

我认为生命所需要的条件可以分为两类，其中一类是“必须具备”的条件，另一类则是“锦上添花”的条件。我将能量、液体和时间视为生命诞生的刚性需求（必须具备），而地球上一些额外的有利条件则是锦上添花。我们并不确切地知道这些锦上添花的条件对生命有多重要，但它们可能对我们如今所知的生命有所帮助，并且也确实使得地球更加适宜人类居住。

例如，地球的大气层对于地表生命至关重要（虽然地下生命可能没那么在乎）。首先，大气层有助于避免水分迅速蒸发。其次，我们的大气层在阻挡高能X射线和伽马射线这方面也表现出色，而这些射线的大剂量照射对人类来说是致命的。当然，我们之前讨论过一些对辐射毫不在意的嗜极生物，所以这无疑是一种人类中心主义的观点。

地球至今仍能保有大气层，部分原因在于它仍然拥有强度适中的磁场。如果没有这样一个磁场，地球表面将直接承受太阳风（来自太阳的带电粒子流）的轰击，这将引发各种问题。例如，在没有地球磁场的情况下，太阳风会剥离臭氧层，将地表生物暴露在有害辐射下。我们可以从火星这颗地球的姐妹行星那里吸取教训：火星最初同样拥有厚厚的大气层，但在其失去磁场后，这层大气被吹散，于是火星最终成为如今干燥贫瘠的样子。

此外，地球还拥有一颗巨大的卫星。月亮不仅拥有美丽的外观（哪怕是原始生命也会觉得赏心悦目），而且它的引力还在两个方面发挥了重要作用。首先，月球的质量有助于维持地球自转轴倾角的稳定。相对稳定的倾角使得地球上不同地区的生命拥有充分的时间适应当地条件；反之，如果地球的倾角在短时间内发生大幅变化，就会产生剧烈的气候变化，使得生命来不及进化和适应。其次，月球的引力引发了潮汐现象，而潮汐池可能对生命的起源至关重要，潮汐池中的水可以在退潮时蒸发，在坑里留下高浓度有机分子溶液，从而促使更复杂的化合物形成。

接下来是地球上由板块构造驱动的二氧化碳（CO_2）循环。这种看似简单的分子对地球气候影响深远。今天的人类似乎正在不遗余力地打破这个维系了亿万年的规律循环。直到大约一个世纪以前，CO_2都一直鼎力维持着相对温和的环境条件。当这一循环正常运作时，CO_2就像是橡皮筋，在温度偏离宜居值太远时将其拉回正轨。这个精妙的调节系统极其出色地维持了气候的相对稳定，为生命的进化和适应提供了坚实基础。然而，经过亿万年的良好运转后，一种“智慧”生物出现了，这种名为人类的生物经历了工业革命，并将上述系统搅得一团糟。

总而言之，地球对我们如今所知的生命来说确实非常宜居。这也相当合理，因为如果地球不宜居，那么我们如今所知的生命要么就不会存在，要么就会截然不同（是“我们如今所未知的”）。但是，即使条件非常适宜生命生存，也无法解释生命最初是如何起源的。

生命是如何起源的？

如果想知道宇宙中是否还有其他生命存在，我们就必须了解生命究竟如何起源。大多数科学假说认为，随着时间推移，复杂分子在不同物理条件下相互接触，并通过化学反应形成越来越复杂的结构。虽然某种特定的化学反应发生的可能性很低，但只要给予足够长的时间和足够多相互作用的机会，再稀有的反应也必然会发生。最终，我们会得到像蛋白质和氨基酸这样的物质。

既然我们推测只需少数几种必要成分就能使某种形式的生命开始演化，那么你或许会好奇，人类是否尝试过通过实验来复现这一过程呢？简短的回答是：尝试过，但尚未取得成功。不过，如此简短的回答无法完全体现这个课题的复杂性。这类实验有一个听起来很宏大的名字——自然发生说，即研究生命何以从非生命物质中产生。

早在 20 世纪 50 年代，斯坦利 · 米勒和哈罗德 · 尤里就开始尝试设计能解释地球生命的化学起源的实验（这一实验毫无意外地被命名为"米勒–尤里实验"），这也是相关研究领域最早期的尝试之一。简而言之，他们将一系列据说在前生物时期就存在于地球大气中的化合物放在密封烧瓶中，并试图用人工闪电来催化其中的化学反应。他们原本期望能制造出 10 多种氨基酸，这是肽的基本构件，肽又是蛋白质的基本构件，而蛋白质则是我们如今所知的生命的基本构件。21 世纪初，一些科学家打开了一批该实验遗留下来的密封烧瓶，在其中发现了 22 种不同的氨基酸。

自 20 世纪 50 年代以来，我们对基本的化学反应和前生命时期的地球有了更加深入的认识。最新研究表明，黏土的表面可能在单独的氨基酸结合形成结构良好的肽链这一过程中发挥了至关重要的作用。目前，加拿大的"行星模拟器"（其外形酷似高科技比萨饼烤箱）是一种全新升级版的米勒–尤里实验装置。或许在本书付梓之时，已有人取得了初步进展，不过至少从目前来看，本小节的内容还没有过时。

这些实验以及从事该项研究的科研人员所面临的主要障碍之一，可归纳为一个简单的统计学问题。前生物时期的地球拥有的实验空间远远不止几十个小烧瓶或一个烤箱大小的实验装置。同时，它的实验时长也远远超过人类个体的生命周期，至少比人的一生多出上万倍。要是指望上述实验能在所有人将其遗忘之前复现生命起源的全过程，可能过于乐观了。

还有一些类似的实验是基于蛋白质和脂质的，试图以此合成出细胞状的人工结构。这些实验跳过了米勒和尤里试图模拟的阶段，而是直接采用更高级的分子进行建构。如果某项实验能够生成肽和蛋白质，而与此同时另一项实验能够利用肽和蛋白质生成活细胞，那么将两者串联起来就只是时间问题了。届时会发生什么呢？

应当时刻警惕的是，“我们能否做”与“我们是否应该做”之间存在巨大的鸿沟。我们往往想目睹基本材料形成活细胞的神奇过程，以及该过程可能带来的对理解生命起源的启示。但是，我想先浇一盆冷水，或许我们偶尔应该考虑后退一步，并发自内心地思考我们是否应该进行此类实验，以及考虑在什么情况下我们不应该进行实验。这里涉及的伦理问题相当复杂，但每当谈论与生命相关的议题时，我们都应该深思其中涉及的种种问题。相比一味地追求科学进展，我宁愿看到我们的伦理认知先行一步。以上同样适用于对火星进行地球化改造的议题。

当前还有一个有趣的假说：生命可能并非起源于地球，而是从其他地方搭顺风车来到地球的。这一想法被称为“有生源说”（也称“泛种论”），其中心思想是，微生物可能以某种方式（无论是偶然还是有意）搭上了彗星、小行星、陨石、外星飞船等的顺风车，穿越星际空间抵达地球，并在此繁衍生息。若该假说最终成立，那我们人类的始祖就是外星生命。

鉴于我们对地球生物圈中那些嗜极生物的认知，微型生命形式能够在星际旅行中全须全尾存活下来的想法好像没有看上去那么荒谬。如果某种生命能够找到办法来抵御太空的强烈辐射（已验证！）、在超低温下生存（已验证！），并且可以长期进入某种隐生状态（已验证！），那么它确实有机会完成星际迁徙。只要有足够长的时间，这种事情几乎不可避免，就像候鸟跨越大洋将种子传播到远方一样。

自从太阳系诞生以来，太阳系内的行星就一直在交换陨石。例如，我们已经在地球上发现了200多块火星陨石，这些岩石因小行星撞击或火山爆发从火星抛射出来，在星际空间可能漫游数百万年，最终偶然地坠落到地球上（可能还有一些坠落在其他行星上）。

基于上述所有分析，我认为有生源说的推论有可能是正确的。虽然我不会轻易断定该假说成立的可能性非常大，但至少目前我们无法排除这种可能性。

在我们结束有关生命起源之谜的讨论之前，我想提及一个挑战传统认知的颠覆性想法，这个想法不仅重塑了我们对生命及其起源的理解，而且犀利地揭示出人类在思考生命与智慧时，思维有多么狭隘。这个想法可以概括为：从统计学角度来看，在漫长的时间跨度内，宇宙中的粒子随机结合并自发形成“大脑”（不是字面意义上的大脑，而是具有类似功能的粒子排列结构）的概率，实际上高于宇宙经历星系形成、恒星演化、行星诞生、生命起源直至最终产生实体大脑这一完整过程的概率。换句话说，相较于实体大脑的演化路径，这种自发形成的“大脑”偏离热力学平衡态的程度更小，因此从理论上讲，这种大脑应当更加普遍。围绕这类大脑结构的统计学论证（无论支持还是反对）已经深入到对宇宙本质的宇宙学预测层面，而这当然引发了激烈争论。

这些自发产生的“大脑”被称为“玻尔兹曼大脑”，以已故的著名物理学家、热力学奠基人之一路德维希·玻尔兹曼的名字命名。[2] 玻尔兹曼大脑甚至可能相信其自身具备自我意识，并认为自己拥有记忆，因为粒子排列恰好模拟了这种感知。许多物理学家都坚称，他们确信自己不是玻尔兹曼大脑，但是他们的论证往往只停留在“玻尔兹曼大脑这种想法很荒谬”的层面。这种直觉反应没什么说服力，我们在提出反对意见时起码要在逻辑上动脑筋才对。简而言之，在一个可能无限广袤的宇宙中，只要有足够长的时间，就可能产生某种截然不同的智慧形式，而它们的产生方式与我们假设中在地球上发生的复杂分子化学反应这一路径迥然相异，或者是玻尔兹曼大脑这样的结构，或者是其他超乎想象的形态。

其他地方的生命会是什么样？

现在，我们暂且抛开玻尔兹曼大脑不谈。基于前面所述的各种原因，那些致力于在银河系（乃至整个宇宙）中寻找外星生命的科学家，往往会将目光聚焦在那些与太阳系相似的行星系上。这是否有些目光短浅？或许确实如此。我们能否设想其他类型的恒星周围也孕育生命呢？当然可以。但是，我们的研究资源有限，并且就目前已知的情况而言，我们只能从一颗存在生命的行星上收集数据。因此，从成功概率最高的方向着手研究或许最为妥当。

还有一个关键因素可以排除剩下的 1/2 的恒星系统：大多数恒星都属于所谓的“双星”系统，也就是说它们有一个伴星，并且两颗恒星围绕其共同质心运行。这听起来可能无伤大雅，也许对于恒星来说，这是伴侣之间数十亿年的长相厮守；但对于围绕它们运行的行星来说，这可不是什么好消息。在双星系统中，行星几乎不可能拥有稳定的轨道。而没有稳定的轨道就意味着，行星上的物理条件会在短时间内发生翻天覆地的变化。比如，某种微生物生命在一个温暖宜人的潮汐池中诞生，并且很好地适应了这种环境。但要是这颗行星突然从风和日丽变得焦金流石，或是冰天雪地，恐怕这些生命很难及时适应环境的剧变。

我们知道，仅在太阳系内就有几个寻找生命的好去处，因此你可能会好奇，在整个银河系乃至整个宇宙中还有多少可能宜居的场所。针对这个问题，我们其实拥有一个著名的方程，以已故科学家、搜寻地外生命领域的先驱之一法兰克·德雷克的名字命名。德雷克方程通过概率的连续相乘进行估算，虽看似冗长，但逻辑清晰。

请注意：能写出方程并不意味着我们掌握了这个方程的“正确”答案。我的学生经常对这个方程感到沮丧，因为它无法给出精确可靠的结果。然而，这个方程的价值在于其系统地梳理了相关变量，并且揭示了我们对这些变量所做出的不同假设究竟会产生什么影响。

$$N = R^* \times f_p \times n_e \times f_l \times f_i \times f_c \times L$$

在这一方程的具体应用中，我们实际上关注的是在银河系中能否接收到高级外星生命发出的信号。但是，这个方程如瑞士军刀般灵活。只需对方程进行些许调整，我们就能简化上述问题，探究在不考虑其智力水平和星际通信能力的情况下，可能存在的生命（任意形式）有多少——去掉方程中的最后3项即可。或者，我们也可以探究关于“智慧”生命（无论它们是否具备通信能力）的问题，那就只需要去掉最后两项。又或者，我们可以将视野从银河系扩大到整个可观测宇宙，此时我们只需要将计算结果乘以我们可以看到的星系数量（这是一个非常大的数字，因此得到的结果会相当有趣）。重点是，这个方程本身非常灵活，具体如何应用完全取决于研究者所设定的问题框架。

按照这一方程通常的呈现方式，我们对其中各个变量估值的置信度会以从左到右的顺序逐渐降低。相对来说，我们对其中一些变量比较有把握（至少以天文学的标准来看）。至于方程末端的变量，我们最多只能依靠推测。如果想在方程中最后几个变量的取值上真正建立信心，我认为至少要等到我们在“天文心理学”和“天文社会学”这两个领域打下坚实基础之后，而这些学科目前尚未建立（顺带一提，我也期待着“天文语言学”有朝一日能够发展为一门独立学科）。

接下来，让我们逐一分析这些变量。我会给出我心目中这些变量的最佳取值范围（其中有些仅仅是猜测），但我更希望你能根据自己的想法，自行替换其中某些变量的估值。

N——当前正在发射信号的文明总数

这是德雷克方程所追求的终极目标。在这一方程的表述中，N代表我们对银河系中具备先进的技术且正在发送信号的文明（换句话说，我们有希望与之通信的文明）数量的估值。

R^*——银河系中类似太阳的恒星形成的速率

如果我们假设生命只能在围绕恒星运行的行星上形成，那么我们需要知道有多少颗恒星存在。不过，这里有几个注意事项。首先，这个变量指的是速率，也就是单位时间内形成的恒星数量。我们之所以采用速率，是因为在这个计算中需要考虑时间——恒星不会永存，文明（大概率）也不会。

如果我们只关心类似太阳的恒星，那么平均而言，银河系中大约每年会形成 3 颗这样的恒星。但是，还有第二条注意事项，即至少有 1/2 的新生恒星属于双星系统，正如前文所述，我们认为这些恒星可能不是生命演化的理想家园。综上所述，R^*的取值范围大约是每年 1~2 颗恒星。

f_p——上述恒星中拥有行星的比例

假设生命需要依托行星才能形成（如果我们跳出思维定式，这个假设可能并不成立），我们需要估算在由R^*估计出的恒星中，拥有行星的比例是多少。当德雷克方程刚刚出现时，科学界还没有掌握任何有助于估算这一变量的数据。不过，经过数十年的技术发展，如今我们可以通过观测手段探究其他恒星系统的状况。相关研究结论表明，f_p的取值似乎为 100%，或者至少对于我们的初衷来说十分接近 100%。于是这一变量就变得很容易处理，我们只需直接取$f_p = 1$即可。

n_e——上述行星中拥有宜居环境的比例

就像我们一开始所说的那样，随着我们来到第三个变量，其不确定性开始上升，但是暂时不至于完全无法估算。若以太阳系为典型样本，那么这个值至少要取 1（毕竟太阳系里有地球）。如果要考虑其他拥有（或曾经拥有过）水的行星和卫星，那么n_e的取值甚至可能高达 3~4。然而，在估算n_e可能的取值时，我们必须为那些不太适合生命存在的恒星系统留出余地。若采取较为保守的估算策略，我认为这一取值可能低至每个行星系中潜在宜居环境总数的 1/10，于是我们就得到了n_e的取值范围：0.1~4。

f_l——上述宜居行星上出现（任意形式）生命的比例

在所有可能适合生命出现的行星中，究竟有多大比例确实孕育了生命（即使只是短暂存在）？现在，我们完全走出舒适区，进入无法通过科学实验直接验证的领域。到目前为止，我们只知道一个恒星系统中的一个行星上出现生命，而我们正是这些生命中的一分子。只有一个数据样本的现状使外推充满风险，并迫使我们猜测自己是否特殊。现在，让我们把注意力集中到地球生命的已知特性：第一，液态水所在之处必有生命的踪迹；第二，地球上的生命几乎在地球环境稳定后的第一时间就出现了。结合以上两点可以得出，生命很可能会相对较快地（在天文学意义的时间尺度上）出现在任意一个拥有液态水的宜居行星上。

要明确的是，这里涉及了很多“如果”。哪怕是没有学过统计学的人都知道，我们从单一数据出发进行推断的时候要时刻保持警惕。一方面，地球上出现的生命完全有可能是独一无二的极端个例，但是历史经验表明，每当人类自以为在宇宙中享有特殊地位时，最终都会发现自己错得很离谱。因此，大多数科学家倾向于假设我们人类的情况属于“典型”案例，除非有确凿证据表明并非如此。而在没有证据的情况下，科学上普遍采用的默认哲学立场就是“平庸原理”，即我们人类以及我们身处的宇宙不太可能有任何特别或独到之处，就像在一片三叶草中找到一棵四叶草的概率极低。话虽如此，但是四叶草确实存在。

如果平庸原理成立，那么f_l应该大致等于 1，甚至有可能大于 1。这可能看起来有些古怪，但是应该考虑到生命在单个行星上多次独立起源（就像购买很多张彩票增加中奖概率）的情况。反之，如果地球实际上就是宇宙中的一片特殊的四叶草，那么它到底有多特别呢？我个人不太愿意接受低于 1/100 的估值，那样就太悲观了。但如果你想选择 1/1 000，甚至 1/1 000 000，我也无法阻拦你，毕竟我们缺乏确凿数据的支撑。

f_i——上述生命中进化出智慧生命的比例

同样，这是我们目前无法通过实证方法加以约束的变量：在已经出现的生命中，演化成“智慧”生命的比例占多少？“智慧”这个词究竟要如何定义呢？毕竟，有时候我们人类表现得愚蠢至极。从进化论的角度来看，这个问题围绕的是拥有智慧是否意味着具有生存上的优势。有些例子支持这一点（或许人类算是一种），而有些则反驳这一点（比如蟑螂）。

就当前版本的德雷克方程所要达到的目的而言，这里的“智慧”的定义是具备开发跨星际信号传输技术的能力。事实上，以这种方式定义智慧让我感到不适，因为其过于狭隘，但是基于方程本身的需求，我们需要确认一个物种在有意愿的情况下是否有能力进行通信，否则我们很可能永远无法接收到它们的信号。

即使仅在地球范围内确定f_i的取值也颇具挑战。可以肯定的是，f_i在地球上至少可以取 1，毕竟我们人类已经建造了巨大的无线电天线。但是，地球物种的进化并没有停止，如果我们等待足够长的时间，黑猩猩或海豚是否也能实现智力的飞跃？反之，如果进化路线稍有偏差，人类可能至今仍然处于猿人阶段。根据平庸原理，我们或许应当取$f_i = 1$，但谁又说得准呢？ 1/100？ 1/1 000？这完全取决于你当下的想法有多悲观。

f_c——上述智慧生命中掌握通信技术的比例

如果你认为估算f_i已经非常棘手，那么请系好安全带，准备迎接更大的挑战吧。对于那些演化成“智慧”生命的物种（f_i），其中又有多少比例会向太空发射信号呢？至少f_i还与生物学有关，而f_c则将我们推入外星生物的心理学、社会学和政治学等陌生领域。以人类中心主义的视角来看，我们很容易想当然地认为外星文明必然充满好奇心，渴望确认宇宙中是否存在其他智慧生命，并理所当然地假设它们的科研基金会资助此类项目。但是，我们可能还没有准备好对外星文明可能持有的价值观和优先事项做出假设。即使是在地球上的不同文化之间，技术的接纳和使用也是高度异质化的。平庸原理建议，在某个文明从诞生到消亡的整个生命周期内，$f_c = 1$。除此之外，你可以选择任何你认为合理的值。也许 1/100 这样的取值已经十分悲观了？

L——文明向太空中发射信号的时间长度

我们终于来到了 *L* 这个变量，我认为这是所有变量中最令人困扰的一个。简而言之，当一个文明发展并开始使用向宇宙发射信号的技术之后，能持续存在多久？发射信号这一活动会持续多长时间？如果我们希望在外星文明尚存时与其建立通信，这个数值至关重要。

我们不妨再次以人类文明为鉴：从我们具备向太空发射信号的技术能力至今，大约只过去了 100 年。请仔细体会一下这句话的分量，在漫长的人类历史长河中，我们的大脑已经“智慧”了数万年，而 100 年不过弹指一挥间。然而，就在这短短的 100 年间，我们发展出了自我毁灭的能力（甚至可以说，我们曾经走到自我毁灭的悬崖边），这足以让我们对“智慧”的操作性定义产生根本性质疑。现在，我们正处于“技术青春期”，也就是说，我们具备自我毁灭的“先进”手段，却未必拥有避免自我毁灭的“智慧”。这如同一个前额叶皮质尚未发育完全的文明，缺乏做出明智决策的生理基础。因此，*L* 的最低估值可能只有约 100 年，但我想要大胆地表达一些谨慎乐观的看法：我们会犯下一些致命的错误，但我们会吸取教训并重新站起来，这是成长的一部分（至少这是我对自家青少年的教育理念）。考虑到人类发展出“智慧”的时间尺度，我认为将 *L* 的值定为 10 000 年并非完全脱离现实。

若“智慧”文明能顺利度过青春期，其发展前景将豁然开朗。在一个像太阳系这样的行星系中，行星平均每 1 000 万年就会遭受一次小行星的毁灭性的撞击。但我倾向于认为，对一个比我们先进几代的文明来说，让小行星偏离其既定轨道恐怕没什么难度。更关键的时间节点取决于主恒星的演化，一旦恒星进入生命末期，行星上的文明必须及早开发出重大新兴技术来利用其他形式的能量，否则将面临灭绝。这一过程的时间跨度可能长达数十亿年（具体取决于主恒星的类型）。

若文明能够在主恒星死亡之后依然存活，意味着它们进入了全新的发展阶段。

不得不承认，我在这里做了不少简化处理，主要是因为我认为不是所有拿起这本书的人都会对那些烦琐（甚至有些令人厌恶）的细节感兴趣。但是正如俗语所言，细节决定成败。现代系外行星科学家和天体生物学家已经对德雷克方程提出了很多改进思路，如果你对此感兴趣的话，或许可以尝试自行检索。例如，当下学术界很流行的一种做法是引用$\eta_{\oplus}$（发音为eta Earth）这个变量，它整合了德雷克方程中的多个独立变量，表示的是在主恒星周围的宜居带中，地球大小的岩质行星的平均数量。目前有一大批研究人员致力于测定$\eta_{\oplus}$的具体数值，因此请继续保持关注。

现在，你已经对这 7 个变量及其估值范围有了大致了解，我们可以将它们全部相乘，估算出当下有多少发达文明正在向太空发送信号，你不妨拿起计算器，把你的数值也代入进去进行计算。我的计算结果显示，在最悲观的情况下，银河系中存在其他可通信发达文明的可能性为 1/10 000（可能性非常低但不是零）；而在最乐观的情况下，银河系中可通信发达文明的数量应该至少在 10 亿量级（不仅近乎必然存在，甚至可以说是广泛分布）。然而，我发现只有在假设一个文明的技术发展到足够先进的程度之后仅能存续不到 1 000 年的情况下，才能比较有把握地推测出银河系中很可能不存在其他可通信文明。亲爱的读者朋友，愿此结论能让你安心。

当然，我们可能对任意形式的生命都感兴趣，而非仅限于具备通信能力的智慧生命。在这种情况下，f_i和f_c就无关紧要了。那么L呢？虽然非“智慧”生命不太可能因核战争而走向自我毁灭，但是它们同样难以抵御小行星撞击这样的灾难性事件，更不用说在主恒星死亡后幸存下来了，因此其生存时长大约限制在数十亿年。同时，我还假设原始生命一旦出现，就必然能找到繁衍之道。实际情况可能是，初生的微生物或许会在某种未知因素的作用下迅速消亡。不过我认为，只要环境条件有利于生命，那么生命就会源源不断地出现，直到某种形式的生命在合适的时间和地点站稳脚跟。就我们目前所掌握的情况来看，地球生命的起源很可能正是如此。

如果我们不计较生命是否具有“智慧”或是否尝试通信，估算结果将更加振奋人心——银河系中存在生命的行星“少”则 1 000（左右），多则 10 亿（左右）。估算结果的上下限差距如此显著的原因在于，要么我们严重错估了适宜生命出现的行星比例，要么大量新生的生命已过早消亡，其背后的原因有很多，但大概率不会是核战争，毕竟它们并不具备“智慧”。

德雷克方程还有另外一种拓展应用。到目前为止，我们只考虑了银河系中存在生命的可能性。这是因为：既然我们关注的是与外星文明建立通信（即使信息的传递可能需要经历几代人的时间）的可能性，那么将视野扩展到银河系之外显然希望不大（除非存在某种超高新技术，能够实现类似虫洞的时空穿梭，将宇宙的不同区域像地铁站一样连接起来）。然而，宇宙比我们的银河系大得多。如果我们把“银河系”换成“可观测宇宙”，那么我们只需再往德雷克方程中添加一个新的变量——可观测宇宙中星系的数量。这是一个非常庞大的数字——大约 2 万亿，即 2 000 000 000 000 或 2×10^{12}。据此估算，宇宙中存在某种生命的概率将非常高。

在讨论下一个话题之前，我想暂停一下，先与你分享一个令人震惊的事实：银河系大约有 100 亿年的历史。如果在此期间随机出现过

1 000 个文明，那就意味着平均而言，每隔约 1 000 万年就会出现一个新的文明。换句话说，此前在时间上与我们相隔最近的文明（我们的“大哥”）大约比我们先进 1 000 万年。花点儿时间消化这个概念。在这种情况下，我们人类文明在银河系中只能算得上是婴儿。如果我们的文明能延续下去，想想我们在 1 000 万年后能取得何等成就？但是“能否延续”正是问题所在，这引出了一个在我看来被严重低估的思想实验。

这个思想实验的总体设定听起来可能像是科幻小说，但我认为即使从我们地球的现状来看，其描绘的图景也并非遥不可及。因此，请允许我用以下篇幅，向你展示一下我的幻想：

某一时间，在银河系中的某个地点，生命出现并发展出“智慧”生命。随着对宇宙万物的规律越来越了解，这些智慧生命的技术也越来越先进。这一过程是否似曾相识？或许在一开始，一切都进展顺利，但是当它们在母星上共同生活了一段时间之后，意外也悄然而至。它们有可能会遇到社会动荡——某种形式的内战或基于身份的迫害；也有可能面临资源枯竭的危机——土地、水、食物等短缺；还有可能它们的母星遭遇了灭顶之灾——小行星撞击、恒星耀斑、邻近超新星爆发等（宇宙可以用来消灭生命的方式不胜枚举）。上述所有情况或多或少都曾在地球上发生过，这些设定根植于地球文明真实的过去与当下，因此对我们而言称不上天方夜谭。无论如何，出于某些原因或只是单纯地好奇，该物种中的某一群体决定向其他行星迁徙以寻求生机。

我知道你（至少你们当中的一部分人）想问什么：星际旅行的时间不会太过漫长吗？人类的寿命是不是不太够用？这种规模的迁徙不是需要几代人的时间才能完成吗？这些质疑相当合理，但请注意：我们的文明还处于技术婴儿期。大约 100 年前，人们才发明第一架飞机，而如今我们已经掌握了进入太空的技术，迄今为止（截至本书撰写时），人造航天器的最快速度已经达到了光速的 1/1 852。我们有理由相信，未来几代人在技术上取得的进步将足以震撼我们这些生活在 21 世纪的“老古董”。想象一下，我们的后代在 1 000 年后可能会实现什么目标。我认为，预测未来几代人能造出以 1/1 000 光速飞行的航天器这一想法，并非天方夜谭。

但是，寿命的限制呢？即使以 1/1 000 光速航行，抵达最近的恒星也需要耗费 4 000 多年的时间。此前在家庭长途自驾游中经历过的某些不太美好的回忆，让我对这种旅程有些望而却步。你能想象整个旅途中会听到多少次“我们是不是快到了”这类问题吗？另一方面，不妨回顾一下我们在过去一个世纪中取得的医学进步。例如，我们大约在 100 年前才发现青霉素，而我们在医学和生物学领域的认知在那之后获得了长足的发展。

我们知道，有很多所谓的“嗜极生物”可以进入无限期的假死状态，而冷冻保存技术也在逐步走进现实。许多实验室都在研究，如何在不造成任何损伤的情况下，冷冻和解冻有机细胞。目前已经有数百具人类遗体被冷冻在深低温保藏设施中。据此推测，我们甚至有可能在未来 100 年内开发出常规化的假死技术，比如在数百年的冬眠中跨越星际旅途，然后在一颗全新的行星上醒来。

还有一点需要注意，人类的生物进化并没有停止，我们终将以某种方式继续进化。作为参考，人类这个物种大约在 400 万年前才开始直立行走。事实上，人类和黑猩猩的进化路径大约在 400 万~600 万年前才分道扬镳。那么，如果我们的文明能够延续 100 万年，甚至 1 000 万年，人类的大脑和生理结构又将如何进化？

当然，星际旅行时至今日还只停留在科幻小说的层面，但我认为，数百年后，这种事情可能看起来就没那么离谱了。因此，让我们暂且搁置疑虑，考虑一下随着上述情境的发展，我们人类可能会做什么：

1. 技术先进的智慧生命占据并殖民某颗行星。
2. 某些群体提出迁徙到新行星的需求。
3. 它们进行一次星际迁徙。
4. 回到第一步并重复。同时，在此过程中不断提升技术水平。

这一过程的单次循环需要多长时间？一旦某一生命形式在技术上足够先进（这也是我们的起点），那么其中第一批需要（或者想要）迁徙的群体大概会在多久以后提出要求？以人类历史为鉴，[3] 由战争、饥荒和宗教迫害引发的大规模迁徙屡见不鲜。据此推测，我认为将该群体首次提出迁徙需求的时间估算为 1 000 年，应该还算合理。毕竟，现在已经有私营企业开始筹划殖民火星了。

接下来是旅程本身。假设在银河系中，每隔大约 10 光年（取整数可以大大简化计算过程）就存在一个拥有宜居行星的恒星系统。如果以 1/1 000 光速旅行，这段旅程将耗费 10 000 年的时间。根据上述（粗略）估算，在新的行星定居并启动下一轮迁徙这一过程的周期大约是 11 000 年。此数值可酌情调整，但不会影响最终结论。另外，我认为随着该物种所掌握的技术越来越先进，这一过程将不断加速（也许类似于摩尔定律），但我更倾向于先估算出一个较为保守的基准值，因此请允许我暂时将这一因素排除在外。

根据上述估算，若整个银河系中仅存在一个技术先进的生命形式，那么它们完成对整个银河系的殖民大约需要 1 000 万年。诚然，与人类寿命相比，1 000 万年似乎相当漫长。但请参考以下时间标尺：在 1 000 万年前的地球上，恐龙已大规模灭绝，那是大约 6 500 万年前发生的事（严格来说，恐龙并未完全灭绝，观鸟爱好者会提醒我们，鸟类正是进化后的恐龙)。即便以地球生命史作为参照,1 000 万年(相对而言)也不算太长。在银河系的尺度上,1 000 万年更是微不足道,毕竟“现代”的银河系大约有 100 亿年的历史。

总而言之,本次思想实验的最终结论是:如果在银河系中某个地方出现了先进文明,其幸存下来,并大致遵循上述迁移过程,那么它们可能已经殖民了银河系超过 1 000 次。请记住这个结论,同时也不要忘了,它们的技术水平很可能至少领先我们数百万年。

那么问题来了,它们在哪里?

寻找外星生命

找到外星生命(无论它有多原始)势必成为人类有史以来最非凡的成就之一,所以我们对这件事很重视。但是,原始生命显然无法主动配合观测,我们只能通过被动的手段加以探寻,而这会使本身已经十分艰巨的任务难上加难。因此,目前我们的绝大多数探测手段都聚焦于具备一定技术水平的外星生命,它们起码能够从银河系的某个角落发出我们可以捕获的信号。那么,我们究竟在寻找什么?又为什么要寻找这些?

寻找外星生命迹象的核心策略在于,通过某些在我们看来最有效的方式来缩小搜索地点和探测手段的范围。当然,进行全面深入的观测更容易成功,但是我们没有足够的资源这么做,因此,我们不得不对外星生命的潜在行为做出假设。这意味着我们已经开始涉险踏入目前尚未成熟的天文心理学和天文社会学领域。我们出于战略考量做出的假设存在无数种错误的可能,更不必说我们清楚地知道自己有很多不知道的东西。这让我们差点儿停下脚步,但也仅仅是“差点儿”。

在搜寻外星生命的过程中，我们通常会做出的最基本的假设是：如果它们的技术足够先进，那么它们对宇宙的了解至少与我们相当，因此我们的主要方法就是寻找“技术征迹”。我们将什么东西定义为“先进技术”确实值得商榷，其评判标准会随着人类不断取得新的突破而发生变化。事实上，哪怕是技术只比我们领先数千年的外星文明，也可能认为我们的技术水平相当稚嫩。在这里，我们可以简单地采用实用主义的定义：它们的技术应先进到足以跨越星际距离进行通信，因为只有这样，我们才有望在星际尺度上探测到它们。

基于上述假设，我们可以推断，外星生命应该知道在银河系中远距离发送信号最简便的方式之一就是使用无线电光波。[4]为什么无线电光波如此特别？在所有类型的光波（伽马射线、X射线、紫外线、可见光、红外线、毫米波和无线电）中，无线电的波长最长。对比来看，X射线的波长大致与原子的大小相当，而无线电光波的波长则与人的身高差不多，甚至更长。事实上，有一类无线电光波被划分为“极低频”（简称ELF，如此朗朗上口的缩写在天文学中真是难得一见），其波长大于10 000千米，甚至可以应用在潜艇水下通信等实际场景中。无线电光波可以穿透其他波长的光波无法穿透的物质。你在日常生活中肯定体会过这一点，比如你可以在汽车或房子里收到无线电广播信号，但是可见光显然无法穿过引擎盖和客厅的墙壁。

然而，我们似乎总是遇到这样的转折。宇宙中有很多天体都会发出无线电光波，包括宇宙背景辐射（大爆炸留下的余晖，我们在上一章提过）和我们银河系的背景光。这意味着在大部分无线电波段中，要从自然背景“噪声”中探测到来自其他文明的微弱信号将会非常困难（甚至不可能）。出人意料的是，这反而成为有利因素。恰恰因为大部分无线电频谱都会被背景无线电光波淹没，我们才得以缩小搜索范围，专注于扫描外星生命信号最可能出现的无线电波段，从而使整个任务的难度略微有所降低。如果你感到好奇，那我不妨对此稍加解释：我们认为最适合星际传输的波长范围大致在 3~30 厘米之间，该区间又叫作“宇宙水坑”。

在 3~30 厘米的波长范围内，我们还能获得一个重要的优势，不过这里需要详细解释一下。有一件事我们非常清楚，并且认为其他技术先进的文明也会知道：氢是宇宙中含量最丰富的元素。氢元素掌握着所谓“自旋翻转跃迁”的本领，而跃迁过程中会发出光波，其波长为 21 厘米，正好位于我们认为银河系信号传输最佳波长范围的正中间。自旋翻转跃迁所对应的 21 厘米是了解宇宙最重要的波长之一，[5] 因此，我们可以合理地认为，如果有外星生命试图了解宇宙，它们很可能也在使用这个波长。而且，如果它们和我们做出了相同的假设，那么它们就会认为，我们也假设它们会尝试在此波长附近进行通信。我知道，这里面涉及的假设实在太多了。

因此，我们的推理逻辑如下：我们期望一个技术先进的文明对宇宙的了解程度至少与我们相当，因此，它们应该也知道“宇宙水坑”（当然，它们不一定叫这个名字）。它们也应该知道氢有多么重要，并且知道自旋翻转跃迁对应的 21 厘米线，这将使它们专注于检测某一特定波长范围内的光。以上就是我们目前主要的研究方向。

尽管无线电光波一直以来都是搜寻外星生命的主要手段，但这并不意味着我们会对其他可能性视而不见。例如，外星生命可能会使用激光之类的东西。激光具有高度集中的光束，可以降低信号传输的能耗，因此其非常适合远距离通信。可见光波长的激光还有另一大优势，其可以承载海量信息。事实上，我们已经开始利用激光与太空卫星进行通信，因此这项技术的基础已经存在于地球上了。

然而（转折永无止境），我们如果想要识别外星生命从围绕恒星运行的行星上发出的激光信号，那么激光束的亮度必须高于其主恒星的亮度。就目前来说，我们尚不具备在星际尺度上分辨行星和恒星的技术能力，因此激光+恒星的光线一定比单独的恒星光线亮得多。确切地说，激光究竟需要多亮，取决于外星生命所在的行星所围绕的恒星，但即便凭借地球上相对原始的技术水平，我们也勉强能够将此类信号发送到最近的恒星系统（如果我们愿意的话）。因此，我们假设先进的外星生命也可能具备这一能力（如果它们愿意的话）。当然，我们和它们可能都有不愿意这么做的理由。

那么，技术并不先进的生命呢？地球上进化出的绝大多数生命都不具备先进技术，并且可能永远不会具备。从这一统计数据来看，似乎在宇宙中技术并不先进的生命在数量上远远超过技术先进的生命。[6]

如果在某颗行星上（仅仅）遍布着原始生命，那么探测到这些生命似乎更加困难。但是无须担忧，我们已经学会如何利用光从宇宙中获取零星的数据并从中解码出各种信息。尽管现在我们无法清晰地观测到其他恒星系统中行星表面的图像，就像我们的地球卫星图像中显示的汽车、街道、建筑、树木和偶尔出现的模糊的人影，但我们还有另外一个锦囊妙计。借助目前最先进的望远镜，我们已经开始测定系外行星的大气成分。

就我们如今所知的生命来说，行星拥有大气层本身就是一个良好的开端，但是我们还可以做得更好。通过现代天文台，我们开始识别这些大气中的生物征迹。某些特定的分子化合物可能需要经历生物过程（如生命活动）才能大量生成，而甲烷（虽然气味难闻）就有这样的潜力。你知道一头奶牛每年可以产生 200 多磅①的甲烷吗？当然，我们并不真的期待有奶牛在系外行星上悠然地吃草，但甲烷是微生物代谢的普遍副产物。其他如硫化物、氧化亚氮、氯甲烷等化合物同样颇

① 1 磅≈0.45 千克。——译者注

具潜力，它们在地球上都与生物过程密切相关。

这种探测技术奏效的关键在于：第一，有足够多的生物量来生产我们试图检测到的目标化合物；第二，目标化合物在非生物过程中的产量极低；第三，目标化合物具有我们可以探测到的光谱特征。我认为无须等待太久就能观测到来自其他行星的潜在生物征迹，同时我也认为我们需要克制自己急于下结论的冲动。请记住，非凡的主张同样需要非凡的证据，我们需要做好尽职调查，以排除其他平凡的非生物来源。当然，“尽职调查”的过程往往没有那么花哨，却能极大增强我们对当前研究方向的信心。

你可能想知道我们是否已经发现了任何地外生命的迹象，而且你可能认为这应当是一个非是即否的问题，然而现实往往更加复杂。目前，我们面临的主要问题在于，观察到的异常现象缺乏重复性，这意味着我们没有机会去验证它们，也没有机会排除更常规的解释。我们在 1977 年观测到的“哇！”信号便是典型案例。

位于俄亥俄州的大耳朵射电望远镜（它真的就叫这个名字）在“宇宙水坑”中探测到了一个极其强烈的无线电信号，并且它正好处于我们认为非常重要的氢原子自旋翻转跃迁对应的 21 厘米波长处。虽然数据可视化技术自 1977 年以来已经取得长足发展，但在当时，信号强度以数字和字母的形式输出，其中 1~9 代表从弱到强，而特别强的信号则会用A~Z来表示。试想一下，你的全部工作内容就是日复一日地查看记录纸带，所见内容皆是一片空白，或者有几个 1、2，运气好的话还能碰上几个 3。某一天，你像往常一样拿起纸带，却在上面清清楚楚地看到一串持续了一分钟左右的“6 E Q U J 5”，换作你，恐怕也忍不住会在空白处写下一个“哇！”。

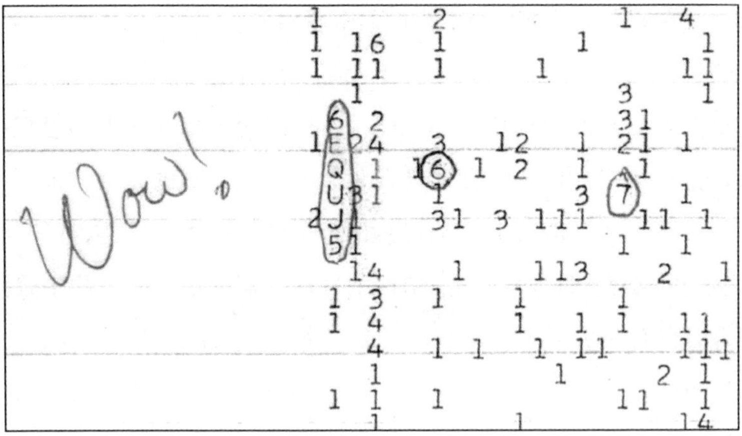

图 4–2

资料来源：大耳朵射电天文台和北美天体物理天文台（公共版权）

没错儿，在过去的几十年里，人们多次尝试捕捉该信号（你看，我都学会抢答了），但它再也没有出现过（至少在我们监测期间没有出现过）。曾有人推测它可能来源于某颗在 1977 年与我们擦身而过的未知彗星，但这一假设基本上已经被排除了。人们还提出了很多其他自然成因来解释这个信号，包括地球上的一个无线电信号经太空碎片而折返、来自银河系或遥远宇宙的某种束状辐射爆发、某种星际闪烁现象等。或者，也许它就是外星生命发出的信号。

我有时会想，“哇！”信号可能实际上来自一个面临灭亡的先进文明，试图在最后时刻向我们发出警示信号。谁知道呢？也许确实如此。我们永远无法彻底否定一个无法验证的假说。

目前，我们只能被动地搜寻外星生命的潜在信号。很多影视作品都将外星生命描绘成具有敌意和暴力倾向的形象，所以许多人都对向宇宙中的其他潜在生命发送信标（让他们知道我们在这里）持保留态度。这又将我们拉回到外星心理学这一尚待开发的空白领域。有人认为先进的外星生命可能具有侵略性，但也有人认为他们可能秉持善意。我确信我们在构想外星生命的动机与性格时，投射了大量人类的心理特征。当然，我们会假设外星生命意图殖民扩张、掠夺资源并消除威胁，因为这正是人类的行为模式。然而，我们也要提醒自己，外星生命的心理特征未必与人类（或地球上的其他任何物种）相同。

其实，我们一直在被动地向太空发射信号。每一次穿透地球电离层的无线电广播、电视节目、手机通话等信号都会被发送到宇宙，在那里它们会随着电磁波一同振荡，并且强度逐渐衰减。一个冷知识，人类首次实现高功率无线电广播是 1936 年纳粹德国在奥运会开幕式上播放的希特勒演讲。我真心希望所有距离地球 100 光年内的外星生命所掌握的技术还没有先进到能够接收那些信号。

除了被动发射以外，人类还主动向宇宙发送了大约十几个高强度信号，其中大部分都是瞄准特定地点发射的。例如，我们曾向“哇！”信号传来的方向回复过一系列信号。值得欣慰的是，该回复内容包括广大网民在社交媒体上的留言，以及斯蒂芬·科拜尔的一则“人类不宜食用”的声明。

大多数广播信息的目标都是传送到距离我们相对较近（小于 70 光年）的恒星系统，这将有助于促进双向对话，我们仅需等待大约 140 年就有可能收到回音（显然，这绝不适合作为研究生课题）。第一个抵达目的地的高功率信息将是 2008 年发送的“来自地球的问候”，它将在 2029 年抵达格利泽 581 恒星系统。之所以选择该恒星系统，是因为其中可能存在位于宜居带内的类地行星。让我们一起期待 2048 年的回电吧。

费米悖论

据说，物理学家恩利克·费米在一个夏日，在与同事一起去吃午饭的路上讨论起外星生命的可能性（人之常情），随后在吃午饭的时候，费米突然间脱口而出："但是，它们都在哪儿呢？"就这样，他获得了一个以他的名字命名的悖论。啊，这真是令人怀念的黄金年代！

令费米感到困扰，也是我希望现在能让你感到困扰的问题正是：基于一些关于生命的基本假设，银河系本应处处生机勃勃、万物竞发。但是，它们都在哪儿呢？或者换句话说，我们的基本假设究竟错在何处？解决费米悖论的方案大致可以分为4类，其中每一类都对我们所处宇宙中生命的意义以及人类未来的发展有着深远的影响。

1. 其他智慧生命尚未出现

也许地球生命的迅速诞生和"智慧"生命的生存优势纯属偶然，而我们人类已经是宇宙所能提供的最好的结果了。

2. 外星生命确实存在于某处，但是我们还没发现

也许我们还不够努力，或是没有找到正确的方法。也有可能是外星生命确实存在，但是无意与我们交流。我的意思是，看看人类如今的所作所为。外星生命可能确实存在，但是比我们先进数百万年，它们可能知道我们的存在，对此却漠不关心，也可能关心我们却在等待我们的文明走向成熟。我可以有把握地说，如果它们比我们先进数百万年，并且不想被发现，我们就不可能找得到它们。

3. 外星生命确实存在且已被发现，但是没有得到承认或遭到掩盖

这种阴谋论经久不衰，一直是人们的最爱。但作为一名与其他科

学家共事数十载的科学家，我只能说我们并不擅长集体表演。来自外星生命的信号会像野火一样传播开来，尤其是在我们争先恐后地让地球上（和太空中）的每一台望远镜都对准信号源的时候。我知道，这正是参与阴谋的知情人士会说的话，所以，你必须自己决定是否相信我说的话。外星生命会不会绕过科学家直接接触政府？我觉得这是有可能的，但我也不确定有多少人知晓且能保守住这个秘密。不过，我想我们也不能完全排除这些可能性。

4. 曾经有过外星生命，但它们都灭绝了

这是迄今为止最令人沮丧和不安的情况。假设我们到目前为止的所有假说和估算都没有太离谱，那么银河系应该已经孕育过成千上万次，甚至数百万次生命。但是，在它们具备星际迁徙的能力之前，这些文明要么遭到摧毁，要么自我毁灭。正如我们所见，宇宙有很多种方法可以杀死我们，这很残酷，但我们还是得接受现实。不过，我完全无法接受的是，我们居然轻而易举地就可以自我终结。真正的恐惧在于：当文明进入技术青春期时，它们还没有发展出足够的“智慧”来避免自我毁灭。我们成为技术先进的文明只有大约 100 年，冷战时期“相互保证毁灭”的阴霾犹在眼前。

当然，你可以自行判断上述哪一种解释最有可能成立。我个人怀疑现实情况比较接近第 2 类或者第 4 类，但我衷心希望是第 2 类。如果第 4 类是正确的，那对我们来说就是一个警示——我们在这个星球上的存在远远比想象中脆弱。外星生命的存在与否不仅是重大的未解之谜，而且其潜在的答案也可能对人类本身产生深远的影响。

外星生命与信仰

我经常思考，发现外星生命究竟会对人类产生何种影响。当然，新闻会报道，杂志封面会体现，或许还会获得诺贝尔奖，我猜这还会激发更多孩子对科学的兴趣，也可能带来一些额外的研究资金。但真正令我好奇的是，这样一个发现会对一个普通人（比如，现在正在厨房里准备早餐的人）的深层心理和信仰产生什么影响。在我看来，这可能是人类历史上最重要的发现之一，但每当我以愤世嫉俗的目光看待世界时（这类时刻似乎日益增多），我总担心这只会引发短暂的新闻热潮，随后大多数人便回归日常生活，继续烤面包、冲咖啡，不再去想这件事。

当然，人们对确证外星生命存在这一事件的反应，必然取决于其生命形态。如果我们只是发现了一些由复杂分子构成的微生物，也许所有人都只会耸耸肩。另一种极端情况是，如果一个先进的文明主动与我们取得联系，我觉得很多人都会惊慌失措。可能会让你感到欣慰（或震惊）的是，有一些心理学家已经开始前瞻性地研究人类对确证外星生命存在的反应。鉴于我们没有任何实际数据可以参考，他们的预测自然涵盖了各种可能性；[7] 但是平心而论，届时所有个体的反应可能会涵盖所有可能的情况。

因为我是在一个拒斥外星生命的宗教传统环境中长大的，我也很好奇在宇宙中发现其他生命会对一个人的宗教或精神信仰（尤其是那些信奉地球中心论的人）产生什么影响。这个专门的研究领域被称为“系外神学”。许多世界性宗教的神学家都主张，外星生命的存在与他们的核心教义和信仰并不冲突，这可能是真的。但是（请容我直言不讳），宗教的经典原文和人们对它们的解读往往不是一回事。很多宗教传统都把人类放在创世的核心位置，认为人类是超自然力量的独特造物。有的宗教甚至可能会将外星生命视为神创论的证据，有的宗教可能会在现有信仰中融入这一新知识，还有一些宗教则可能因此陷入信仰危机。

在我小时候，家里只有一个小小的书架，而不同版本的《圣经》占据了书架的大半，所以我花了很多时间阅读它们。（我还注意到，还有一本是西班牙语–英语词典，而我不太会说西班牙语，或许这再次说明，阅读和理解不是一回事。）我记得自己在上小学时和母亲有一次谈到，我想相信外星生命的存在，但这违背了我的宗教信仰。这种冲突背后有很多值得探讨的内容。

无论宗教的经典原文到底写了什么，以地球为中心的阐释显然都潜藏于日常信仰中，并且可能交织得极为紧密，以至于我们甚至没有意识到它们对我们的思维模式产生了多大的影响。如果在宇宙中有一个"兄弟姐妹"，我们会感觉如何？如果亚当和夏娃的故事发生在其他行星，会怎么样呢？外星生命有灵魂吗？还是说这取决于它们的智慧程度和外貌？如果外星生命比我们聪明得多呢？我逐渐意识到，审视我们基本的信仰体系，以及这些信仰对外星生命的适应性和灵活性，可能会帮助我们更好地理解自己，无论我们最终能否发现外星生命。

小 结

只要解答本书中的任何一个未解之谜，就有可能改变人类的发展进程，无论是通过解锁新的物理学规律，还是通过改变我们对自身的认知。在接下来的章节中，大多数未解之谜的答案可能对我们来说都遥不可及，我当然不想说“永远不能”这样的丧气话，但至少在可预见的未来，我们无法探知答案。然而，在我们开始深入解决那些艰深的难题之前，或许还有两个我们有生之年能够解答的重大谜题：暗物质和暗能量分别是什么？

以宇宙的标准来衡量，地球上的历史学家所肩负的工作实在太轻松了。很明显，从大爆炸发生后直到现在，宇宙中发生了很多事情。不知何故，我们从“并非虚无”变成了“生命”，但在这漫长的岁月里，还有很多我们（目前）无法理解的东西。在塑造宇宙的所有未知因素中，暗物质和暗能量是最重要的，它们不仅影响着物体的运动方式，也影响着空间本身的性质。说来着实令人沮丧，整个宇宙的命运都取决于这些黑暗元素的本质。

好消息是，我们可以通过实证的方法去研究暗物质和暗能量。坏消息是，我们可能很快就会发现这一章的内容已经过时了。几十年之后，当我们回顾这段历史时，看看我们对这些问题的理解发生了多大变化，想必也是饶有趣味。

第 5 章

什么是暗物质和暗能量？

如果你倾向于认为，科学家已经充分掌握了宇宙万物的运行规律，请提醒自己：目前我们仅能理解宇宙中约 5%的质能。事实上，哪怕只是这 5%，我们也没有完全搞清楚其具体性质，而它们已经占据了天体物理学家的大部分日常工作。不过，至少我们知道这 5%中有哪些东西，其中包含宇宙中所有在我们看来“普通”的物质，如恒星、气体、元素周期表中的元素、中微子等。而宇宙中其余 95%的质能则归属于暗物质与暗能量的范畴。

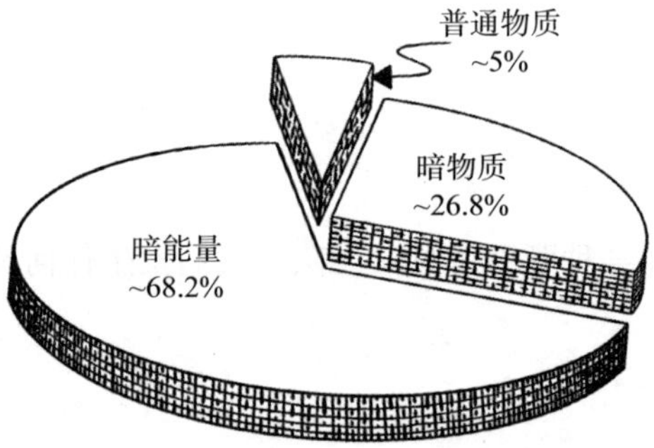

图 5–1

就暗物质与暗能量而言，“暗”这一称谓意味着无论其本质为何，我们都无法直接观测到它们。更确切地说，我们认为这些物质不只是看不见，而是根本不会与光发生任何相互作用；既然它们不吸收、不发射也不反射电磁辐射，天文学家便失去了研究宇宙的主要手段。我们所能观测的是暗物质与暗能量如何与宇宙中的其他物质产生相互作用，并基于这些有限的信息，试图推断出其性质，再根据这些性质做出预测，并努力验证这些预测。这是一项伴随着大量无效结果的艰苦工作。

除了名称中都带有“暗”字且当前令天体物理学家深感困惑之外，暗物质与暗能量几乎没有任何共同点。因此，我们将逐一探讨它们。你或许会提出疑问，既然无法观测到这些暗物质，我们为何能认定它们的存在？这正是我们展开讨论的最佳切入点。

暗物质

在本书的所有章节中，我敢打赌这一章将是最快需要修订的。尽管对于书中其他未解之谜，可能无论我们的技术如何进步也永远无法破解，但揭示暗物质本质的实验正在迅速推进。我只希望这些实验能在本书首版发行后再做出重大发现。即便在此期间确实有所突破，我也希望本节内容仍能帮助你了解相关新闻的背景。

要证明存在某种既不可见又无法与我们发生任何相互作用的事物，需要极其严谨的论证。若想得出暗物质存在这一结果，需要满足两个极为苛刻的标准：首先，我们到底为什么认为存在某种未知事物？其次，我们为什么认为这种“未知事物”不属于宇宙中已知的普通物质之一？下面让我们从第一个问题入手。

你是否思考过，我们究竟如何获知有关天体质量的信息？毕竟我们无法将这些天体带回家，再把它们放在电子秤上。为了确定天体的质量，我们需要观测其运动方式，而它们的运动遵循我们已熟练掌握的引力动力学原理。因此，为了理解暗物质的发现，我们需要引入少量引力动力学知识，但绝不涉及过于复杂的内容。如果你曾学习过高中物理课程，或许会对下面这个轨道速度方程感到熟悉：

$$v=\left(\frac{GM}{r}\right)^{\frac{1}{2}}$$

按照物理学的惯例，v代表绕轨道运行的天体的速度，M代表绕轨道运行的天体的质量，r代表轨道半径，而G则代表引力常数（目前可暂时忽略）。对于这一方程，关键是要理解变量（v、M和r）之间的相互影响。例如，若想增大v，你有两种选择：要么增大M，要么减小r。让我们通过几个不同场景来看看这个方程如何对应可观测的现象。

虽然自转曲线的预期结果可能（我们甚至可以去掉“可能”这两个字）比图中复杂得多（如果宇宙万物都遵循简单的曲线，我们的工作会轻松许多，不过宇宙本身恐怕也会变得索然无味），但其背后的物理原理却清晰明了。通过引力动力学，我们可以利用宇宙中各类天体的相对位置与速度来推断质量等关键属性，而这正是暗物质研究的核心课题。

薇拉·鲁宾[1]与肯特·福特于1970年发表的论文是该领域最具奠基意义的一篇论文。[2]

分析当时对仙女座星系[3]的观测数据可知，真实情况远比我们肉眼所见要复杂。仙女座星系的自转曲线表明，该星系中所存在的质量已经远远超出我们已知的星系组成部分所能解释的范围，尤其是在半径较大的区域，因此必然存在大量未知来源提供的质量。更令人惊讶的是，当天文学家继续用不可见光测量（特别是追踪氢元素的分布与运动）仙女座星系的自转时，自转曲线依然显示出同样的结果，即外围区域存在着越来越多我们无法解释的质量，使得这条曲线始终保持着节节攀升的趋势。

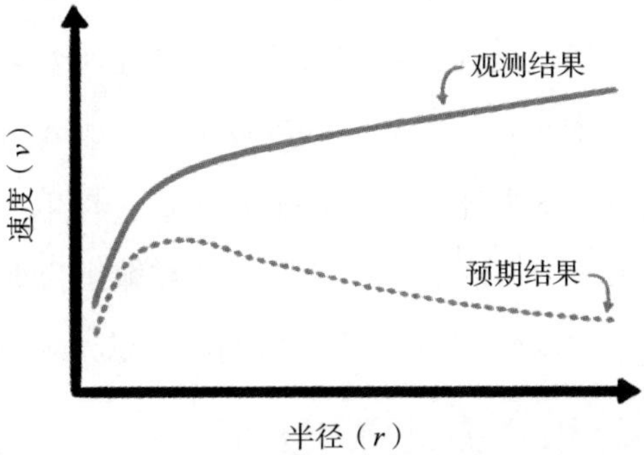

图 5–2

自从该研究发表以后，来自可见宇宙中各类引力系统的观测证据堆积如山，因此无论这种现象的本质如何，它必定是普遍存在的，而非仅存在于少数异常系统中。我们还借助了其他完全不相干的技术手段（从引力透镜效应[4]到宇宙微波背景）进行观测，并且同样发现了暗物质存在的明确证据。我们得出了以下结论：要么宇宙中存在大量不与光发生相互作用的物质，要么我们对引力的理解大错特错。

就暗物质而言，我们已经系统性排除了多种可能性，剩余候选者的清单正变得越来越短。目前仍存在的可能性包括原初黑洞、尚未发现的粒子，以及（军鼓声响起）与我们共享引力子的其他维度。

那么，我们究竟要从哪里入手，才能排除暗物质候选者？我们可以利用暗物质的一个重要特征：它具有“温度”，不过这并非我们通常所理解的温度（完全符合物理学的命名风格）。在这一语境下，“温度”指的是暗物质候选者的“社交冷漠程度”指标。换句话说，就是它们在派对上能直线行进多远而不与任何人互动。通常，热暗物质候选者以接近光速的速度运动，并且能够在行进极远距离的同时不带任何点头示意的动作。往往你还没来得及反应，它们就已经出现在房间另一端。我的某些同事也能做到在派对上长距离移动而不与任何事物互动，我总是能从他们身上联想到热暗物质。另一方面，冷暗物质候选者则倾向于待在比较热闹的区域；它们可能不愿与任何人交流，但也不愿意前往其他地方。如果你想看到一些专业术语，那么我们可以将粒子在派对上的社交行为水平称为“自由流动长度”，即单个粒子在宇宙中与其他物体发生相互作用前传播的距离。通过缩小与观测结果相符的自由流动长度（即“温度”）的范围，我们就可以大规模排除暗物质候选者。

你可以凭直觉理解这些暗物质的“温度”会对其所处的环境产生什么影响。如同许多经典的物理学演示一样，让我们以气球进行类比（如果某位气球公司的首席执行官正在阅读本书，或许你真该考虑考虑争取天体物理学的背书。当然，若能直接资助某项天体物理学研究，那就更棒了）。如果气球内部空气温度较高，气球就会饱满地膨胀起来；若此时将该气球放入冰箱（这又是一个你能在家中进行的实验！），当内部空气冷却后，气球会显得萎缩、干瘪。毕竟，热气球才能飞上天。同样，若暗物质是“热”的，它就会膨胀起来，变得庞大而蓬松。由于系统中的大部分质量以暗物质的形式存在，而所有其他普通物质都会受暗物质质量的引力影响，所以热暗物质会导致宇宙中引力作用的区域变得更大、更蓬松（就像松软的馒头）；另一方面，冷暗物质则使引力作用区域趋向更小且更团块化（就像紧实的面疙瘩）。除热暗物质与冷暗物质外，还存在温暗物质。鉴于我们的术语并非总是符合逻辑，我想还是有必要阐明一下，温暗物质的性质介于热暗物质与冷暗物质之间。

我们可以通过几种不同的方式来验证不同温度暗物质候选者的预测。无论是宇宙微波背景，还是宇宙中星系结构的形成，都与暗物质的行为方式密切相关。而在借由这两个途径展开的研究当中，证据都明确表明暗物质是冷的。[5]

冷暗物质存在的必要性一举排除了一大批潜在的候选者。被排除的候选者包括中微子。它们多年来备受青睐，至少有一部分原因是它们的存在是已知的（与某些其他选项形成鲜明对比）。可以肯定的是，中微子确实具有质量（尽管极其微小），且这种质量对宇宙的基本质量构成有所贡献，但即便暗物质被证实是“热”的，中微子的丰度也不足以解释暗物质所需的质量。

首先要考虑的冷暗物质候选者是所谓的“晕族大质量致密天体”（MACHO）。[6] 当我们在日常社交中偶然提及暗物质时，人们最常向我提出的问题之一居然是：“天文学家考虑过黑洞吗？”我完全理解他们的出发点，也很赞赏他们能够立即从脑海里的各种选项中翻找出一些看似合理的答案。若不了解实情，黑洞确实有可能符合要求。但让我觉得有意思的是他们潜台词中的假设：你们这些天体物理学家研究暗物质数十年，却从未考虑过黑洞这个选项。

黑洞确实是MACHO中的一员。MACHO候选者包括众多极难观测的天体，例如中子星、流浪行星和褐矮星（本质上属于未完全发育成恒星的天体）。好消息是，我们可以通过观测来验证MACHO的丰度。直截了当地说，坏消息是这类天体的数量远不足以解释暗物质。我们可以再次利用引力透镜效应来寻找MACHO：当MACHO从远处发光天体的前方路过时，该天体的光线会产生极其微小的弯曲（我们称之为微引力透镜），并体现为亮度的增强。有几个研究团队已分别开展巡天观测来寻找这种微引力透镜现象，他们通过常年监测数百万颗恒星来实现这一目标，从而确定MACHO的数量。当然，微引力透镜事件偶有发生，但极为罕见。结果表明，MACHO最多只能解释不超过 8% 的暗物质。[7]

关于MACHO还有另外一个关键的问题，这一点尤为重要，因为通过独立证据链进行三角验证能极大增强结论的可信度，从而避免我们陷入自我欺骗。具体而言，MACHO的问题可追溯至大爆炸时期，以及原初核合成时期。一言以蔽之，大爆炸核合成期间根本不可能产生足够多的重子（我们好像还没有讨论过重子的概念，不过别担心，接下来的内容很快就会涉及；目前我们可以简单地将重子视为普通物质）来解释暗物质的数量。[8]

接下来是原初黑洞。我们刚排除了“普通”黑洞，但是还有一个可以利用的漏洞。如果小型黑洞形成于极早期宇宙密度涨落中的高密度区域（即核合成之前），它们或许符合要求。关键在于，这些黑洞必须形成于宇宙极早期（因此不包含重子），其质量必须在MACHO实验的探测范围之外，同时其质量必须足够大，以避免因霍金辐射而蒸发（更多相关内容参见黑洞相关章节）。这看似排除了大多数可能的质量范围（事实的确如此），但是其实参数空间中仍然存在足够安放原初黑洞的狭缝区域。[9]

该假说的美妙之处在于，它依赖于我们自认为已知且理解的物理学理论。或许更重要的是，它至少在某种程度上可以验证。例如，原初黑洞可通过引力透镜效应（在MACHO实验已探测范围之外），以及这些黑洞相互绕转或合并时产生的引力波来探测。原初黑洞还能弥合某些现有观测结果与理论之间的矛盾，例如X射线明显过剩的情况。

出于某些我尚未完全理解的原因，上述有关暗物质的猜想并未在天体物理学界获得应有的关注度，或许是因为其可存在的参数空间实在有限。尽管如此，鉴于该构想既与现有的物理学理论有所关联，又具备可验证性，我暂不会将其排除在候选名单之外。

暗物质研究中蕴含诗意的一个方面在于，它可能连接着宇宙中的最大尺度与最小尺度，包括某些可能未被发现的基本粒子。几十年来，该选项一直是有力竞争者。这一巨大的统称类别下包含大量可能存在也可能不存在的假设粒子。总体而言，我们寻找的是符合以下标准的候选者：第一，冷（不以相对论速度在宇宙中疾驰）；第二，与引力之间存在相互作用（具有质量）；第三，电中性（否则会与光发生相互作用）；第四，稳定且不衰变。在筛选符合这些标准的粒子时，我们不得不考虑标准物理学模型之外的选项，这既令人兴奋，又令人不安。

事实证明，物理学中的超对称理论（存在数十种版本）能够自然衍生出符合暗物质条件的稳定粒子，即所谓的“弱相互作用大质量粒子”（WIMP——足以和MACHO在首字母缩写的擂台上一较高下）。探测WIMP的实验已持续数十年，探测灵敏度下限一降再降。每年讲授这部分内容时，我都希望能在下次授课前修订教材。但迄今为止，我唯一需要做的就是更新探测灵敏度数据。坦率来说，诸如低温暗物质搜寻计划（CDMS）等项目曾得出过一些令人振奋的结果，让我们重燃希望，但至今证据仍缺乏说服力。[10]

除WIMP外，还有一些尚未被观测到的粒子仍然是潜在的暗物质候选者。其中的主要竞争者是轴子。我没有开玩笑，该名称源自某个洗衣粉品牌。[11] 轴子还有一个名字叫作“希格次子”。

最初，轴子是为了解决物理学中另一个长期存在的问题而引入的，该问题涉及电荷宇称（CP）对称性破缺，我们将在与时间相关的章节中详述。若轴子存在，它们应遍布整个宇宙。由于其自身特性恰好与暗物质的要求高度契合，轴子显得极具潜力。当然，前提是我们能探测到这种粒子。如同WIMP所面临的处境，迄今为止我们的实验仅能在假设它们确实存在的情况下，划定其性质的排除范围。[12]

你如果觉得这种一直探测不到、存在与否尚未可知、目前来看仅存在于假设中的粒子还不足以令人绝望的话，不妨看看接下来即将登场的暗物质候选者，毕竟它们有可能涉及其他维度。这些“额外”的维度可能是“紧致化”的，也可能是宏观的（更多内容参见维度相关章节），每种情形都对应着不同的潜在暗物质来源。

例如，在“普适额外维”（UED）模型中，我们所熟悉的“普通”维度中的标准作用力也能在紧致化维度中传播。由于场必须适配这些紧致化维度，其可能取值将被量子化（即具有特定离散值）。[13]

这些量子化模式会进而产生相关粒子，即“卡鲁扎–克莱因粒子”，但是我们现有实验中不可能找得到它们，我们的实验设备需要达到极高的能量才能探测到这些尺度。关键点在于，卡鲁扎–克莱因粒子的动量（以及据此推导的质量）仍然会在宇宙的普通维度中体现出来。换言之，我们最终获得了具有宏观引力效应且不可见的粒子。

宏观的额外维度也为感知不可见质量的引力作用提供了机制。在融合了弦理论的膜世界模型中（详见维度相关章节），引力子是形成闭环的闭弦，这意味着它们不像开弦那样锚定在膜上。因此，引力子能移动到膜外，并且有可能被其他膜（甚至是我们自身的膜折叠后的形态）所感知。[14]

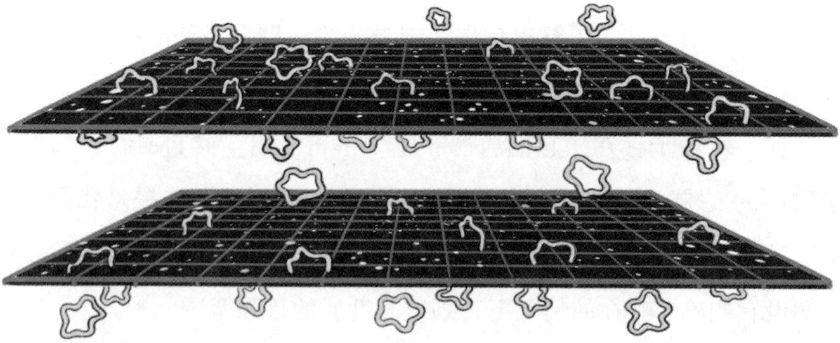

图 5–3

尽管这个想法听起来很疯狂，却已获得相当多物理学家的重视，相关论文累计引用量达数千次。[15] 有些人甚至已经开展了多次实验，试图对额外维度参数的存在设定限制。[16]

例如，科学家正在利用观测到的黑洞特性，[17] 仔细分析大型强子对撞机数据以寻找额外维度引力子的征迹，[18] 甚至监测微黑洞形成的征迹。[19]

最后，如果我们对引力的理解确实有误呢？还记得第 2 章提到的“如果……会怎样？”公理吗？它此刻又重回我们的视野。事实证明，我们对弱引力场中引力的经验性理解根基不稳，因为相关实验验证异常困难。有一些实验室专门从事极高精度的引力测量，在我们的方程中频繁出现的引力常数 G 已被测定为 $6.674\,08 \pm 0.000\,31 \times 10^{-11}\mathrm{m^3kg^{-1}s^{-2}}$。[20]

问题在于，我们无法在地球上的实验室中随意调节引力强度进行测量，因此只能局限在相对较强的引力场（相较于星系遥远外围的弱引力场而言）中进行测量。修正牛顿动力学理论（MOND）的支持者假设，引力在弱引力场中表现不同。比较标准牛顿引力方程与MOND常用的修正方程，则差异立现：

$$F_{\text{牛顿动力学}}=\frac{Gm_1m_2}{r^2} \qquad F_{MOND}=\frac{Gm_1m_2}{\mu\left(\frac{a}{a_0}\right)r^2}$$

在MOND方程中，变量 a 是常规的引力加速度，但现在被新的常数 a_0 和插值函数 μ 修正。因此，MOND方程使得动力学行为看上去仿佛是物体处于比标准牛顿动力学所预期的更强的引力场中。

在我看来，MOND是一例卓越的科学思维典范，它敢于质疑基本公理，并且进一步追问：若暗物质不存在，引力需如何表现才能解释观测结果？遗憾的是，观测验证似乎排除了MOND假说，不过其支持者仍在不懈寻找可能维系该理论的漏洞。

对MOND而言，最致命的证据之一涉及由两个发生碰撞的星系团组成的巨大星系团，即子弹星系团。[21] 听起来，星系团碰撞像是极为剧烈的事件，但其关键特征在于，从星系团的尺度来看，其内部的星系相对较小且相距甚远，而星系内部的恒星在星系尺度上几乎可以视为质点，且间隔极大（还记得第1章提过的西柚吗？）。因此，当星系团发生碰撞时，其内部星系通常直接穿过彼此而无显著相互作用，我们称之为“无碰撞”相互作用。另一方面，星系团中的星系之间的空间充斥着气体［即所谓的“星系团内介质”（ICM）］，其质量通常大于星系团内星系自身的质量，且差距大约可达到10倍。这种介质不容小觑。当两个星系团的ICM相撞时，它们绝非无碰撞，而是猛烈撞击并大幅削弱各自的向前运动趋势。最终结果就是，星系（无碰撞）继续前行，而ICM（有碰撞）则滞留在碰撞中心区域形成堆积。

现在，我们将暗物质与MOND纳入此情境，二者会得出不同的预测。若暗物质存在，它似乎仅通过引力与宇宙万物发生微弱的相互作用，这表明其具有无碰撞性，如同星系团中的星系。因此当星系团碰撞时，单个星系与暗物质将（或多或少）直接穿过彼此。在暗物质存在的情况下，系统中的绝大部分质量以暗物质形式存在，因此质量主体将继续沿原有方向运动。另一方面，若暗物质不存在，我们的引力理论需要修正，则系统中大部分质量将集中于星系团内介质，而该介质在碰撞系统中心陷入了交通堵塞。凭借人类的智慧与物理学理论，我们可通过观测来验证二者中哪一个更接近真实情况。来自碰撞星系团后方遥远星系的光线将被系统中的质量扭曲（引力透镜效应），其扭曲的方式精确揭示了碰撞星系系统中的质量分布情况。我想你已经猜到答案了，因为如果MOND得到证实，那么本章关于暗物质的内容可能根本不会存在。

图 5–4

MOND 支持者认为，我们对引力的理解仍有改进空间。但大多数天体物理学家确信，即便我们对引力的理解需要修正，暗物质也必然存在。

纵观暗物质研究现状，我们拥有涉及物理学不同领域的众多选项，这在我看来是非常健康的研究态势。耐人寻味的是，从已知物理学理论的角度来看，那些最有希望的暗物质候选者大多已被排除（如 MACHO），或是迟迟探测不到（如 WIMP）。至于其他选项，如原初黑洞，只要我们对早期宇宙的理解没有偏离真相太远，它们在某种程度上来说就是必然存在的，甚至最离奇的构想（如其他维度）仍具可信度（至少在我看来）。实际上，我怀疑最终可能有多个暗物质候选者都被证实，届时我们或许会（讽刺性地）面临预测中的暗物质总量过多的局面。我深信本节内容的更新修订将比预期来得更早。

暗能量

暗能量的发现是科学进程逐步展开，并最终颠覆长期固有认知的绝佳范例。最初的观测结果发表之时，我还在攻读硕士学位。目睹科学界（包括我自己）从高度怀疑转变为普遍接受真是一段令人着迷的过程。正如卡尔·萨根所言，非凡的主张需要非凡的证据，这正是该标准被明确应用的典型案例。鉴于已获得的非凡的证据，我们或许会普遍接受暗能量的存在，但这并不意味着我们理解其本质。

我们最初为何认定暗能量存在？20 世纪 90 年代，当时我们获知宇宙是膨胀的，研究目标已从证实膨胀现象转向精确测定膨胀速度。确定该数值相当重要，因为它不仅可以限定宇宙年龄，还可以预示宇宙的终极命运。但争论也随之而来，各位科学家通过一篇又一篇学术论文展开了激烈的辩论与论证。[22] 哈勃太空望远镜的首批核心任务之一便是精确测定这一膨胀速度，即“哈勃常数”（H_0）。最终测定的数值大约为 70km/s/Mpc。[23] 像“km/s”这样的单位或许不足为奇，但“Mpc”可能有些令人困惑：哈勃常数的单位可用于衡量特定距离（百万秒差距）上的长度变化率（如速度，以 km/s 计）。

$$v = H_0 D \rightarrow H_0 = \frac{v}{D}$$

测定哈勃常数的主要方法是观测星系距离与其退行速度的关联。[24] 测定遥远星系的退行速度相对“容易”（在此类工作中），只需测量目标星系发出的光的红移。[25] 另一方面，测定宇宙其他天体的距离绝非易事，需要一整套相互支撑的测量技巧，这些技巧随着测量距离的延伸而逐级构建。我们称此方法为“宇宙距离阶梯”，其中每一“级”距离的测量都建立在上一“级”的基础之上。我们获得了大量图表，结果表明，距离我们越远的星系，其退行速度也越快。

尽管我们当时已经知道宇宙正在膨胀，但那时的我们认为这种膨胀必定会减慢。鉴于宇宙充满质能，而质能本身自带引力效应（所谓

“引力”，顾名思义就是“吸引的力”），所以宇宙膨胀理应逐渐减速。这类似于将球抛向天空，球在上升过程中会持续减速，直至最终落回地面。就宇宙而言，关键问题在于膨胀的减速率是否足以导致宇宙最终坍缩，还是说宇宙将永远膨胀下去，就像赋予球体足以逃脱地球引力场的速度一样。

有两个相互竞争的团队就此着手测定宇宙膨胀的减速率。为此，他们需要获取宇宙中最遥远星系的精确距离与退行速度，而这需要动用巨型望远镜。若膨胀正在减速，则意味着当我们观测遥远星系时，其退行速度应当比邻近星系更快，因为宇宙在过去膨胀得更快（提醒一下：观测距离越远，对应的时间越早）。因此我们预测，在相对邻近的宇宙区域，哈勃常数这一斜率会出现偏离。

作为一名思维敏捷的读者，你一定能猜到故事并未如预期发展。实验结果彻底颠覆了既有范式：宇宙膨胀非但没有减速，反而是在加速。[26] 这如同将球抛向天空后，球体却加速远离你。两个团队发现的规律呈现如下形态：

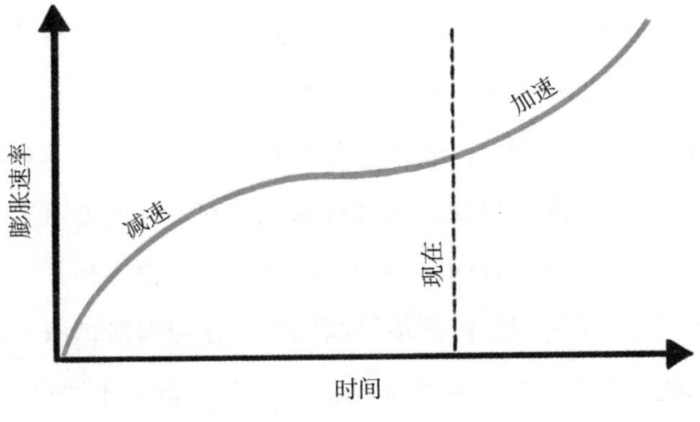

图 5–5

如果仅有一个研究团队得出这一结果，学界质疑的声浪或许更为强烈。但是，当两个独立的团队分别使用不同的望远镜和不同的研究方法，最终得出相同的结论，这表示可能存在某种未知的机制。那这种机制是什么呢？当时天文学界的普遍感受是：宇宙距离阶梯中的某一级台阶存在误差，或许我们做出的所有假设在遥远的宇宙都不成立。在随后的10年中，一系列研究项目接踵而来。虽然我们不断尝试着做出细微调整，但随着后续研究不断验证既有方法的可靠性，我们只得被迫接受宇宙膨胀确实在加速的事实。但是，宇宙膨胀为什么会加速呢？

当前积累的观测数据揭示出一个非常显著的特征，即我们似乎生活在宇宙膨胀从减速转向加速的时期，换言之，即从物质主导转向暗能量主导的过渡阶段。自哥白尼揭示地球并非宇宙中心以来，人类已学会摒弃自身时空位置特殊性的观念，转而信奉平庸原理。然而，我们必须遵从数据的指引。

这种所谓暗能量的本质是什么？目前我们对暗能量的全部约束条件如下：第一，它似乎在各个方向上均匀分布；第二，它的强度似乎随时间推移而递增；第三，它似乎不与除引力外的任何事物发生相互作用。这些零散信息远不足以支撑理论构建，因此理论物理学家自由发挥的空间很大，他们只需要考虑与现有物理体系保持兼容即可。

巧合的是，爱因斯坦此前处理过相关的问题，但彼时人类尚未知晓宇宙膨胀。在他试图查明时空的物理性质时，曾遇到一个与引力有关的难题，这与我们当前的困境异曲同工。在爱因斯坦研究这一问题的关键时期，当时已有的观测证据似乎表明宇宙处于“稳恒态”，也就是说，宇宙既不膨胀也不收缩，而是永久稳定地存在下去。但宇宙毕竟是由具有引力的物质构成的，爱因斯坦方程的初始版本明确显示：稳恒态宇宙不可能存在。为此，爱因斯坦在其中加入了一个所谓的

“经验系数”打算蒙混过关。在数学与物理学中，该术语意味着“虽然我们确实无法从物理学的角度予以证明，但为符合现实情况有必要添加进去”。爱因斯坦使用希腊字母 Λ 表示该系数，将其作为“爱因斯坦场方程”的第三项：

$$R_{\mu\nu}-\frac{1}{2}Rg_{\mu\nu}+\Lambda g_{\mu\nu}=\frac{8\pi G}{C^4}T_{\mu\nu}$$

自暗能量发现以来，Λ 这一系数重获新生，成为解释宇宙学观测的核心要素，并且也实实在在地体现了当前主流假说之一。由此可以引出现阶段关于暗能量的几种解释（及其存在的问题）。

或许，重新引入宇宙学常数是解释暗能量的首要候选方案。不过，我们需谨记科学进步不依赖民主投票，因此若该构想与观测结果不符，即便受到追捧也无关紧要。理解 Λ 的一种方式是将之视为空间结构内禀的能量，空间越大，此类形式的暗能量就应该越多。

要理解宇宙学常数如何运作，我们需要重新审视爱因斯坦场方程，并纠正一个关于引力的普遍误解。该误解通过生活经验与正规学校教育深深烙印在我们的脑海中：我们通常被教导（并且也能体验到）“引力”就是“吸引的力”。因此在进一步讨论之前，我想先重点介绍一下方程右侧的 $T_{\mu\nu}$，即“应力能量张量”（“张量”就是“矩阵”，只不过是换了一个更高级的数学术语，而“矩阵”简单来说就是数值构成的表格）。该术语蕴含着某些极为精妙的物理学理论，且无须理解张量的运作机制即可把握其核心要义。此外，你也可以凭此在社交场合假装不经意地提及自己正在研习爱因斯坦场方程。若将此张量展开为完整形式，并简化为“理想流体”的情况（适用于描述空间），我们将得到一个 4×4 矩阵，其中除对角线外所有元素均为零：

$$T_{\mu\nu}=\begin{pmatrix} \rho c^2 & 0 & 0 & 0 \\ 0 & P & 0 & 0 \\ 0 & 0 & P & 0 \\ 0 & 0 & 0 & P \end{pmatrix}$$

这里有两点需要指出：第一，左上角的ρc^2（ρ通常表示质量密度）这一项与mc^2（如果我在后者的前面写上"E ="，你可能会对它更加眼熟）形似，该项来自宇宙的质能（即引力带来的吸引力）；第二，对角线上的其余几项均为P，代表"压强"。通常我们认为压强为正值，例如气球内部的压强为正值，并且维持着气球的膨胀（若你对气球的类比感到有些视觉疲劳，那么可以想想轮胎的气压，不过轮胎本质上是环状气球）。然而，关键点在于：压强亦可为负值。负压源于张力，如气球（或轮胎）的材质受到拉伸，并因内部气体向外推挤而受到张力作用。负压的作用类似于负引力。只要负压足够强，那么引力的排斥力效应就会超出质能项的吸引力效应（即 $3P+\rho c^2<0$）。关键是要找到负压的来源，而在这一情形下（诚然是简化后的情形），其中一种可能性是时空本身的拉伸可以引发负压。

然而，这一设想存在明显问题，堪称"物理学史上最糟糕的理论预测"，而正是量子力学又一次阻挡了我们追求幸福的脚步。[27] 量子力学表明，即便处于"真空"状态，宇宙也具有真空零点能（能级在最低能态仍会涨落且永不为零）。好消息是，这种真空能量应该会导致宇宙膨胀；但坏消息是，理论预测值与实际观测值的偏差达到 10^{120} 倍（尽管其他研究可能将差距缩小至 10^{54} 这个数量级，这多多少少也算有些进展吧）。[28] 这个问题被称为"真空剧变"，此术语看上去就像是由一群书呆子组成的乐队的名称，或是吸尘器工厂的大规模产品召回计划。

用宇宙常数来解释暗能量还存在另一个潜在问题：其可能与弦理

论不兼容，这归根结底是因为宇宙学常数在时空中具有常数值。[29] 当然，弦理论本身尚未得到证实，但若想要寻求理论兼容性，我们最好还是找找名字里面不带“常数”的替代方案。让我们将目光转向暗能量的另一主要候选者——精质。

精质假说得名于将暗能量视为第五种基本作用力（故称“quint”）。宇宙常数的解释与精质在机制上的主要差异在于：宇宙常数恒定不变。显然，其名称已昭示此特性。相比之下，精质属于“标量场”。该术语听似艰深，翻译成大白话之后便不足为惧。“标量场”的意思是，时空中任意点都有某一数值与之对应。以地球表面为例，我们可为每个位置赋予当前的海拔高度值，这就是一种标量场。同时还要注意，该标量场因地质作用而随时间变化。

作为标量场，精质可以发生变化，这使其与弦理论兼容。精质的可变性或许能解释为何我们恰好处于宇宙从减速转向加速的特殊时期。具体而言，某些精质模型具有“追踪场”，其表现形式取决于宇宙当前处于物质主导还是辐射主导状态。如此说来，人类的存在与暗能量的显现可能都与宇宙中的相变有关，而这导致我们必然生活在“特殊”时期。

从理论上讲，观测或许可以区分不同的暗能量模型，包括宇宙常数与精质。二者可以通过不同的状态方程关联核心变量，从而对若干可观测值做出略有不同的预测。这些差异主要体现在宇宙微波背景的特性，以及宇宙膨胀速率是否在时空上完全均匀。然而，要分辨这两种模型需要极高精度的观测，而我们正致力于实现这一目标。在本书的撰写过程中，以薇拉·鲁宾命名的薇拉·鲁宾天文台即将迎来首次观测，而一项重大计划正准备凭借该天文台的新功能使我们对暗能量的理解更上一层楼。

然而，我们对暗能量的认知仍存在巨大空白。所谓“巨大”指的是我们除了知道暗能量存在，对其他几乎一无所知。因此，随着认知的深入，我们对宇宙命运的预测还有相当大的调整空间。例如，假设暗能量源于某种相变（类似触发早期宇宙暴胀的机制），那么当前的加速膨胀阶段或许只是短暂剧变，而宇宙终将重归平静。事实上，有人猜测此轮暴胀可能只是某个更大周期的一部分：宇宙膨胀至密度涨落被抑制、熵被稀释后，将重新坍缩并开启新的大爆炸。[30] 然而，当前迹象表明，暗能量不但持续存在，且可能随时间呈指数级增强，除非我们能找到合理的抑制机制。若暗能量长期占主导，则有可能会对我们如今所知的生命构成威胁。

当然，宇宙的命运是一个举足轻重的问题。虽然对人类时间尺度而言看似遥远（确实如此），但是不能因为宇宙的长期命运不影响我们及子孙后代，就认为它不重要。总体而言，我希望人类能更具远见卓识。我们通常保持着对当今周遭世界的关切，对我们前后几代人所处的宇宙表示关切似乎也相对容易且广泛存在。但要跨越数代的时空距离产生强烈的关怀和责任感，却要困难得多，我那愤世嫉俗的内心认为，这终将导致人类覆灭。即使我们现在拥有足够的能力，可以付出非常微小的代价，方便快捷地为人类遥远的后裔修建庇护所，使其免于在被暗能量撕裂的宇宙中毁灭，我们是否会付诸行动？鉴于人类对气候变化等全球议题的集体应对方式，我对此持悲观态度。有时我甚至怀疑，其实宇宙是某种超级智慧生物的实验场，旨在观测其中的居民在何种境遇下会挺身而出阻止灾难。若果真如此，我希望该实验其他对照组的表现优于人类。

在宇宙加速膨胀的前提下，设想人类遥远后裔的生存图景令人感到有些压抑。诚然，我对人类能否延续至彼时深表怀疑（参见外星生命相关章节），但若我们能凝聚共识，安然度过技术青春期，并从大量历史错误中汲取教训，或许尚存一线生机。若能跨越这些障碍，人类对宇宙的认知以及人类的技术能力和智慧程度或将远超今人之想象，我们充其量只能通过科幻小说得以一窥。因此，我总是忍不住会想，当暗能量开始压倒万物时，生命将呈现何种形态。

随着暗能量占据主导，人类可观测的宇宙所占的比例将日益缩减。最终，我们的视界内将再无其他任何星系存在。引力将首当其冲受到压制，而物质将散布于空间各处，阻止恒星的形成。与此同时，银河系将被撕裂，太阳系也难以幸免。最终，所有恒星将燃尽，连黑洞也会全部蒸发。此时仍存于视界内的光波也都将被拉伸至不复存在。宇宙将陷入难以想象的寒冷与黑暗，在我们的视界内除了量子场和虚粒子不断地涌现和湮灭（或许连这些都已不复存在）之外，再无其他存在。

除非，我们猜错了。

小　结

前两章内容具有显而易见的特点：我们可通过实际观测来阐明相关问题。因此，刚刚提到的这些未解之谜极有可能被破解。在后续章节中，我们将逐步触及更为抽象，甚至可能超越（至少在可预见的未来）人类认知边界的谜题。在每个案例中，我们都将从已知领域出发，将其作为知识的大本营，进而探索未知的深处。

首次探险的目的地是黑洞。虽然暗物质与暗能量涉及时空结构的弯曲与延展，但黑洞内部的时空特性却呈现出更为极端的反直觉行为。由于我们对黑洞的认知（或认知缺失）与时空属性密不可分，其内部现象几乎与本书其他章节都有所关联。我们已经领略了黑洞与宇宙大爆炸的联系，后续章节还将揭示其与时间本质及其他维度可能性的直接关联。耐人寻味的是，正如你将看到的，黑洞或许可以解释自然法则的成因及宇宙是否微调过。

让我们沿着现有物理认知的边界前行，探问这片未知领域可能蕴含的奥秘。

第6章

黑洞里到底有什么名堂?

请注意：前方有黑洞

黑洞是一个经久不衰的热门话题，这并非没有道理。它们促使我们思考宇宙的极限与可能性，并使我们将科幻作品中那些老生常谈的情节与现实联系起来。事实上，黑洞也可能促使你思考一些超出日常生活范围的概念。

奇怪的是，我们所了解的黑洞和宇宙大爆炸有几个令人困惑的共同特征。两者都有一个我们无法通过任何方式窥视其后面究竟有什么的“视界”；两者都涉及时空的极端扭曲或拉伸；两者似乎都有一个中心奇点，并且我们现有认知中的物理定律在那里都彻底失效。

对于宇宙中的大多数物体和场所，我们可以轻松地运用物理学理论来理解其运作机制，无须担心量子力学与广义相对论这两个现代物理学中最反直觉的概念之间的不协调之处。通常情况下，这两种理论中的某一种会占据绝对主导地位，使得我们完全忽略另一种理论。然而，宇宙中有两个关键情形让我们无法继续逃避这个问题，那就是大爆炸和黑洞。当谈论黑洞内部的情况时，我们必须直面一个事实，即现代物理学的这两大支柱（或至少其中之一）需要做出调整。世界各地的物理学家一直在努力构建“量子引力”理论，但迄今仍未找到令人满意的答案。

哪怕我们还未接近黑洞的“中心”（我们对物理定律的理解在此处并不稳固），现实世界已经开始展现出令人费解的诡异特性。我在多年讲授黑洞相关内容的过程中发现，不同思维方式对理解这种诡异现象的效果各异且难以预测，因此，在应对本章提及的概念时请对自己保持宽容。我们将借助一系列类比来帮助你建立直觉和洞察力。然而令人恼火的是，类比有其局限性，某些方面甚至可能产生误导。我将尽力标出最具误导性的部分，我也会在我认为有助于提升直觉时毫不避讳地使用一些数学推导[1]。如果你渴望了解更多与数学相关的内容，我会在此为你加油助威，并建议你从数百本关于广义相对论的著作中任意挑选一本，或是阅读关于反德西特空间/共形场论（AdS/CFT）对偶的专业书籍。

本章内容可能需要你放慢节奏仔细推敲，甚至需要反复研读。记得我的一位高中老师曾因我们班对某本书的肤浅阅读而提出严厉批评，当时正值青春期的我自然觉得受到冒犯。但随后他说出了一句（事后想来显而易见）令我震惊的话：读书百遍，其义自见。如今已步入中年的我心想：“这不是理所当然的吗？”总之，我想让你明白，我全力支持你多读几遍本章（或任意章节）的内容。

常见误解

我需要先澄清几个问题。在讨论黑洞之前，有几个常见的误解可能会阻碍你的思维，所以我想将这些误解扼杀在萌芽状态。以下是关于黑洞的两个广为流传却需要稍加修正的观点。

第一条：“黑洞会把一切事物都吸进去”。如果太阳突然神奇地变成黑洞，地球上的我们会怎么样？（郑重声明，这种情况不会发生；

太阳的质量远不足以让自己完成这种转变。当然，理论上可能存在另一个超大质量物体与太阳融合，迫使太阳质量突破临界点。但如果真的发生这种情况，早在我们尊享专属黑洞之前，人类就会面临更严重的生存危机。）一言以蔽之：没什么变化。我的意思是，届时将不再有阳光，除非我们找到从其他来源获取大量能量的方法，否则植物会死亡，接着以植物为食的动物会死亡，以此类推。也许我们在外星生命相关章节中提到的巨型管状蠕虫（它们从深海热泉获取能量）会接管这个世界。但在地球围绕"前太阳"黑洞运行时，我们仍将安然无恙。就我们所在的轨道位置而言，只要这个新生的黑洞与原来的太阳质量相同，那么决定地球轨道的引力就完全一致，引力只会按部就班地发挥作用。吹毛求疵地说，"吸"这个字暗示了两个区域之间存在压差。例如，当你用吸管吸饮料时，在口腔中制造出低压区域，于是外界的高压迫使液体进入吸管，但这完全不符合外界受黑洞影响的实际情况。

第二条："黑洞具有超大质量"。这种误解完全是人之常情，我认为人们容易将"密度"与"质量"混为一谈。没错儿，黑洞具有超高密度，其中心处的密度可能趋近于无穷大。但物体不一定要"超大"才能"致密"，只需体积被压缩到足够小即可。任何物质只要被压缩到足够小的尺寸，理论上都可能成为黑洞。考虑到原子 99.999 999 9% 的体积都是"空"的，[2] 我们就能理解那些被视为"固态"的物质是如何被压缩的了。当初在学习黑洞相关内容时，我记得自己曾拼命挤压石块，试图理解它究竟如何才能被进一步压缩，甚至足以形成黑洞尺寸。最后我得出结论，只有远比我强壮的人才能实现这一点。

澄清了黑洞的常见误解之后，我们现在可以继续深入讨论它们的本质了。黑洞最显著的特征——它们是"黑"[3] 的——本身并不是很奇怪。核心要义在于，黑洞的引力强大到连光都无法逃脱。既然光无法逃脱，黑洞自然就呈现为黑色[4]。这种量级的引力显然超出了我们的日常经验（谢天谢地，我们不用生活在如此强大的引力场中），但总体来说我们都熟悉引力的概念。目前为止，我们在认知上遇到的唯一挑战在于接受如此强大的引力的存在。

其实，产生这种强度引力的方法很简单（尽管实施起来极具挑战性），你甚至可以从橱柜里随便找个物体开始实验。选定物体后，只需将其压缩到足够小的尺寸就可以了！好吧，最后这个步骤需要的专业设备或许地球上并不存在，但至少从理论上讲，方法非常简单。

归根结底，制造黑洞涉及“逃逸速度”的概念。任何具有质量的物体都有相应的逃逸速度，包括你、我和你的水杯。和之前讨论的“引力”不同，逃逸速度这个术语完全符合其字面含义：逃离某物体引力束缚所需的速度。例如，若你向天空投掷棒球，需要扔多大的速度才能使其摆脱地球的引力场？顺带一提，地球的逃逸速度约为每秒 11 千米（约合每小时 25 000 英里①），如果你能投出这种速度的球，那么我强烈建议你去打职业棒球联赛。

此时，正是需要数学的时候，因此我想介绍一个简单的方程。我保证，这个方程一点儿也不复杂。物体的逃逸速度仅取决于其质量和大小：

$$v_e = \sqrt{\frac{2GM}{R}}$$

希望这些变量足够直观：v_e代表逃逸速度，M是你试图逃离的物体的质量，R是始于该物体中心的半径。物理学的优点在于，人们通常会使用符合直觉的变量符号（大多数情况下如此，如v对应速度 velocity，m对应质量 mass，r对应半径 radium，等等）。暂时不必纠结G，“万有

---

① 1 英里≈1.6 千米。——编者注

引力常数”是一个带有奇怪单位的大数值，我们可以稍后再将其代入计算。通过这个方程，我们几乎可以计算出任意物体的逃逸速度。[5]

若有兴趣，你完全可以用这个方程计算月球的逃逸速度（约2.4km/s，远低于地球）或太阳的逃逸速度（约620km/s，远高于地球）。从事太阳系探测任务的人都会高度重视逃逸速度间的对比，从月球发射火箭远比从地球发射容易得多。通过这个方程，你可以逐步建立直觉认知：由于物体的质量（M）位于分子位置，因此质量越大，逃逸速度就越高；相反，物体的半径（R）位于分母位置，因此距离物体中心越远，逃逸速度就越低。

当我们将目光投向太阳系之外，开始考虑更奇特的天体时，逃逸速度会飙升到令人发指的程度。以“中子星”为例，这类天体是除黑洞以外物质密度最大的。中子星极具研究价值，实际上它们是可观测宇宙中最极端的物体之一，不过我觉得它们往往因为“尚未达到黑洞级别”而遭到忽视。中子星之所以得名，源于其中的物质已经被压缩到一定程度，导致通常各行其是的质子与电子被迫结合成中子。这些天体实质上是由中子紧密排列形成的球体，其拥挤程度令早高峰地铁也自叹弗如。若以城市尺度衡量，整颗中子星可被容纳在华盛顿环城高速的范围内，而一小勺中子星物质的质量约为10亿吨。恕我直言，我甚至无法想象10亿吨的概念，更遑论将10亿吨浓缩在一个小小的调羹之中。关键在于中子星极端致密，若将其质量与半径代入逃逸速度方程，我们得到的结果大约是100 000km/s，这相当于光速的1/3。无论你的投球速度有多快，棒球都绝无可能离开中子星。事实上，当这颗棒球坠落在中子星表面时，其撞击能量堪比热核爆炸。郑重声明：除非发展出某种令人惊叹的新科技，否则中子星绝非理想的度假胜地。

相较于地球相对温和的环境，中子星的极端程度已足够震撼。但若考虑更极端的天体，即逃逸速度超越光速，会怎么样呢？情况将变得非常有趣。让我们重新排列逃逸速度方程，将半径 R 单独提取出来：

$$R = \frac{2GM}{v_e^2}$$

这次，我们不再代入逃逸速度，而是直接用光速（c）替换 v_e。由此得到的半径值，代表着光子能逃离的最近距离。

$$R = \frac{2GM}{c^2} = \text{史瓦西半径}$$

平心而论，这个相对简洁的方程仅适用于最简单的黑洞类型。[6] 如果我们考虑旋转及电荷因素（二者皆有），情况会变得更复杂，但基本原理依然适用。通常，我们将这个光无法逃脱的边界称为事件视界。天文学家频繁使用“视界”一词，意指我们无法看透，也无法从中获取任何信息的边界。此处的“事件”强调我们无法知晓视界彼端发生的任何事。

要制造安全无害、无添加剂的“原味”黑洞（即史瓦西黑洞），你只需将物体压缩至其史瓦西半径以内。[7] 通常，当人们提及黑洞的“大小”时，指的就是其史瓦西半径。无论任何物质，只要其尺寸压缩至此临界值以内，都能成为黑洞。例如，若以某种方式将地球压缩至约 1 英寸[①] 的范围内，它就会化作黑洞。请环顾四周，找到约 1 英寸大小的物体，想象整个地球质量浓缩在这么小的体积里。我猜多数人对此思想实验的正常反应是：“但这……怎么可能？？”我又回想起小时候试图挤压石块的经历，我连把那块石头压缩至 1 英寸以内都无法想象。这正是宇宙中超越人类理解能力的典型例证。那么，这种压缩究竟如何实现呢？

---

① 1 英寸 = 2.54 厘米。——译者注

当你向下推压桌面时，桌面会反推回来，抵抗你的推力。你可曾思考过这种反作用力的本质？毕竟桌子（和你）的99.999 999 9%都是“空”的。[8] 考虑到如此庞大的虚空比例，或许有人会期待自己能像幽灵般穿透物体。这种“反推力”源自电磁力（正是这种力维系着分子结构）的抵抗。

然而，物体的密度越高，其引力就越强。于是我们可以通过缩小体积或增加质量来增强引力。若持续提升质量或缩小半径，则引力终将压倒反作用力；而一旦突破这一临界值，物体便陷入恶性循环：密度升高→引力增强→坍缩加剧→密度升高，如此循环往复。当物体质量足以突破“中子简并”态（即中子星的存在状态）时，已知的物理定律中再无力量能阻止其继续坍缩。换言之，坍缩将无限延续，最终形成体积无限小、密度无限大的“奇点”。至少根据现有的物理认知，情况会是如此。

关于奇点，有件事我不得不提：当我们在数学或物理领域遭遇此类问题时，它们经常预示着我们的理论存在错误，或是我们对相关机制理解不全，抑或是对物理过程过度简化。黑洞奇点问题也不例外。目前来看，我们尚未发现能阻止物体持续坍缩的作用力，但同样存在着大量已知的未知领域（更别提那些我们尚未意识到的未知领域）。其中一大悬而未决的问题正是量子引力理论。我认识的大多数天体物理学家都认为，量子力学终将以某种方式介入，帮助我们摆脱数学模型中令人尴尬的奇点困境。学界对此展开了密集研究，目前有几个理论可能解决这个问题，比如“弦理论”和“圈量子引力理论”。或许，这些理论能推导出黑洞表面的全息图像，或证明黑洞实为“绒毛球”（不开玩笑，这个名字居然是物理学中的正式名称），不过我想暂时搁置这些概念，稍后再做讨论。

通过引力坍缩形成的黑洞大小不一。最普遍的形成机制或许是超大质量恒星死亡，由此产生质量约为太阳 10 倍（或更高）的黑洞。我们还有确凿证据表明，几乎所有大质量星系中心都潜藏着超大质量黑洞，这些巨兽的质量可达太阳的数十亿倍以上。关于这些庞然大物的具体形成机制，是现代天体物理学研究的前沿课题。介于恒星级与超大质量之间的黑洞被统称为中等质量黑洞。此外还有人预测，原初黑洞可能诞生于宇宙早期的极端环境中，这些袖珍黑洞比指甲盖还小，质量却与月球相当。甚至存在这样的可能性：若两个亚原子粒子以足够多的能量对撞，其质能可能被压缩至相应的史瓦西半径内，从而形成基本粒子级的黑洞。理论上，这甚至可能在地球上的粒子对撞机中实现。[9]

当然，无论黑洞如何形成，其附近区域都会出现诡异的现象。甚至在进入黑洞之前，我们就不得不直面颠覆日常认知的极端环境。首先显现的效应是所谓的“引力红移”。你肯定有过登山或爬楼梯的经历，这需要消耗能量。健身房甚至专门设置登山机供人模拟这种能量消耗（这种电动楼梯居然不会产生实际的位移，有时我觉得远古祖先要是看到这些设备，一定会觉得我们疯了）。显然，攀爬需要能量是因为我们在对抗引力，而持续的攀爬则会消耗能量，直至我们精疲力竭地瘫坐在地。

光线也面临相同的处境。当光试图逃离引力源时，同样需要消耗能量。由于光不像人类能燃烧储存的燃料，其能量的唯一来源只有通过降低自身振动的速率，也就是频率（如果你想用更科学的术语表述的话）。振动减弱意味着频率降低。当光从引力井中攀升时，它会不断损失能量，于是波长变得越来越长，这意味着它会变得越来越红。需要说明的是，这种现象存在于光从任何引力源逃逸的过程中，只是当引力源是苹果这类物体时，其效应微乎其微。因此，任何有幸从黑洞附近逃逸的光都会发生“红移”。光的起始位置在引力井中越深，逃逸所需的能量就越高。这很好理解，毕竟我们都爬过山。问题在于：光从黑洞的事件视界逃逸时，需要无限的能量。当光损失无限多的能量后，其波长会被拉伸至无限长。这意味着波长不复存在，甚至可以说光本身已经不复存在。

顺带一提，反向过程同样成立：当光坠入引力井时会获得能量并发生“蓝移”。因此，如果你刚好在黑洞事件视界附近徘徊，那么你将遭受来自宇宙环境超高能辐射的轰击。普通防晒霜对此毫无招架之力。

黑洞附近的第二个诡异现象是“意大利面化”。[10] 出现这种现象的原因在于，引力强度随距离减少而增强，黑洞也不例外。引力遵循所谓的“平方反比定律”，即其强度和其与质量中心距离的平方成反比。基于此定律，物体靠近黑洞一侧所受的引力远大于另一侧。以人体为例，若你以脚朝前的姿势坠入黑洞，足部承受的引力将显著强于头部，结果就是你会被拉长。随着逐渐接近黑洞中心且引力不断增强，最终你体内的分子结构将被撕裂，你将被拉伸成一条细丝，就像意大利面一样。

那么，坠入黑洞后能否生还？很高兴你提出这个问题。关于黑洞还有另一个使人着迷（或许依旧反直觉）的特性：黑洞质量越大，穿越事件视界的过程就越平和。史瓦西黑洞的事件视界半径随质量增加而扩大，正如史瓦西半径方程所呈现的，质量越大则视界范围越广。但事件视界半径与质量呈线性增长关系（再次回顾该方程即可验证）：质量翻倍，则半径也一样翻倍。当我们考虑密度时，一些反直觉的地方开始浮出水面：密度与半径的立方成反比。综合这两种关系可知，随着黑洞质量增加，史瓦西半径内的平均密度将以半径平方的速率下降。而对于超大质量黑洞而言，其史瓦西半径内的平均密度可能接近水的密度——这在我看来算不上可怕。理论上，你或许能安然穿越这类温柔巨兽的事件视界，免于被拉伸成分子意大利面的命运。

除了意大利面化效应，进入黑洞还有另一个存在于假设中的问题。尽管我个人对此猜想存疑，但考虑到其潜在的正确性，同时也防止你真的想策划一趟黑洞之旅，在这里仍有必要提及。“信息悖论”的某个解决方案提出，黑洞事件视界的外侧设置了一道“火墙”，能将坠入的物质彻底焚毁。[11]（有关“信息悖论”的讨论将在后文展开，欢迎跳转参考。还记得童年读物《惊险岔路口》吗？本书难免存在前后章节互相呼应的情况，我希望这样的结构有助于你更加透彻地掌握这些内容。）因此，即便你有望逃过意大利面化这一劫，也该在“火墙”面前重新考虑旅行计划。

接下来是黑洞附近的第三项“趣味”体验，它将彻底扭曲你的时间感知。此刻，我们触及的黑洞话题已完全超出直觉认知。别担心，想想我们的直觉从何而来，它是由过往经验编织而成的现实认知网络。我本人是直觉的忠实拥趸，我经常感到直觉能揭示一些自己无法明确表述的洞见。但我也深知直觉的局限，尤其是在人类从未经历的极端情况下，盲目运用（或期待）直觉可能会让我们彻底误入歧途。亲爱的读者，我诚挚请求你，千万不要因为某些事情凭直觉认为难以理解就拒绝思考，这也是我对学生提出的请求。请尽力抓住所有你能理解的碎片化信息，相信你终有一日能理解这些事情为何无法理解。

我恳请你摒弃日常生活中对时间的基本认知，试着接受以下观点：

> 时间并非对所有人来说都是一样的。

在人类偏安的宇宙一隅，我们从未遭遇过时间体验相异的情形。但未曾经历并不代表这种情况不可能发生。毕竟地球及其周边环境是宇宙中相对来说比较平淡的区域。现代物理学理论与实验证实：个体经历的时间流速取决于其运动速度与所处引力场的强度。这一惊人发现要归功于爱因斯坦的狭义相对论与广义相对论。

以下是展示这种效应的思想实验，你可以当睡前故事来听：

假设你有一位毫无危机意识却拥有一枚顶级火箭的朋友。在这个故事里，我们在地球附近发现了一个黑洞，你的朋友执意前往探秘。读完本书的你深知此举绝非明智，可惜这位朋友完全不相信你，他一口咬定科学家只是编造一些耸人听闻的理论以彰显他们的重要性（尽管他乘坐的火箭正是科学智慧的结晶，但人们向来在享用科学成果的同时还不忘否定科学）。在一番激烈争吵后，你的朋友愤然登上火箭。

升空后不久，你开始感到内疚，并试图与他和解，遂发送语音留言表达关切，恳请其返航。同时，你通过朋友与你争吵前共享的火箭数据链路监控其生命体征。朋友顺利接收信息却余怒未消，决意证明你是错的，甚至懒得回复你的信息。他的生命体征看似正常，或许心率和血压略微有些升高，毕竟他正坐着火箭升空，这种压力反应实属正常。

时间逐渐流逝，但你的朋友依然杳无音信。一段时间后，你注意到朋友心率开始下降，一开始你松了口气，或许是因为压力有所缓解，他的状态有所好转。但你猛然想起本章的内容，暗叫不妙。细查后发现他的心率已低至异常水平。你再次发送语音留言倾诉牵挂，哀求其早日归来。这一次，当你的朋友收到信息时，你的声音尖锐刺耳，且语速极快，几乎难以辨识。他回复称一切安好，反问你为何说话如此急促尖锐？

当你收到朋友的留言时，他的声音拉着长音，并且音调极低，唯有加速播放才能辨明内容。你瞬间明悟，并立刻查看其生命体征：此时朋友的心率已降至每分钟一次。抱着最后一丝希望，你发送了最后一条语音留言，但朋友仅接收到转瞬即逝的尖锐声响。他试图回消息质问你，为什么要用如此尖锐的噪声折磨他，并坚称自己状态良好，劝你冷静下来。此时他看向窗外，开始疑惑为何行星绕日速度如此之快。但是，他的这条消息你将永远无法收到。

接下来的数周、数月、数年，你一直观察这位朋友的生命体征：心跳持续减缓，直到超过一年才跳动一次。通过高倍率望远镜，你可以看到他的火箭在太空中凝滞如雕塑。而在他的视角下，太阳膨胀并消亡，紧接着是银河系与仙女星系相撞，最后是宇宙终结。

这则故事的寓意或许是“切勿造访黑洞”，或是“努力提升科学素养”。但重点是时间在你与这位朋友身上并未以相同的速度流逝，他经历了所谓的“引力时间膨胀”。简言之，你身处的引力场越强，时间的流逝相对于安逸地待在弱引力场中的观察者而言就越缓慢；反之也一样，若身处强引力场，会观察到弱引力场中人和事物的进程加速。可以肯定的是，这并非物理学家凭空臆想的思维游戏，而是经实验证实的现象，例如GPS（全球定位系统）卫星所处的引力场弱于地球表面，其时钟每天比地表时钟快 38 微秒。我知道 38 微秒听起来微不足道，尤其考虑到你做一些日常琐事所耗费的微秒数（预估阅读本书大约需要 300 亿微秒）。但在相对论领域就不一样了，光在 38 微秒内能行进超过 1 千米。即便是引力时间膨胀所引发的微小偏差，也会在地球尺度产生宏观影响。

由此，我们可以看到引力导致的时空“扭曲”，而我恰好是那种对这类思考乐此不疲的书呆子。问题在于，同时构想三维以上的空间与一维时间极其困难（甚至不可能）。这有着坚实的进化论根源——我们的生存无须感知或构想更多维度。但这不意味着额外的维度不存在，只是人类无法与之互动（详见维度相关章节）。为建立对多维概念的直觉，人类经常需借助一些巧妙的技巧与类比，其中“包容图”这一概念曾帮助无数人更加深入地理解广义相对论的类比。

通常，我们认为空间具有三维（上下、左右、前后）。包容图的诀窍在于忽略一个（或多个）空间维度。例如，假设上下这一维度不存在，而我们生活在二维平面上。在这个二维世界中，只有左右与前后有意义，但上下毫无意义。若问“上面有什么？”将显得荒谬，我们只能问“旁边有什么？”这样的问题。

一旦我们能够适应将空间（或时空）视为二维平面，就能发挥包容图的真正威力，即利用被舍弃的第三个维度来帮助我们将时空的扭曲可视化。在世界各地的天体物理学课堂中，老师都会要求学生将二维时空结构可视化为被支架撑开的橡胶膜。

当我们将一些质量较大的物体放置在橡胶膜上时，它就会扭曲变形，扭曲程度取决于物体的形状、尺寸与质量。此外（这也是后续内容的关键部分），光线沿橡胶膜传播，由于橡胶膜“扭曲”了，因此光的路径也会扭曲；但在扭曲的时空中，光始终沿直线行进（扭曲空间中的直线被称为“测地线”）。值得注意的是，扭曲时空中的直线看起来就像是平直时空中的曲线。

这一类比从诸多层面出色地阐释了引力，即大质量物体扭曲了代表时空的橡胶膜。该类比曾助力无数困惑的学生建立直觉认知，但它也有其局限性，如果不加以指出，可能会引起混淆。

首先，橡胶膜向“额外”维度扭曲的设定存在问题。时空不一定会向某个额外维度扭曲，我们可以关注用于描述时空间隔的坐标，其变化可以通过这种扭曲的可视化展现出来。

另外一个问题在于，橡胶膜的扭曲暗示着存在某个外部引力源牵引着大质量物体下坠。实际上，大质量物体所引发的扭曲源于其对周边时空坐标网格的扭曲，而这种扭曲实际上是在完整的三维空间中展现出来的（也就是说，不是向“下”，而是向“内”）。

记住上述注意事项后，让我们正式了解一下包容图……

伟大的蚂蚁散步

事先声明，我对蚂蚁及其感知世界的方式几乎一无所知，尽管它们的社会性行为与自我牺牲倾向确实令我着迷。如果你是一名专门研究蚂蚁的昆虫学家（我也是刚刚得知，这类学者有个专门的称谓，即“蚁学家”），请原谅下文对蚂蚁生理学的公然忽视。

假设有两只蚂蚁正在野餐，我们姑且分别称它们为“安东尼”与“安东内拉”，而这场特别的野餐恰好在一张橡皮膜上进行，橡皮膜的中央放着一块致密且沉重的水果蛋糕。作为蚂蚁，安东尼与安东内拉只能感知橡胶膜的二维平面，对“上下”维度毫无概念（我不知道蚂蚁所感知到的世界是否果真如此，但请允许我暂且假设是这样）。正因

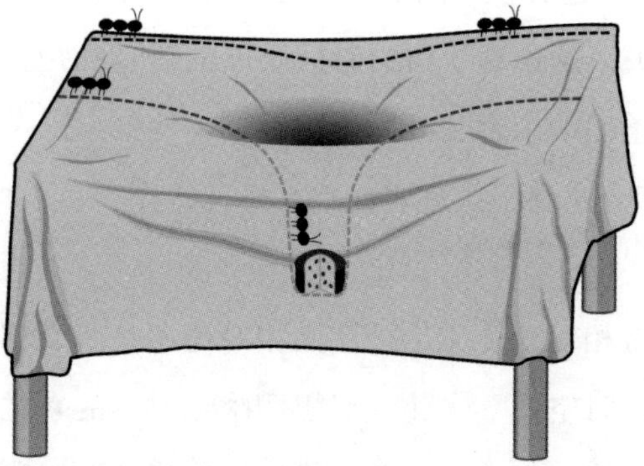

图 6–1

缺乏对“上下”的认知，它们无法察觉因致密的水果蛋糕（震惊！居然没有人想吃它）而引发的橡胶膜扭曲。此外（重点来了），在这一类比中，我们必须牢记光线沿橡胶膜传播，这意味着两只蚂蚁能看见水果蛋糕的存在。在它们眼中，蛋糕似乎位于平直的橡胶膜上。换言之，光线离开蛋糕后沿扭曲的橡胶膜，最终抵达蚂蚁的复眼。

享受着美好周日野餐的安东尼与安东内拉决定通过餐前散步来增进食欲，它们约定以相同的速度从橡胶膜的一端行走到另一端。为探索更多区域，安东尼从中线出发，而安东内拉则从边缘启程。刚开始还一切正常，两只蚂蚁一边散步一边闲聊。然而很快，安东内拉就感觉到安东尼放慢了脚步，而安东尼则认为是安东内拉加快了脚步，争执由此爆发。实际上，二者相对橡胶膜的行进速度始终一致，它们沿着橡胶膜移动的距离也相同。

问题的根源在于，它们无法感知橡胶膜的扭曲。在安东尼的眼中，安东内拉越来越快；而在安东内拉的眼中，安东尼越来越慢。如果水果蛋糕足够致密导致橡胶膜的扭曲程度十分高，那么安东内拉将会发现，安东尼的脚步似乎完全停滞不前。作为全知全能的外部观察者，我们清楚地看到，安东尼之所以不再向右移动，是因为它正迈着同样的步伐“向下”行进，但“向下”对这两只蚂蚁而言毫无意义。

从本质来说，这诠释了引力时间膨胀的运作机制，安东尼看似停滞的现象类比于黑洞事件视界附近的时间膨胀效应。关键在于，我们感知的表象与现实的本质之间可能存在显著差异。

我们在思考相对论（无论是狭义相对论还是广义相对论）时，常常使用另一种“时空图”来建立对黑洞附近时空的直觉认知。这种图在时间维度外，将空间简化为单一维度，这将有助于我们思考时间维度与空间维度的相互作用。在此我将抛弃物理学的常规做法，自作主张地阐明几个有助于建立直觉认知的要点。[12]

你可能此前在别的地方听说过，光以光速传播（毕竟它名为“光”速）。同时，受质量束缚的物体只能以缓慢速度运动，无法达到光速。当我们的讨论仅限于空间中的光速时，上述说法确实成立。但当我们引入时空模型时，一个惊人的特征随之显现：你、光与火箭在时空中都可以以光速运动。[13] 在这一版本的时空图中，所有向量的长度完全相等。

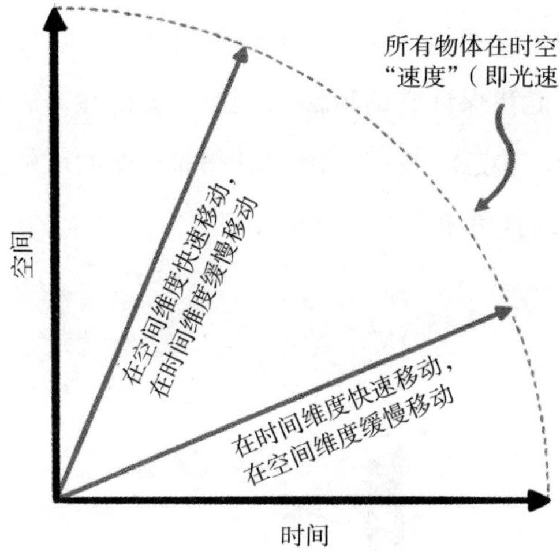

图 6–2

问题的症结在于：你在空间中运动得越快，在时间中就运动得越慢；反之亦然。这一概念是狭义相对论的核心。需要明确的是，若你在空间中静止，则意味着你正以光速穿越时间。反之，任何以光速在空间运动的物体（如光），其在时间维度都处于静止。换句话说，光不会“经历”时间（我承认，将光拟人化颇为荒谬，但就这样吧）。结果就是，此刻你正以光速运动，只是大部分运动都发生在时间维度。如果你不想长大、不想变老，这确实有些令人沮丧。

同理，我们也可以尝试运用广义相对论原理构建各类时空图。若能跟得上思路，此类比将揭示广义相对论的某些精妙特性。

让我们回到安东尼与安东内拉的例子。现在，它们居住在公寓楼中，安东内拉住顶层，安东尼住底层。下图坐标设置的关键在于：底部（更靠近地面）引力更强，因此安东尼深陷引力井，导致它在时间维度上运动得更缓慢。

然而，两只蚂蚁的感知未必等同于“现实”。若将其路径映射至时空图，可能呈现如下形态：安东内拉在时间维度的运动更快。但为确保向量在时空中的长度相等，我们需要拉伸时间轴，这样一来思想实验可能稍显费解，但我保证它值得深入推敲。关键在于，空间轴与时间轴必须保持正交。稍后，我们将探讨时空非正交的可能性。空间与时间的网格线始终以直角相交。

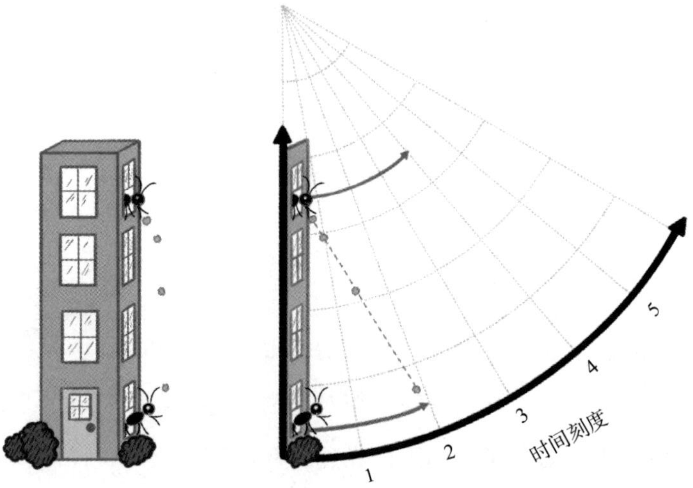

图 6–3

请注意，这两只可爱的蚂蚁都站在各自楼层的地面上，它们与地面保持恒定的距离，因此它们在时空图中的路径必须随空间网格线扭曲。既然安东内拉与安东尼的向量在此图中长度相等，你可以从底部的坐标轴读取它们各自经历的时间长度。安东内拉经历了 4 个时间刻度，而安东尼仅经历了 2 个时间刻度。

二者以相同速率在时空中运动，这意味着它们在此模型中的向量长度相等。由于安东尼在引力井中处于更深的位置，所以其时间维度被拉伸的幅度更大。

我想在此指出引力的一个绝妙之处。还记得牛顿第一定律吗？运动中的物体除非受到外力作用，否则会一直保持匀速直线运动。将该定律应用在蚂蚁身上，我们将发现极为有趣的现象。

安东内拉想与安东尼分享食物，但居于顶层的它不愿下楼。凭借高中物理知识，它知道引力是作用在面包屑上的“外力”，因此面包屑会下落。它将其抛出窗外，不出所料，面包屑果然向下坠落。将安东内拉的感知与拉伸后的时空结构对比，一个惊人的事实立马浮现。

在扭曲的时空中，剧本已然改写。在安东内拉的感知中，面包屑在时空中沿曲线加速运动，这是受外力（引力）作用的结果；但是在拉伸的时空结构中，面包屑实则在扭曲时空中沿直线运动。事实上，在扭曲的时空中，所有物体若无外力作用，都将沿着直线运动。相比之下，安东内拉自身反倒因受外力（地板支撑力）作用而在时空中沿曲线运动。最重要的是，引力不过是物体在扭曲的时空中沿直线运动的表象。我衷心希望，至少你能偶尔以上述方式看待引力。当然，如果这样的思考方式能再多一点儿，就更好了。

我不禁将这一类比再推进一步，或许对某些读者而言过于深入，但这实在很酷。我们可以在时空图中拉伸时间轴，以模拟引力导致的时间膨胀效应。显然，引力越强，时间轴的拉伸幅度就越大。当抵达黑洞事件视界时，这张图将如何演变？事实上，时间轴将一直延伸，直至原本规整的方形图转变成一个完整的圆盘。此时，时空图原本的顶部被压缩为一点，因此即便安东尼在时间维度仅移动短短一小截，安东内拉也将环绕此点，在无尽的轮回中见证宇宙从璀璨到寂灭的全部未来。这是另外一种想象黑洞事件视界处时间膨胀的方式。

但且慢，我还没说完！若进一步拉伸时间维度会怎样？在二维平面的类比中，时空图将进入既非空间亦非时间的第三维度，例如呈现为螺旋状。每当尝试制作馅饼皮（必须坦白，我实在不擅长此道）时，我总会联想到这一点：若在某处过度擀压面团，那么面皮就无法平铺在桌面上，而是会起皱或折叠。那么，时空跃入的第三个维度究竟是什么？这相当于黑洞事件视界之外的时间变成数学意义上的虚数，而虚数正交于普通时空中常见的“实数”。

讲解到此结束。你现在可以稍做休息，放下书去制作馅饼皮并填入美味的馅料。或许，你也可以在此过程中与亲友分享你对时空概念的全新认识。

下面，让我们回到黑洞的话题。

信息悖论

在探讨黑洞“里面”到底在搞什么名堂之前，我们必须先直面房间里的大象（至少直面物理课堂上的大象）。[①]或许你从未将“黑洞”与“信息”这两个概念联系到一起，但两者确实以某种方式纠缠在一起，进而产生了一个明显的悖论。简而言之，量子力学表明信息永远不会消失，但黑洞似乎会将信息完全吞噬，将其从宇宙中移除。要么是量子力学的基本原理存在错误（这将引发更严重的问题），要么就是黑洞自己在捣鬼（这显然也很令人震惊）。

---

① “房间里的大象”是一句英文谚语，其原意指某一事实就像小小的房间里挤进了一头大象那样显眼，但是人们却假装看不见，用于讽刺逃避问题的人。——译者注

与几乎所有悖论一样，信息悖论或许并非真正的悖论，但它确实揭示了黑洞的一个有趣的特征，不过我们需要对其分类讨论。该话题会将物理学中的多条线索编织成错综复杂的绳结，而解开绳结的过程将产生认识宇宙的全新方式。之所以要在深入事件视界彼端之前加入这部分内容，是因为关于视界后情形的若干解答正源自对这一困境的思考。这也是使史蒂芬·霍金声名鹊起的重要课题之一。

我将逐条梳理这个话题中交织着的众多物理概念。它们起初或许各执一端，但终将荟萃一堂。我建议你现在去喝杯咖啡。

以下的内容梗概[①]可以帮助你快速找准自己的定位（年轻的读者可将其视为“太长不看”版）：物体坠入黑洞的行为似乎违背了量子力学的信息守恒原理，而这将颠覆现代物理学的一大基石。我们可以假设信息仍然存在于黑洞内部，并未真正消失，但事实证明黑洞有可能会蒸发。若黑洞蒸发，进入其中的信息将何去何从？为了解决这一悖论，学界提出了若干极其怪诞的假说。

现在，我将详细阐述这个“悖论”。

第一步是介绍“熵”的概念。我将试图说服你，熵至关重要。事实上，熵与宇宙的关系密不可分，本书后续章节还会多次提及。为避免你在看到“熵”这样的字眼时尖叫着逃走（或是合上书），此刻需要稍加铺垫。你可以通过我给出的文字和图片理解，但我更建议你自备扑克牌边玩边看。

假设你我各持一副标准扑克牌，并且我们的牌序完全一致。如果我使用的是一副全新的牌，其排列应当如下：

---

① 直译为“克利夫笔记”，指的是美国著名的学习指南品牌，主要产品是关于经典戏剧和文学作品的分析手册，可以帮助学生快速掌握复杂文本的核心内容，类似于国内的某些教辅材料。——译者注

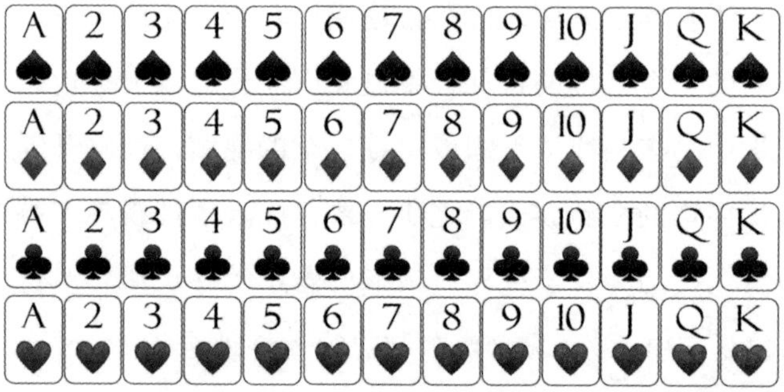

图 6–4

我能按顺序报出全部 52 张牌的花色与点数（包括每张牌的序号在内，约含 150 条信息），但其实无需如此烦琐，精确描述这副牌所需的信息量极少。只需说明以下两条顺序即可：第一，从 A 到 K；第二，黑桃→方片→梅花→红桃。

我确信通过上述简单说明，我们就可以得到完全相同的牌序（前提是我们对升序规则理解一致，不过倒也可以额外说明）。这样一板一眼的牌序略显乏味，让我来添把火——我洗了一次牌（请知悉，本人牌技一般）。为严谨起见，在写到这里的时候我特意取出一副扑克牌，并且按上述顺序排列以完成实验。如果你手头有牌，不妨也来试试。

洗牌之后，牌序如下：

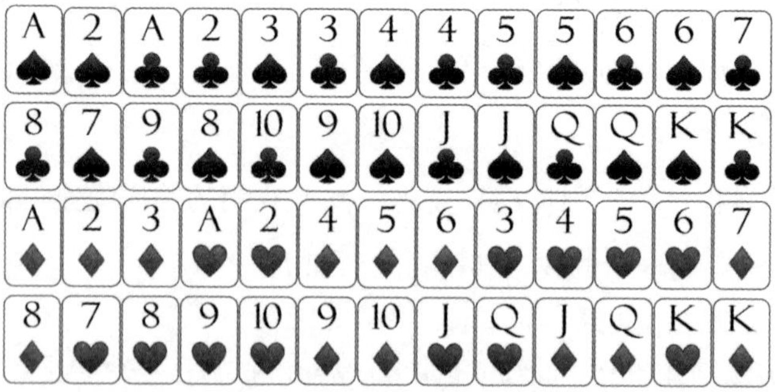

图 6–5

我可以像刚才的第一种做法一样，依次报出每张牌（共 52 条花色与点数描述），但或许也存在某些潜在规律能简化步骤，使你排列出同样的牌序。你可以试试看，用最简短的说明来精确复现这一牌序。但无论如何，你给出的描述必然多于 2 条，也远远少于逐张描述的 104 条。

为阐明观点（也因扑克牌相关的内容实在扣人心弦），我打算多洗几次牌。在第二次洗牌后，花色顺序开始混杂，但是单个花色内部仍能保持升序排列，整体上来说依然存在规律。精确描述这一牌序需更多条信息，但仍少于 104 条。

我可以一直这么洗牌，直到各位开始感到无聊并合上本书，不过请容许我再洗第三次牌。此番洗牌后，花色与点数的顺序彻底混杂，我们用于精确描述牌序的信息条目又增加了。

其实我们还可以继续洗牌，统计学指出，要得到真正随机无序的牌组需洗牌 7 次。[14] 赌场深谙此道，借此（想想看他们能做什么？）让你血本无归。

这与熵有何关联？上述所有内容实际上都与熵有关。

熵通常用于描述系统的无序程度。我家绝对是熵这一概念的研究范例，我常常在学生对熵表示难以理解的时候，开玩笑地说要组织他们去我家实地考察。我和我的丈夫都有全职工作，我们共同抚育了 3 个孩子，外加 4~6 只宠物，我总觉得好像有人把我们家的房子拿起来用力摇了摇（就像调酒师那样），然后再放回来。当我们谈论热力学第二定律（熵增）时，我在某种程度上认为孩童正是根源所在，否则牙刷怎会出现在鞋柜里？话虽如此，但“无序”一词未免有些负面色彩。那么，如何量化“无序程度”？

有一种在我看来颇为直观的思路：熵即精确描述某事物所需的最少信息量。以扑克牌为例，初始牌序熵值极低，仅需寥寥数语即可完整描述。随着洗牌的持续进行，所需的描述信息量递增，换言之，牌组的熵值在增加。

坦白地说，我在上学时很不喜欢热力学。我的同学们好像轻而易举就能直观理解那些概念、变量与图表，但我却始终找不到窍门。我总是混淆“熵”（entropy）与“焓”（enthalpy），各类带有压力和温度的相空间图在我眼中宛若无法参透的抽象艺术。正如前文所提到的，我之所以担心有人看到“熵”这样的术语便会尖叫逃离，正是因为我自己深有共鸣。如果一个人在初次接触熵这样的概念时，能建立起较为积极的认知，或许便不会像我一样产生抵触情绪。

在我第一次接触到熵之后的很多年里，每当听到这个词的时候，我的大脑便自动进入封闭状态，导致我对热力学一直不感兴趣。这种抵触在后来的某个学期达到顶峰，当时的热力学课程布置了一场需要在 48 个小时内完成的居家考试。我在收到消息的那一刻就立马动笔，因为我深知此次考试必将是拦在我面前的天堑。我始终自认是物理课上能力最差的学生（这一想法至今仍未改变），热力学领域尤甚。果不其然，这场考试仅有 5 道题，而我在遇到第一道题时就被难住了（这 5 道题居然给我们 48 个小时的时间来解答，其难度可见一斑）。当时的我心如死灰，身上残存的最后一丝勇气也消失殆尽。我耗费了整整 24 个小时与第一题鏖战，试图寻得遗漏之处。

结果，48 个小时的时限转眼已然过半，我不得不转向剩余的题目，而且我很清楚，在跳过第一题之后我已经损失了 20% 的分数。在接下来的 24 个小时里，我几乎没合过眼，全身心地扑在剩下的 4 道题上，我在此期间摄入的咖啡因足以把如今已到中年的我送进医院。经过此番竭尽全力的奋斗，我终于挺过来了，拼凑出一份勉强可以提交的答卷。

还剩 30 分钟就要走到物理楼的时候，我决定再看一眼第一题，试图挽回些许分数。天啊，我居然把题目看错了！我又仔细看了一遍，发现原先我试图解决的问题实际上无法解答，但是题目所要求解决的问题却简明易懂。但我已经没有时间了，一切都太晚了。事后看来，我在考前的预期竟然成为自证预言，这对我来说是一个教训。

我拖着沉重的脚步穿过校园，来到物理楼，将考卷投入信箱，祈求阅卷人能留点儿情面。我记得当时的我低头凝视着人行道上规整的混凝土方砖，许多砖面的裂缝如蛛网般朝各个方向蔓延。在睡眠严重不足的状态下，我开始产生白日的梦境（抑或是幻觉？）——混凝土方砖化作相空间图的坐标轴，裂缝的纹路则是热力学图表中参数的映射。直到今天，每当我看到人行道上一块块裂开的方砖时，仍不禁联想到热力学图示。

经过多年的学习，我才终于克服了学习热力学时内心的战斗–逃跑反应（通常是逃）。所幸，如今我已能够坦然面对熵这个概念，且深知其重要性。现在每当我洗牌时，竟然都会对熵产生（些许）温暖和愉悦的感觉。

下一步是将熵与黑洞配对，看看它们是否兼容（剧透：并不兼容）。对外部观察者而言，黑洞是高度有序的系统，仅用几个变量即可描述。遗憾的是，对于勇敢的宇航员或随机洗过的牌组而言，情况并非如此。如果他们或它们进入黑洞，相关信息将去往何处？

传统观点认为，任何黑洞都可以用 3 个参数描述：质量、电荷与角动量。正如已故物理学家约翰·阿奇博尔德·惠勒的名言：“黑洞没有毛发。”这就是著名的黑洞无毛定理。20 世纪的物理学家给新鲜事物命名时想必充满乐趣。依我之见，此情形下黑洞尚存“三根毛发”，但也必须承认，“三毛定理”远不如无毛定理那么有趣。那么，黑洞的“毛发”与熵有何关联？

假设你将彻底洗乱的牌组投入黑洞。尽管描述这副牌大约需要 150 比特的信息（每张牌的花色、点数及顺序），但吞噬它的黑洞仅需三个参数即可描述。这意味着黑洞之外整个宇宙的熵因牌组的献祭而降低。热力学第二定律举手示意：孤立系统（如宇宙？）的熵理应随时间递增。糟糕！

首个可能想到的解决方案是：我们虽无法观测黑洞内部的熵，但这不意味着其不存在，正如潜伏在我家各处的熵。这个观点相当合理，实际上这确实也是物理学家首先考虑的方案之一。看起来，我们可能会得到一个干净利落的解释，直到史蒂芬·霍金发现，可以通过黑洞蒸发来维系热力学第二定律。我明白，黑洞的设定本应是宇宙万物无法逃脱，如今却有人说它们会蒸发？但说实在的，难道你真的指望仅凭直觉就能理解黑洞吗？

黑洞蒸发的关键在于反物质。就像熵一样，反物质也将在本书多次登场，因此你可能需要储备若干背景知识。首先，反物质确实存在；其次，每种亚原子粒子都有对应的“反粒子”，二者性质完全相同且相反（请暂且接受这里的矛盾修辞）——粒子与反粒子质量相同，电荷相反（如电子与其反粒子，即正电子）；再次，某些粒子是其自身的反粒子，例如光子（电中性）即其自身的反粒子，这让我觉得它们具有深度精神分裂的倾向；最后（这是我最喜欢的部分），若粒子与反粒子相遇，它们将相互湮灭并转化为能量。

你可能已经注意到，普通粒子似乎在宇宙中占据绝对优势，而反粒子的数量则严重不足。这种诡异的对称性破缺将留待与时间本质相关的章节进行探讨。但你的存在正得益于物质与反物质的不对称性，若非这种极端失衡，物质与反物质早就相互湮灭殆尽了。

接下来要介绍的这个概念，如果没有实证研究（即科学方法）的支撑，将显得荒诞不经。毫无疑问，如果你对科学方法、同行评议以及如何解读来自不同团队的研究成果等不够熟悉，我完全可以理解你会觉得这个概念与“摩西分海”等神迹并无二致。顺带一提，后者同样尚未在实验室里得到复现。

事情是这样的：由于潜在的量子涨落，正反粒子对可从“虚无”中突然涌现。[15] 我承认，这听起来似乎违背了常识以及学生死记硬背的物理守恒定律。但是自然界确实存在漏洞，只要这些粒子对在量子时间尺度内湮灭（即迅速完成且未与任何其他事物发生相互作用），它们便能偿还向宇宙借取的能量，而守恒定律则对此“睁一只眼，闭一只眼”。

唯有当正反粒子对没有立即湮灭时，守恒定律才会陷入困境。此刻你或许疑惑，究竟是什么阻止了它们湮灭……要是本小节的标题能提供点儿线索就好了。

现在，我们已经具备讨论黑洞蒸发理论（至少理论物理学家对此深信不疑，尽管我们目前还没有实际观测到这一现象）的背景知识。让我们聚焦于黑洞附近涌现的正反粒子对。有时，这对粒子会双双坠入黑洞，对我们而言它们就此消失无踪。或许它们会碰撞并湮灭，或许不会，我们永远无从知晓。有时，这对粒子会在事件视界外湮灭，守恒定律仍然可以对此视而不见。但有时，其中一个粒子坠入黑洞，而另一个粒子则设法逃脱。对外部观察者而言，黑洞周边似乎在发射辐射（即“霍金辐射”）。确切地说，辐射并非来自黑洞内部，但其存在仍会对黑洞产生影响，因为守恒定律此时终于遇到麻烦了。

这对相互分离的粒子向宇宙借取了相当于两个粒子质能的能量，却未通过湮灭偿还。守恒定律无法再对这场粒子闹剧视若无睹。欠债还钱，因此赊欠的质能将从黑洞处扣除。虽然黑洞在这一过程中仅获得了一个粒子的质能，它却需要偿还两个粒子的质能，因此其失去了一个粒子的质能。瞧，这就是黑洞蒸发的机制。

图 6–6

正如我们所知，在黑洞附近，时空的几何结构发生扭曲。时空扭曲的程度越高，正反粒子对就越有可能分离。黑洞质量越小，事件视界附近的时空扭曲就越极端，因此正反粒子对分离得越频繁，蒸发进程就越快。举例而言，若能将银河系中心的超大质量黑洞隔离开来，阻止其继续吸收质量与能量，那么它大约 10^{100} 年才能蒸发殆尽；而对于质量仅 100 万千克（这个数字听起来很大，但是这个质量只相当于 100 万升水）的黑洞而言，它可能撑不过 1 分钟。

我们终于找到了挽救热力学第二定律的方法，相信这会让你如释重负。若黑洞能蒸发，就能将吞噬的熵尽数返还宇宙。然而，很遗憾地告诉你，解脱转瞬即逝，因为新问题悄然浮现：被黑洞吞噬的不仅是熵，还有信息。此时我们必须明确，该语境下的“信息”到底是什么，以及它为什么会引发新的问题。

通常，守恒定律（如质量守恒、能量守恒、角动量守恒等）会出现在中小学教育阶段的课程当中，且相对符合直觉。对大多数人而言，这些定律近乎“常识”，因为我们每天都在与这些守恒定律互动。此刻，我按捺不住想与你分享的冲动，每个“守恒”定律的背后都潜藏着宇宙中的某种对称性，而这一发现要归功于才华横溢的艾米·诺特，她于 1918 年发表了这项研究。但是为避免离题太远，我们还是先把有关对称性的深入讨论放一边。

量子力学中有一条守恒定律，你在学校可能未曾接触，那就是（量子力学）信息守恒。在量子力学中，我们用“波函数”来描述系统的状态，但只能以概率形式表述。就量子力学而言，我们在观测之前对某一系统的了解仅限于其概率分布。这尚可理解，但量子力学的诡异之处在于，不仅我们无法知晓系统的真实状态（这合乎逻辑），而且系统状态本身在未被观测前也不存在（即未与宏观世界发生相互作用）。[16] 当系统被观测时，描述它的波函数发生“坍缩”，从涵盖所有可能性坍缩为单一确定态。

下面我们还是借用类比来直观了解。假如你是一个量子系统，你的波函数可能给出不同位置的概率分布：例如，我们可以假设你有 50% 的概率在家，20% 的概率在车上，10% 的概率在咖啡馆，10% 的概率在小区里散步，5% 的概率在图书馆，以及 5% 的概率在朋友家。如果你是一个尚未被观测的量子系统，那么在你的波函数坍缩前，你既不身处其中的任何一个位置，也身处所有位置。这件事情听起来相当诡异，但本章并不专论量子力学，所以请暂且思考到这里。

关键在于，在上述类比中，各项概率的总和为 1。若概率之和不等于 1 意味着什么？唯一合理的解释是，我们误判了概率分布，需重新归一化使其总和复归为 1。但这不是我想说的重点，我想说的是，若概率之和确实不等于 1，即幺正性破缺无法通过归一化修正意味着什么呢？量子力学禁止概率之和不等于 1，这正是“幺正性原理”的核心，而信息守恒原理来源于此。一言以蔽之，所有可能量子态的概率总和必须为 1。如果我们失去了量子信息（比如将牌组投入黑洞），概率总和将不再为 1。

当我们考虑量子纠缠时，这种明显违背幺正性原理的现象将更为凸显。或许你未曾接触量子纠缠概念，这是 20 世纪物理学最诡异的发现之一。爱因斯坦非常讨厌这个概念，并且终其一生都在试图证明量子纠缠并不存在。

我认为，想要阐明量子纠缠原理，最简单的办法就是再想一个例子。想象一下实验室里那些疯狂的物理实验：房间中央摆放着布满旋钮与表盘的巨型金属装置，不时发出咔嗒声与嗡鸣声。这台机器的使命是生成粒子对并将其分别朝不同方向发射出去。

由于这台机器制造粒子的特殊方式，这对粒子处于纠缠态，即二者的性质相互关联。所谓的“特殊”方式，指的是在这台机器制造的粒子中，其中一个必为尖端朝上的三角形，而另一个必为尖端朝下的三角形。但在测量前，我们无从知晓各自的状态。这台奇妙的机器生成这对三角形粒子后，将二者分别发送至两台单独的机器上进行测量。

其中一个粒子比另一个稍早一些抵达测量装置，而我们观测到它是尖端朝下的三角形。我们甚至不用看另一台测量装置的结果（不过，我们随时可以验证）就能马上知道，另一个粒子必然是尖端朝上的三角形。这一切看起来完全正常，至少在我们的物理实验室中很“正常”。关键是，在我们观测第一个三角形粒子之前，其波函数尚未坍缩，它处于既是尖端朝上，又是尖端朝下的叠加态（同时也是既非尖端朝上，也非尖端朝下）。就在我们观测该粒子的一瞬间，其波函数迅速坍缩为其中一种状态。同一瞬间，与之纠缠的另一个粒子必然坍缩为相反的状态，而这种瞬时作用比光速还要快。现代物理学的一个前沿理论认为，纠缠粒子间的连接构成了时空的“编织结构”，即通过某种类似微型虫洞的连接，将纠缠粒子编织在一起。[17] 在很多个夜晚，我因反复思考这一概念及其含义而失眠，时空本身有可能是我们与宇宙万物相连接的表现。

爱因斯坦将纠缠粒子间的这种现象称为“鬼魅超距作用”，并与鲍里斯·波多尔斯基、纳森·罗森共同设计了与上述思想实验类似的实验，即爱因斯坦–波多尔斯基–罗森佯谬（EPR），试图证明量子力学的不确定性，进而主张存在能预先决定波函数坍缩态的“隐变量”。隐变量理论的核心是，存在某种未知参数（即“隐藏”的变量）指示粒子应当坍缩到哪个状态，这意味着波函数坍缩并非真正随机。然而，涉及局部隐变量的“贝尔定理”以精妙的数学推理否定了局域隐变量理论，后续实验验证更使其难以立足。证明贝尔定理现已成为物理学专业本科生的经典课题，但此处恕不赘述其逻辑推理与统计数据。如果你实在感兴趣的话，其实你随手就可以在网上找到关于贝尔定理的解释（或如我本科时期那样，查阅纸质书籍）。需注意的是，非局域隐变量理论尚未被证伪，我们将在第 7 章回到这一话题。

若将相互纠缠的三角形粒子之一送入黑洞而非实验室测量装置，情况又将如何？粒子生成时各自有 50% 概率呈现尖端朝上或尖端朝下态。当第一个粒子的波函数信息被移出宇宙后，我们如何确保概率总和复归为 1？我们违背了幺正性原理，而这正是“信息悖论”的根源。

正如熵的问题，我们最先想到的解决方案或许是信息仍然存在于事件视界后的黑洞内部，只是我们无法获取这些信息。毕竟物理定律并未规定人类必须获取所有信息。这套“隐藏在视界之后”的假说原本完全可行，直到史蒂芬·霍金指出黑洞会蒸发。一旦黑洞蒸发，信息将何去何从？

与诸多重大谜题一样，针对信息悖论存在若干不同方向的假说，其中既有相对主流的说法，也有奇幻的构想。在缺乏观测验证的现状下，我个人主张包容合理异见。深入考量各类猜想很有可能催生新的见解，即便其最终被证伪。我经常主动向学生提出的建议（或许会让他们的父母感到不悦）是：如果事事顺遂，那恐怕是因为他们还没有完全走出舒适区，不妨继续拓宽视野。我对实验也有同样的感觉：如果假说总能被证实，恐怕是因为我们还没有认真地考虑那些非同寻常的想法。

近年来，围绕解决信息“悖论”的研究层出不穷，这些研究往往专业性极强，推导过程极为复杂。许多物理学家似乎都确信自己已经找到了解决方案（且他们各自都有不同的方案），但我觉得事情没有这么简单，主要基于以下三大原因：第一，现有方案皆依赖（必要的）近似计算，因为数学工具尚不完备；第二，理论物理学家还在不断提出新的假说，这表明探索还在继续；第三，目前这些假说都还没有经过实验验证，仅凭与既有物理理论相契合而勉强支撑。我很敬重理论物理学家，但有时他们需要通过观测来巩固自己的信心。另外，我还有第四个算是题外话的考量：自以为全然通晓，到头来发现竹篮打水一场空，这种事情在人类历史上已经发生过无数次了。这本身倒不是一件坏事，因为这正是科学发现随着新信息的积累应有的运作方式。但令我感到烦恼的是有些傲慢的人在任何时候都固执地认为自己是绝对正确的，这种态度扼杀了进一步探索的可能。在我看来，这就像是一个拙劣的园艺师，把那些原本可以开花结果的枝条或是有助于植物茁壮成长的枝条剪掉了一样（我可没有在谈论我的个人经历）。

在此前提下，当前有可能解决信息“悖论”的方案大致分为三类：第一，信息确实已经丢失，并且物理定律允许其背后的机制运行，如果信息丢失并不违背物理学理论，那么所谓“悖论”自然就无从谈起（这一选项通常会被直接否定，因为它需要彻底颠覆现有的物理学体系）；第二，信息并没有丢失，只是存储在黑洞表面等（理论上）可以被外界获取或是被编码于辐射中的地方；第三，黑洞内部的某种过程会在黑洞蒸发之后遗留残迹或印记。

下面列举若干已提出的潜在解决方案，其中涵盖主流与异端。但我认为，既然目前答案尚不明朗，我们就理应为所有可能性保留讨论的空间。

第一种方案被称为“黑洞互补性”。[18] 其核心观点是：外部观察者永远不会真正目睹信息与另一个倒霉的观察者共同坠入黑洞。诚然，与信息共同坠入黑洞的观察者会辩称信息确实是和他们一起掉进去的，但鉴于他与外部观察者永远无法交流，所以就不存在矛盾（反正这套理论是这么说的）。该方案还指出黑洞外侧存在延伸视界，这将导致任何落入其中的物质都会被加热，并以霍金辐射的形式发射出去，这与前文提及的火墙假说一脉相承。

如果量子力学能扭转乾坤呢？黑洞可能既存在又不存在。史蒂芬·霍金在 2004 年的一场著名演讲中改变了他对于信息悖论的立场，并公开承认自己输掉赌约，他赠送了对方一本“可轻松从中检索信息的棒球百科全书”。[19] 他认为量子不确定性使（距离黑洞无限远的）外部观察者无法确认黑洞是否真实存在：

> 信息在拓扑非平庸的度量（如永恒黑洞）中丢失，但在拓扑平庸的度量中得以保存。因为人们总以经典思维看待时空，认为其只有一种拓扑结构：要么是R4①，要么存在黑洞，这就带来了困惑与悖论。而费曼的路径积分方法允许二者并存。正如我们在双缝实验中无法分辨电子究竟穿过了哪一个狭缝，我们也无法判定何种拓扑结构主导着观测结果。[20]

如果黑洞既存在又不存在，那么信息就又有漏洞可以钻了。我深知霍金的权威性会促使很多人倾向于采信这一说法，但必须注意的是，即便是像霍金这样的天才，在相关计算中仍需做出近似处理。

第三种方案是“全息原理”，也就是此前提过的反德西特空间/共形场论对偶。很抱歉，我突然说了一串咒语般的专业术语，但如果你想混入一场物理学家的聚会，那么在门口提及“AdS/CFT”即可获准入

---

① R4 指四维欧几里得空间，即平直四维时空的拓扑结构。——译者注

场。该原理基于弦理论（我们将在其他与维度相关章节详细讨论弦理论），不过学界目前对该理论褒贬不一。本人倾向于接受弦理论，但仍持保留态度，因为理论物理学家脱离观测的约束实在有些令人不安。

早在2004年霍金演讲前，AdS/CFT就已经成为解决信息悖论的热门候选。其内涵过于丰富，所以此处仅进行简要介绍，更多内容可参考网络资源。简而言之，AdS/CFT是由弦理论衍生的量子场论与广义相对论之间的对偶关系，并且可以进一步推导出全息原理——黑洞表面可以编码信息。

全息原理的核心思想是，物体的完整三维信息可存储于二维表面（即全息图），这看似不可思议，但你很可能此刻就握有证明这一概念的证据：信用卡多采用全息图防伪，100元面额的美元上也同样绘有全息图。

支持全息原理的间接证据是，从理论上讲，黑洞的熵随半径平方的增加而增加。乍看之下或许并不奇怪，但是一般来说，人们会认为物体越大，熵越高。换句话说，熵似乎应当随体积的增加而增加，而体积又随半径立方的增加而增加；然而，熵的理论表现并非如此，而是像物体的表面积一样，随半径平方的增加而增加。这个违反直觉的小细节表明，黑洞表面在熵的问题上具有某种特殊性，而这种对应关系暗示着某种全息原理可能在发挥作用。

若信息被存储在这样的全息图上，那么它就不会从宇宙中消失，幺正性原理得以保全。我总算松了口气。

第四种方案是“绒毛球假说”（友情提示：这确实是它们的正式名称，[21] 这样的专业术语对新手而言相当友好）。所谓的绒毛球，实际上是一种比中子星还要极端的物质新形态。这一推测依托于AdS/CFT（进而依托于弦理论，也不知是好事还是坏事）。绒毛球假说的基本观点是，在密度超越中子星的环境下，构成中子星的物质将“融化”为组成夸克的弦。随后，这些新鲜出炉的弦结合形成更长的结构，其张力降低并得以延展。在设想这些弦在绒毛球内部膨胀的时候，我忍不住想将其拟人化，仿佛它们逃离了黑洞之外由基本粒子严加看守的牢笼，如今重见天日，万类霜天竞自由。

绒毛球假说的显著特点之一在于，其预测的黑洞尺寸与经典理论的计算结果（即史瓦西半径）完全一致。这种非凡的巧合不容忽视，为该假说增添了不少可信度。在缺乏观测验证的情况下，我们评估某个理论是否可信的最佳方式往往就是检验它与其他成熟理论是否契合，因此绒毛球假说对于黑洞尺寸的预测至关重要。

根据该假说，所有坠入的信息都被编码到弦上，而这些弦又被编码在绒毛表面，继而可以编码在霍金辐射中。如此一来，我们便解决了这个悖论。

解决悖论的下一个方案是，黑洞实际上拥有毛发，只是毛发极其柔软。在霍金生前撰写的最后一篇论文（这也是他的遗作）中，他和同事马尔科姆·佩里、安德鲁·施特罗明格讨论了一组存在于渐近平时空（即远离黑洞等引力源的时空）中的"BMS 对称性"（以物理学家邦迪、梅茨纳、萨克斯的名字命名）。[22] 这种特殊的对称性又称"超平移"对称性，可以在黑洞视界周围产生一圈低能量子激发光环，霍金称之为"软毛"，而这些软毛可以编码坠入物质的信息。当然，霍金自己也承认，这一猜想尚未解决信息悖论，但它确实为目前的模型提供了有趣的新工具。

用于解决信息悖论的猜想越来越精彩，接下来要出场的是虫洞。该领域的两位巨擘胡安·马尔达西纳与伦纳德·萨斯坎德提出，可以利用量子尺度的虫洞（正式名称为爱因斯坦–罗森桥，ER）使纠缠粒子能够跨越黑洞视界交换信息，他们称之为 ER=EPR 猜想（明确将爱因斯坦–罗森桥与爱因斯坦–波多尔斯基–罗森佯谬联系起来）。[23] 这一方案不仅让信息得以守恒，而且还附赠美妙的副产品，帮助我们规避黑洞周围那些烦人的火墙。

或者也可以这么想，黑洞蒸发后会不会留下某种可以编码信息的残骸呢？例如，蒸发后的最终量子态可能是某种独特的真空态。[24]但在某种程度上，我们也需要考虑，如果量子力学和弦理论都无法拯救局面，该怎么办？

在这种情况下，我们需要针对时空本身的特性展开研究。如果对引力放任自流，那么事件视界深处的时空扭曲将会非常极端（此处的“极端”可以理解为“无限”）。问题是，这种极端的扭曲是否会在时空结构中留下印记。于是，我们有了这样一个假说：当黑洞蒸发至量子尺度（即普朗克长度），就会在时空中留下一个量子尺度的拓扑缠结。[25]甚至有人指出，这类残骸也有可能是暗物质的候选者（这将是后续探讨的另一谜题）。[26]

我特意将趣味性最强（或许争议性也最大）的方案留到最后：如果信息去了其他地方怎么办？这里的“其他地方”意指另一个宇宙。当时空结构在中心奇点附近被拉伸至极限，极有可能触发某种形式的暴胀[27]，使黑洞的“内部”区域膨胀开来，甚至可能演变成全新的宇宙。其核心观点是，黑洞“内部”实际上可以大于外部视界；若要绘

图 6–7

制包容图，其形态或许会是这样：

约翰·惠勒将此方案称为“黄金袋”，认为其中可以容纳海量信息。李·斯莫林还提出假设，认为婴儿宇宙可以通过这一机制诞生，这又引发了新一轮精彩的论战。[28] 其中一个争议的焦点在于，上述解决信息悖论的机制是否成立。若没有信息在黑洞里“丢失”，则难以想象如何孕育出新宇宙。这也让我们不得不回到大爆炸理论，思考我们这个宇宙中的信息源自何处。婴儿宇宙理论还迫使我们思考，黑洞中心是否存在奇点。

“奇点”及视界彼端

在黑洞事件视界之内，我们对物理学的理解进入一种混合状态：我们相信可以通过已知理论向外推导，得到一些理解和认知；但我们也清楚，即便是最坚实的理论，在接近奇点时也极有可能失效。在事件视界内，我们没有理由认为目前所掌握的物理学理论会失效，至少在深入黑洞核心区域前不会失效。诚然，我们将遭遇诸多极端现象，如时间的虚化、空间本身以超光速流向奇点等，但事件视界本身并无特殊之处，它不会扰乱已被充分理解的数学与物理定律。

当然，我们无法通过真实黑洞来验证我们的推论，这使得视界内的一切研究完全处于科学的边缘地带。尽管缺乏实证探究的机会，但这无法阻止无畏的物理学家提出各种假说，其中一些假说的某些方面甚至可以在黑洞之外获得部分验证。令人恼火的是，由于有关黑洞内部的假说缺乏观测结果的约束，我们对其有效性的唯一评判标准是其与现有物理体系是否契合。但鉴于我们深知自己（目前）对奇点附近的物理定律理解不足，很难说这些假说会不会与未来可能出现的新物理定律之间水火不容。

在上文中我们讨论了信息悖论的各种解决方案，这些方案为事件视界内可能发生的情况描绘出截然不同的图景，甚至中心奇点是否存在犹未可知。剔除奇点的解决方案相当诱人，因为奇点在数学与哲学层面都令人十分不安，毕竟它们尖锐又突兀。

若黑洞中心确实存在奇点，那么它们可以说是宇宙中最为极端的物理状态。我认识的大多数自重自爱的物理学家对此都缄口不言，他们的理由也很充分，他们认为自己不知道会发生什么。承认愚蠢与勇敢可能看上去很相似，不过我将继续探讨，一部分原因在于，最有趣的东西往往潜藏在无知之中。要是每次触及认知边界就停笔，本书书名恐怕应该改为《宇宙中可实证检验之事》。此外，我还要重申亚瑟·C. 克拉克的第二定律："想要探索可能性的边界，必须敢于涉足不可能的领域。"

鉴于奇点附近的极端条件，若干有趣的可能性应运而生。或许量子力学的强势介入迫使引力退让，从而完全规避了奇点的形成。[29] 其运作机制仅凭直觉即可预见：当黑洞内的物质被压缩至量子尺度，不确定性原理可能会使时空奇点无法存在，无论是在空间上还是在时间上。量子力学中存在成对的关联变量，例如位置与动量、时间与能量。对其中一个变量的认知越精确，则另一个变量的不确定性就越高。这对我们的日常宏观世界不会造成什么影响，这也使得这种现象（以及量子力学中的诸多现象）显得违背直觉。结果就是，若试图在奇点精确测定这些变量的值，可能最终会导致产生一团纠缠不清的混沌。你完全可以将这种状态视为人类经验未曾触及的全新物质形态。

连接时空中其他区域的虫洞（更准确地说是爱因斯坦–罗森桥）也有可能存在。虽然我们尚未建立可验证的量子引力理论，且认知可能随未来的科学进展而发生改变，但就目前的情况来看，虫洞是广义相对论所允许的解。这并非断言虫洞存在，但确实意味着我们无法否定其存在。至于虫洞是否可用于时空穿梭（并合理地作为科幻情节设定）

则另当别论。从表面上看，引力理论暗示虫洞极不稳定，因此极易坍缩，这就引出了一个问题：如果被困在虫洞的坍缩中会怎么样？我敢肯定，那绝对不会是什么好事。然而，现在也有一些假说可以赋予虫洞稳定性，其中包括负压的概念，这也是暗能量相关章节的重点内容。

如果你想要通过一个可穿梭的虫洞抵达别处，那就需要存在与黑洞相连的白洞。你可以将白洞视为黑洞的对立面，光和物质不会坠入白洞（更准确地说是“不能”坠入白洞），而是只能被白洞喷射而出。关于白洞有一个非常明显的问题，那就是我们从未观测到白洞。但有科学家提出，我们观测到的某些伽马射线暴有可能来自白洞。还有一种引人注目的可能性是，大爆炸本身就是白洞事件，由此可引出下一个假说。

也有可能是一个全新的宇宙被创造出来，这也并非无稽之谈。事实上，我们的宇宙或许正是创生于这一机制。简言之，一旦时空在黑洞深处被拉伸至极限，负压（作用类似于负质量）就会占据主导。时空将急剧暴胀，一个全新的婴儿宇宙就此诞生。这个过程与大爆炸理论所描述的非常相似，而最终得出的结论很可能是，我们栖身于母宇宙的某个黑洞的内部。物理学家李·斯莫林进一步提出“宇宙自然选择”假说，即一个宇宙越是具备制造黑洞的天资，其孕育的婴儿宇宙就越有生命力。若子宇宙能部分继承母宇宙物理性质的“基因”，则它们同样有更大的可能继续繁衍，最终形成枝繁叶茂的宇宙家族。这一话题与本书的其他章节紧密相连（这种事情一再发生，相信你也已经习惯了），包括大爆炸、宇宙法则的来源、宇宙是否受到微调等。

最后，我们不知道那些自己不知道的东西，也许黑洞内部发生的事情与我们所想的完全不是一回事。考虑到这完全超出了实证研究的范畴，若我们自认为已经穷尽所有可能性，恐怕说不过去。毕竟宇宙尚存诸多未解之谜，包括时空在黑洞中心附近的特性，以及时间的本质。

小　结

面对大爆炸与黑洞这两大课题，我们不得不承认时间是时空结构中不可分割的组成部分。大爆炸迫使我们质疑时间本身是否有开端（以及终点），并且还要在传统的时间概念失效的情况下努力解决因果律的失调。黑洞则将时间的可塑性推向焦点，时间会被拉伸、减缓，甚至还会虚化。

时间的本质直指无穷倒退的核心，关乎人类对宇宙根基的思考方式。我们在前面几章的探索揭示出了隐藏在我们眼前的时间之谜：时间是个奇异的结合体，我们对它熟悉到已经习以为常，却也陌生到一旦深究其本质，便顿感匪夷所思。

既然时间的本质已渗透到本书的各个角落，并试图引起我们的注意，我决定专门用一章讨论时间。接下来，我们将彻底抛开那些坚实的实证基础，彻底踏入未知的领域。

第 7 章

时间的本质是什么?

请容我占用你片刻时间：花一两分钟思考一下，你会如何定义时间。

时间是一个难以捉摸的概念。我们终其一生都在跟时间打交道，许多物理定律都是根据时间来定义的，但我们并不真正理解它究竟是什么。我认为，时间可能是我们接触最多却了解最少的概念。人们很容易将时间视为理所当然的背景元素，在浑然不觉中度过一生。

讨论时间有个避不开的困难：我们被困在时间的洪流中，甚至找不到通用的词语来谈论时间之外的时间。例如，若用河流比喻时间，像“流量”和“流速”这样的词语本应该是成立的，我们可以将河流之外的河岸作为参照物；但是如果我们想讨论时间的流速是否可能改变的话，这个速率是相对于什么而言呢？时间的“河岸”是什么？显然，像“每小时的时间流逝速率”这样的表述是行不通的。由于我们深陷于时间之中，就像水中的鱼（我听说有点儿类似，但这毕竟不是鱼亲口所述），我们甚至难以正确感知时间的本质。这又是一个无论是生物学层面还是语言学层面的进化，都未曾帮助我们去思考或言说的概念。

如许多可能永远无法回答的难题一样，关于时间本质的讨论已经持续了数千年。在很长时间里，争论焦点一直在于时间究竟是纯粹关系性的（即时间仅作为相对于事件发生的抽象概念存在），还是其存在具有绝对性（即时间本身独立存在，与是否发生事件无关）。

某些杰出思想家表达了他们的观点，以下列出了分属不同阵营的经典论述：

“时间是衡量变化的尺度。”——亚里士多德

“绝对的、真实的、数学的时间，就其自身及其本质而言，是均匀流逝的，与任何外界事物无关，也可称为延续。”——牛顿

“无论万物运行还是静止，无论我们清醒还是沉睡，时间都以恒定的节奏流淌。”——巴罗

“我认为空间是并存的秩序，正如时间是接续的秩序。”——莱布尼茨

“时间和空间的概念是这样的：如果把宇宙中的所有东西全都拿走，那剩下的就是时间和空间。”——爱因斯坦

既然人类历史上的这些思想巨匠都莫衷一是，那么我们凭什么认为自己能破解这个谜题？最起码，我们站在巨人的肩膀上，时间这一概念过去完全属于哲学范畴，而现代物理学重构了讨论框架，并提出新的见解。

时间究竟是什么？为何时间（看似）具有方向性？它是否确实在流动（如果确实在流动，又是相对于什么流动）？时间流速由什么决定？时间是否具有形状？时间会有起点或终点吗？我们尚未找到答案，但现代物理学已经提供了若干线索。

相对论提供的线索

时间的概念曾一度安稳地栖居在哲学领域，直到狭义相对论登堂入室，不久它的孪生兄弟“广义相对论”也紧随其后。这对相对论兄

弟虽彻底颠覆了物理学体系，其理论基础却建立在异常朴素简单的公理之上：物理定律在任何地方都相同，加速度与引力不可区分，光速在任意位置或状态下都保持不变。

我记得在上小学的时候，我曾为此与朋友大吵一架，那位朋友骄傲地告诉我，当以恒定速度运动时，你无法判断自己是否在运动。我完全不相信也不接受。我们在开车的时候能感觉到自己在移动！没错儿，你的确能感知运动状态，但究竟是你在移动，还是外部世界在移动？如果你的车停在一辆遮挡了你全部视野的大型车辆旁边，此时它突然启动并向前开动，你或许会感受到自己正在后退的错乱感。这就是日常生活中的相对论效应。当然，当我们考虑更极端的情况时，相对论效应会变得越发离奇。

因为在我们日常生活的正常条件下，相对论对时间的影响超出了人类的感知范围（对此我们或许应该感到庆幸），时间的这种可塑性极易被忽视，也极难凭直觉理解。但相对论对时间的影响已经在地面、飞机和太空中反复被验证。

我的孩子们从小成长在由两个科学家组成的家庭中（这也常常令他们感到无奈），他们已学会在紧要关头搬出相对论作为免责条款。在某个混乱的早晨，我需要先把猫送去宠物诊所，之后送孩子们上学。结果，我刚要从宠物诊所的停车位倒车，一辆卡车就径直撞了上来——这辆巨型卡车在我们到达前就停驻在此。卡车毫发无损，但我的车就没那么幸运了。可爱的孩子们毫不犹豫地指出：根据相对论，静止的是我们，移动的是卡车，因此事故责任并不在我。不知道会不会真的有人尝试在法庭上使用这样的论点为自己辩护。

狭义相对论和广义相对论对时间的本质提出了一些颠覆日常认知的基本观点，而这或许能为“时间究竟是绝对性的还是关系性的”这个由来已久的争论画上句号。相对论表明，时间无疑是独立存在的，它与空间共同编织出宇宙的基础结构。不过，考虑到时间的关系定位，时间绝不是普遍的，时空结构中的每个位置体验时间的方式都不一样，这实在令人难以置信。

我们只需回想黑洞那一章的内容，就能理解时间在要什么把戏。在广义相对论中，时间的“流速”完全取决于物体所受引力的强度。更确切地说，即使是你脚部的细胞，其衰老的速率也比头部的细胞更快（当然，二者的差距极小，几乎无法测量；另外，如果你习惯于倒立行走，那么二者的大小关系自然要对调）。若你经常搭乘飞机（这是目前普通人能接触到的最快的交通工具），狭义相对论表明你经历的时间将（难以察觉地）少于在地面使用较慢交通工具的人。有时我会突然意识到，其实我和我的丈夫处于不同的时间维度中，这多少让我有些心烦意乱，因为这意味着我们其中一方必然多经历或少经历了些许时光。顺带一提，你接触过的每个人都与你存在这种差异。

我想将前文述及的某个细节置于放大镜下仔细观察一下。这一表面看似平凡的现象却道出了更深层次的真相：物体会坠入引力井。这好像也没什么大不了的，对吧？我的孩子们故意把餐椅上的食物往地上扔时就验证过此规律；我的猫作为一只普通的猫科动物，似乎无时无刻不在找机会把各类杂物从高处推落。单纯指出“物体会下落”似乎毫无新意，关键在于将其与物体所经历的时间速率建立联系。换言之，若无外力作用，物体总会朝向时间“最慢”的区域运动。在我看来，这似乎揭示了宇宙与时间的本质：物体处于其最低能量状态时经历的（相对）时间最少。

相对论中另一个使人不解的要点是：不存在普遍的“现在”。诚然，在我们狭小的现实认知中，“现在”似乎确实存在，但如果我们能感知或测量到极其微小的时间增量，就会发现事实并非如此。你的“现在”与我的“现在”并不相同（哪怕我们并肩坐在一起）。我常用葡萄干面包来类比：面包代表时空，你可以从不同的角度切开面包（面包的切面有两个空间维度，而面包的长度方向则是时间维度）。对于特定的观察者来说，每个切片都代表了二维空间中所有位置的“现在”。你的“现在”与我的“现在”的角度略有不同。换句话说，代表我的“现在”的切片中的某一粒葡萄干可能存在于你的“未来”，而代表了我的“过去”的切片中的某一粒葡萄干可能存在于你的“现在”。

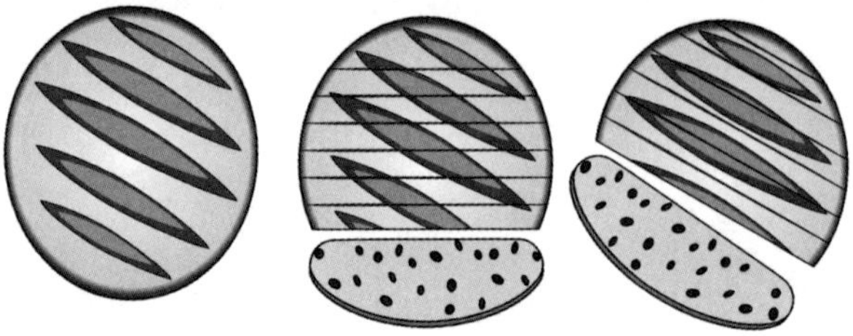

图 7–1

我们可以从相对论中推导出以下关键结论：我们实际上可以合理推断，过去“仍然”存在，以及未来“已然”存在。希望你和我一样，会为这一结论感到极度震撼。沿着这个思路继续深入，我们可以通过葡萄干面包模型探讨时间的三种可能性：

第一，仅存在一个切片，即“现在主义”。“现在”存在且唯有“现在”存在。相对论否定了这种可能，因为无法确定哪个角度的时间切片才配享有“真实”的特权。

第二，面包随着未来的逐渐到来而一片一片地生成。换句话说，在某种意义上，过去可视为仍然存在，而未来尚不存在。但是该选项同样面临上述切片角度优先权的困境，因此相对论表明这种可能也不成立。

第三，整个面包都存在。相对论对此并不反对，但是我们又会遇到新的问题：如果整个面包都存在，为何我们仅能感知到我们所感知的这一特定切片？这对自由意志而言，意味着什么？

量子力学提供的线索

作为现代物理学的另一大支柱，量子力学对时间的本质也有独到见解。但首先，我们需要通过几个关键的概念快速了解一下量子力学的基本原理。就像所有与量子力学有关的事物一样，这些概念或许听起来不合常理，但你必须接受“常识”与“现实”亦敌亦友的关系。

量子世界的第一个核心概念是不确定性的本质。这种量子力学特有的不确定性与日常生活中的不确定性截然不同。例如，你打算举办一场派对，这时有 15 人表示他们会参加。但是作为一名经验丰富的主办方，你很清楚可能有几位宾客会临时携带同伴出席，同时也会有宾客因生病或临时有事而缺席。因此，你预计实际出席人数约为 15 ± 2 人，并做好相应的准备。

但是，量子力学中的不确定性并非如此。在量子力学中，不确定性并非源于认知局限，而是因为根本不存在一个确定的答案。你无法精确预知到底有多少人会出席派对，与完全不知道会有多少人出席派对（除非有人观测到派对上的具体人数）之间存在本质区别。更关键的是，所有可能出席的人同时存在，但是直到你的派对开始，才会最终确定出席人数，这使得派对的筹备工作变得异常棘手。

对量子不确定性的理解与时间本质密不可分：量子力学指出，对于某一事件[1]发生的时间，其精度存在根本性限制；低于这一限制时，时间不再具有离散的数值，仅能作为模糊的概念而存在。这个时间的最小颗粒（在该尺度下，时间不再以我们熟悉的方式存在）被称为普朗克时间，即 5.39×10^{-44} 秒（通常可以四舍五入记为 10^{-43} 秒，因为在此量级上，精度差异对我们理解其微小程度已经没有任何影响）。由于常规的时间概念在小于普朗克时间的尺度下没有意义，因此这一尺度可能是时间的基本单元。换言之，量子力学暗示时间或许并非连续存在，而是以“时间子”的模糊片段形式存在。你可以将其想象为时间的原子。

若时间并非连续，而是由离散单元构成，那么我们能否察觉？答案是，不能。人类的感知能力被限制在每秒100帧以内（即所谓的“闪烁率”），而且帧率低于24的视频则会让人感觉到卡顿，这种闪烁率本质上受限于我们的生理机制。当然，我们的生理机制确实有其局限性。相较而言，如今地球上最精确的时钟可测量出约 10^{-18} 秒的时间间隔。如果时间的量子确实与普朗克时间相近，那么我们仍需再向下深挖20多个数量级才能触及该尺度。

量子力学的第二个要素是，事物的特征需要由“波函数”描述，我们通常会用希腊字母 Ψ 表示。“波函数”这个术语略显怪异，那么为何我们要用波来描述粒子、原子、猫等事物呢？这是个好问题。因为事实证明，一切事物本质上都是波，即便我们感知不到这一点。这本书读到这里，希望你已逐渐适应“人类的感知并非黄金标准”的观念。一切事物（在量子层面上）都是由波来描述的，这还远远没有结束。实际上，这些波只是编码了不同特征的概率分布，而非实际的具体特征。事物的实际特征在未被观测（即未与宏观宇宙发生相互作用）时处于未定状态，只有当观测发生时，波函数才会坍缩为单个离散特征。这种现象的成因与机制仍是现代物理学中重大的谜题之一。

我在这里暂停一下，为你指出薛定谔方程（量子力学的核心方程，支配着波函数的行为）的有趣之处：

$$i\hbar \frac{d}{dt}|\psi(t)\rangle = \hat{H}\,|\,\psi(t)\rangle$$

在外行人眼里，这个方程充满杀伤力。但我想聚焦于开头的字母i。这个i表明方程涉及虚数。根据本人的经验（并得到我的孩子与学生们的验证），数学课本通常会将虚数轻描淡写地描述为“负数的平方根”。我们可以这样理解虚数：虚数与实数在复数平面上正交（实数构成x轴，虚数构成y轴）。

若虚数（或复数）只是一个深奥而有趣的数学技巧也无妨，但事实是，虚数与许多最基本的物理概念交织在一起。在此我不得不提及在物理学中无处不在的欧拉方程：

$$e^{i\pi} + 1 = 0$$

如果说数学能引发某种灵性体验，欧拉方程当数首选。这一方程不仅包含i，更以极其简洁的方式将宇宙中最基本的常数融于一体，且没有任何冗余数值和组分。如果必须要在身上文一个方程，我一定会选它。在目睹这个方程并领悟其真谛之后，我们能迅速感受到其背后必定另有玄机。

当我第一次接触到虚数概念的时候，我感觉它们非常有趣（难道你不觉得吗？），但我没能从我的老师那里感受到它们的“现实”性。对负数开平方根即可得到虚数，故事至此终结。直到后来，我成为一名物理学家，才逐渐了解到虚数似乎在各种方程中频繁现身。多数情况下，我们将虚数视为辅助数学描述的有用工具，却很少停下来思考其必要性。如今我已步入中年，不再有所顾忌，我逐渐开始认为虚数就像是一种信号，这个概念徘徊在我们对现实的传统看法之外，我们应当对其保持关注。因此，波函数行为与虚数相关联的事实，恰如其分地彰显了量子力学的诡异特性。下面，让我们回到薛定谔方程与量子力学的话题。

鉴于事物的未来状态在波函数坍缩前尚未确定，我们自然会联想到波函数坍缩可能与时间有关。例如，我们可以设想，波函数每坍缩一次，时间就向前迈进一步，而未来正是通过一次又一次波函数的坍缩构建而成。但波函数坍缩具有（或至少表现为）随机性，这对现实本质具有深远影响，具体情况取决于对其内在机制的诠释。

关于波函数坍缩的诠释有很多种，其中每一种都能以不同的方式改变我们对现实的看法。这些诠释的主要分歧在于，波函数坍缩究竟是具有确定性（相对于随机性），还是需要量子非定域性（即量子关联能够以超光速影响事件）。对这些诠释逐一详解将会让人感到枯燥乏味（至少对我来说是这样，我想对你来说也是一样的），所以我仅选取其中几个当前热议的观点。

或许，哥本哈根诠释是最容易理解的：当波函数坍缩时，会随机选择成为现实的特征。如果你能接受自然本质的非决定性，这似乎合情合理，不过我并不喜欢没有明确原因发生的事。除了我的个人感受（这确实也不算是判断现实的有效标准）之外，此诠释与"葡萄干面包已存在"的观点似乎存在冲突。但我们已经知道量子力学与相对论本就不合拍，有这样的矛盾也不足为奇。

相较之下，多世界诠释认为波函数坍缩并非随机。相反，所有可能的波函数坍缩都会发生，而每一种结果都会衍生出新的宇宙分支。在这种诠释中，宇宙将有无数个，其中所有可能发生的事件（无论好坏）皆已发生。这一诠释同样会引起不满，其主要问题在于，我们最终会面对数量极多（甚至可能是无限）的宇宙分支。既然如此，那为何我们的意识仅驻留于当前这一分支？每当我在森林中徒步旅行至岔路口时，我常常会想到多世界诠释，并且对自己的选择是否会催生新宇宙分支感到好奇。每当你挑选袜子的时候，不妨也思考一下这个问题。

交易诠释通过引入"逆因果关系"巧妙地化解了上述困惑，即未来会影响过去。在此诠释下，波函数坍缩并非随机，而是取决于来自未来的信息在时间上的逆向传播。由于我们无法感知这些信息，所以结果看起来是随机的。此诠释还意味着宇宙在原则上完全可逆，不存在杂乱的随机性。甚至还有额外奖励：宇宙不会产生“你做出了荒谬的决定”这种令人厌恶的分支。代价则是自由意志的可能性荡然无存。

最后，我想提一下导波理论，我认为它没有引起足够的重视。该诠释由路易·德布罗意于 20 世纪 20 年代提出，此后沉寂了数十年，直到戴维·玻姆在 20 世纪 50 年代又重新提及。在这个版本的量子力学中，粒子的特征实际上是存在的（无论其是否得到观测），但每个粒子都伴有决定其行为的导波。你可能会由此联想到被贝尔定理排除的隐变量，那么导波理论如何规避此类问题？关键在于，该理论的隐变量具有非定域性：导波遍布整个空间，并且影响纠缠粒子的瞬时（即超光速）行为。可以肯定的是，这种诠释仍有怪异之处，只是怪异形式有别于其他诠释而已。

关于波函数坍缩的诠释体系还有很多，相关专著汗牛充栋，所以请谅解我如此简单的讲解。希望通过上述 3 种诠释，你能体会到我们对时间（以及总体现实）的感知在多大程度上依赖于量子世界的内在机制。

时间的方向

我从未见过否认时间的非对称性的人，似乎所有人都认为时间是单向流动的。为什么时间在方向的选择上好像有所偏好？为什么我们无法选择自己在时间中的移动方式？更根本的疑问是：为什么时间的维度与空间的 3 个维度之间存在本质差异？

毫无疑问，我们对时间的认知与因果关系密切相关。原因导致结果，而非结果导致原因。这种时间的不对称性在日常生活中似乎非常自然，但在物理学中却颇为诡异。经典物理学、相对论与量子力学均具有时间对称性，无论时间正向流动还是反向流动都是成立的。以台球桌为例：现在有两颗球发生了碰撞并且朝不同方向弹开，而你完全可以在时间上逆转这个过程。当然，此处需要忽略摩擦因素（摩擦总是会使一切变得更加复杂），但基本原理依然成立，它只是在微观尺度上与摩擦共同发挥作用。我们可以把这个宏观世界的粒子缩小至粒子间相互作用的尺度，同样的可逆性依然成立。

或许你对麦克斯韦方程组不太熟悉，这些方程（其中的一部分）决定了光的传播方式。麦克斯韦方程组在物理学中至关重要，我甚至见过有人将它们文在身上。[2] 当物理系的学生在作业中一丝不苟地运用麦克斯韦方程组求解某些问题时，他们将得到两个可能的解（类似于求解 1 的平方根时，1 和 –1 同样有效）：其一是符合预期的在时间上向前传播的波（“滞后解”），其二是在时间上向后回溯的波（“超前解”）。通常我们只是简单粗暴地否定后者，认为其“不符合物理现实”，但理由何在？除未观测到实例外，我们没有任何物理依据可以排除这一可能性。平心而论，我们还不清楚如何进行观测。时间之箭似乎只会向前，这实在令人费解。

或许这不是你第一次听到“时间之箭”的问题，而你此时或许在暗自思忖：“我知道，答案一定是熵！”这样的立场与众多物理学家不谋而合。据我观察，“熵”的确是物理学界用来解释时间之箭的首选答案，而且理由很充分。但是本人的观点恰恰相反。

在阐述个人异见之前，我们需要解释清楚为什么用熵来解释时间之箭似乎足以令人信服。这一论述的关键在于，热力学第二定律毫不含糊地指出：在封闭系统中，熵只能保持不变或随时间递增。这与我们的日常生活经验完美契合：你可以打翻玻璃杯将牛奶倾倒出来，但是你应该从来没有见过打翻的牛奶可以自己回到杯子里，然后杯子又重新立起。如果你观看过一些时间倒流的视频（网上有很多这样的视频，一看就是无聊的高中生最喜欢的那种类型），其中唯一看起来有违和感的地方正是违背热力学第二定律的场景，比如打翻的牛奶自己回到杯子里。吊诡的是，如果每一个微观粒子恰好都在同一时刻逆向运行，这一现象的确会发生。通常，我们不会见到这样的情形，因为所有粒子同时逆向运行的概率微乎其微。在那些倒放的视频中，熵并没有显著增加的过程看起来都很正常。熵的奇异之处就在于，我们能从中显著地体验到时间似乎在方向的选择上有所偏好。

上述内容确实是事实，但我还是要保持谨慎。还记得在认识论那一章里关于相关性与因果关系的论述吗？熵与时间的关系就是一个典型案例。熵和时间似乎都朝同一个方向发展，但这未必意味着二者之间的某一方导致了另一方。

熵本质上是一种统计性陈述。回顾一下我们在上一章中使用过的扑克牌就会发现，每次洗牌都会使牌组的熵增加，洗牌后需要用更多的信息描述牌组，也就是说牌组变得更混乱了。熵之所以会增加，是因为初始的有序牌组只是众多可能状态之一。随着洗牌不断进行，牌序将遍历所有可能性。事实上，一副标准扑克牌共有 52!（此处的感叹号表示“阶乘”，而不是我真的对 52 这个数字感到兴奋，在数学上 52 的阶乘是 $52 \times 51 \times 50 \times 49 \times \cdots\cdots \times 1$）种独特排列。如果你还没有尝试用计算器将其计算出来，那么结果可能会让你感到震惊。虽然你能想到会有很多种可能性，但你能想到可能性竟然高达 8×10^{67} 种吗？毕竟，从大爆炸至今仅过去了大约 4×10^{17} 秒，即使有人从大爆炸开始便每秒洗牌一次，他至今也无法穷尽所有排列。在下一次洗牌的时候可得瞧好了，因为你手中的牌序或许在整个宇宙的历史上都未曾出现过。

出于某种原因，你可能认为某种特定的牌序相当重要，于是你想要通过重新洗牌再次获得这一牌序。然而，你的希望恐怕要落空了，你几乎永远无法通过洗牌得到某种特定的牌序，就像你几乎永远无法重现某种牌序一样（当然，估计也没什么扑克牌能经受得住洗牌约 10^{68} 次的折腾）。不过，无论概率多低，可能性也依然存在，这就是庞加莱回归定理：给定足够时间，任何随机遍历可能状态的系统终将回归初始状态。对于一副完整的牌来说，这需要花费很长时间，但如果我们只使用4张A呢？计算4!=24甚至不需要借助计算器。通过高效的洗牌，你可能只需要几分钟就能重现某一特定牌序。

我之所以引入庞加莱回归定理，是想强调熵并非单向递增。在小尺度上，熵可以减少，并且确实会减少。若熵与时间之箭存在因果关联，则意味着我们周围每天都在发生微观的时间逆转，而时间仅在统计学意义上单向流动。我们虽无法排除微观时间逆转的可能性，但更合理的推测是，熵与时间箭头之间的关系仅为相关性，而非因果性。随着时间的推移，宇宙万物在统计学意义上随机遍历着所有可能状态，但其中某些状态相较之下具有更低的熵值。

在有关时间本质的讨论中，我想补充一个耐人寻味的细节，它可能无关紧要，也可能暗含至关重要的线索。当我在物理学专业本科阶段第一次接触到“费曼图”（以物理学家理查德·费曼的名字命名）的时候，我立刻就被它折服了。即便我此前从未对物理着迷，也因为这些图像而沉醉其中。它们以优雅的方式将粒子相互作用概念化地表达出来，相较于描述同一现象的繁复方程来说更显直观。从本质上讲，这些图像仅仅是时空二维平面上的粒子交互示意图，实用有余却未必震撼。

但是当教授告知，在使用这些图像时，反粒子的行为完全等同于其对应的普通粒子的时间逆向行为时，我顿时被惊艳到了，开始全神贯注地倾听起来。例如在费曼图中，正电子等价于逆向时间运动的电

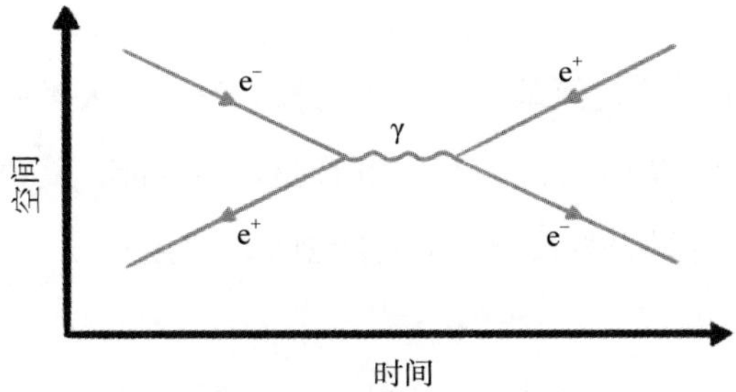

图 7–2

子（反之亦然）。更有意思的是，粒子–反粒子湮灭实际上等同于一个粒子在时间上向前移动，并与它的反粒子（沿着时间向后移动）在时间的另一端相遇。

当时我还碰巧选修了另一门物理课程，每周需提交 3 个物理相关的新想法。不知你有何感想，但我保证此作业不仅极具挑战性，而且是我在物理课上所经历过的最好的创造性思维训练之一。在学习费曼图的那一周，我提出了一套完整的（本科生水平）理论：大爆炸可能是正向时间宇宙与逆向时间宇宙碰撞的结果，我甚至还推演出了该理论如何解释物质–反物质不对称性的问题（我们很快就会讨论到）。现在回想起来，我对自己当时过于稚嫩的论述颇感尴尬，但它至少展现了我当时对费曼图的强烈兴趣。我的那份作业得到的评价是："有趣的想法，但还需要进一步思考。"虽然有些令人沮丧，但也确实公允客观。

需要澄清的是，我并非主张正电子实际上就是时间逆向的电子。我仿佛能听见顽固派物理学家在抱怨我提出了这样的话题：费曼图这一特性几乎被普遍认为是没有实际物理意义的"小把戏"（类似麦克斯韦方程的超前解，或是欧拉方程的虚数）。然而，目前我们也没有能够验证"正电子即逆向时间电子"这一假说的实证方法，因为二者实际上是等价的。我的哲学立场是，当我们被要求将原本合理的解斥为

“不符合物理现实”的解时，我们必须非常仔细地审视否定的理由。我们可能在思想萌芽前就扼杀了有前景的探索路径。人类的大脑本来就有局限性，我们不能仅仅因为某件事看起来不可能，就说服自己这件事确实不可能，这种自我设限只会徒增创新的难度。

时间明显的不对称性让人完全摸不着头脑。对称性作为现代物理学的基石之一，令众多物理学家对其在自然法则中的基础地位怀有近乎宗教般的信仰（我认为自己也是其中一员）。物理学中的“对称性”是指，你对某一事物做了某些操作以后，它仍然与之前相同。只不过，在物理学中我们不说“事物”，而是说“系统”；不说“相同”，而是说“不变”；不说“对它做了某些操作”，而是说“它经历了某种变换”。所以，我们可以用更具物理学色彩的专业术语重新表述对称性的概念（下次记得在派对上拿出来显摆一下）：对称性指的是一个系统在某种变换下保持不变。常见的对称变换包括反射、旋转和平移，不过还有更多其他类型，甚至一个比一个抽象。

20 世纪初，艾米·诺特[3]提出了一个划时代的理论，直接将基本的物理对称性与守恒定律联系起来。我们不妨以角动量为例，展开讨论，很多人都或多或少地接触过角动量守恒，希望你对这个概念有所了解。也许你曾经看过（或者可以想象出）一名花样滑冰运动员通过收放手臂调节旋转速度的现象，这正是角动量守恒的直观体现。角动量守恒与物理学中基本的旋转对称性相关。简言之，无论物体在空间中如何取向，物理定律均对其成立。同理，常规动量（非角动量）守恒对应空间平移对称性（物体沿某一维度线性向前或向后移动），能量守恒则对应时间平移对称性。

物理学基础层面存在 3 种特殊的对称性：电荷（C）、宇称（P）与时间（T）对称性。我来为你逐一解释：C对称性指的是，假如将宇宙中的所有粒子替换为具有相反电荷的同一粒子，宇宙运行方式不变。以最经典的原子为例，若原子核中的质子带负电、电子带正电，原子性质将保持不变。P对称性大致上可以视为镜像对称性，指的是物体沿三维空间轴中的任意一个反射后性质不变（P对称性本质上是在筛选手性，即物体是否具有左右偏向性）。日常生活中就有P对称性破缺的粒子，比如时钟。镜子中的表针会逆时针转动，因为时钟具有手性。T对称性（顾名思义）是指系统在时间上向前或向后运行时表现一致，就像台球桌上的球（忽略摩擦……）。总的来说，C、P、T似乎必须作为整体保持对称，这是20世纪50年代的重大发现。

或许，你对“C、P、T整体保持对称”（即CPT对称性）的具体含义有些困惑，这确实不太直观。该CPT对称性意味着：若存在一只正向时间流动的普通的猫，则其等同于由反粒子构成、逆向时间运动且镜像反射的猫。CPT对称性至关重要，如果这一理论有误，那么我们对物理学的很多基础认知将土崩瓦解。当然要是别无选择，推翻物理理论也未尝不可（早在学生时代，我就已经尝试过很多次）。

我们即将触及时间本质的核心奥秘，探索之路注定艰难，请少安毋躁。若是能在咖啡馆边喝边聊、以餐巾纸演算，定是美事一桩；但此刻，我们只能困守书页。关键在于：时间箭头似乎与CP对称性破缺有所关联，后者则与反物质密切相关，而反物质又与时间箭头环环相扣。所以，我们好像已经找到了线索，只是不知道这意味着什么。

现在，我们只需掌握与1和−1相关的乘法规则即可豁然开朗。假设在这三种对称性（C、P、T）中，我们给成立的对称性赋值为+1，破缺的则赋值为−1。要使得CPT对称性成立，必须满足：

$$C \times P \times T = 1$$

通过这三个变量的+1与−1组合相乘得到+1的方式有很多。在此后的十几年间，物理学界的所有进展一再证明$C \times P = 1$（“CP对称”）在强力与电磁力的作用下成立。若$C \times P = 1$，则T必为1。

1964年，一种名叫“K介子”的亚原子粒子闪亮登场，准备大展拳脚。它还有一个同伙——弱力，这也是已知的四大基本力中最难掌握的一种（如果你实在心痒难耐，可以去看自然法则的相关内容。当然，也可以按照我原本的安排慢慢看下去）。与其他几种力相比，弱力如同害羞的透明人，给人以谦逊胆怯的印象。平心而论，弱力的强度虽弱（当然，远远没有引力微弱），却比强力和电磁力更加诡谲难测。随着实验技术的进步，弱力才终于露出锋芒：在弱力作用下，K介子的衰变过程违背了CP对称。既然CP对称性破缺（$C \times P = -1$），那么若要使得$C \times P \times T = 1$，则T必为-1。

若上述段落令你如闻天书，请直接看结论：K介子衰变是物理学史上发现的首个本质上时间不对称的现象。自K介子惊艳亮相后，我们又发现若干涉及弱力且CP对称性破缺（在时间上不对称）的相互作用。就我们目前所知，弱力似乎是物理学中唯一知道并关注时间箭头的力，其中缘由我们尚未参透。如果你一直以来始终将弱力视为只有物理学家关心的一种深奥的力，而对其置之不理，或许现在它会激发你的兴趣。

事实证明，上述现象终归与你的存在这一事实密切相关，想必你对此也有所察觉。[4] 若宇宙中物质与反物质完全对称，你就不可能存在。物理学家对宇宙中的对称性推崇备至，但物质与反物质之间这一至关重要的不对称性却令人格外困扰。目前所有的理论与实验均表明，粒子与反粒子总是成对产生（电荷守恒定律使然），因此这种不对称性着实令我们恼火。

在非常早期的宇宙中，物质与反物质经历了一段激烈的相互湮灭期，将绝大部分质能转化成为纯能量。但既然你现在还能安安稳稳地坐在这里阅读本书，说明湮灭过程并未全部完成。出于某些我们（目前）不知道的原因，在所有湮灭过程偃旗息鼓后，大约有十亿分之一的普通物质粒子得以幸存。要是它们未能幸免于难，我们就不可能坐在这里思索这种不对称性的来源了。

或许你在猜想，宇宙某处是否有可能存在与我们完全隔绝的反物质区域。虽然无法排除这种可能性，但它们必然位于我们的视界之外。即便在真空中，平均每立方米也会存在一个原子，因此物质区域与反物质区域之间很难有真正的缓冲空间。若真的存在此类边界，其边缘处的粒子湮灭必将产生大量辐射，而我们尚未观测到此类现象。此外，若“反物质孤岛”假说成立，我们还需要从统计学角度解释物质与反物质为何没有充分混合，从而避免湮灭。鉴于正反粒子对总是相伴而生且相互吸引，物质与反物质在星系尺度上的分离现象同样难以解释。

在所有解释宇宙由物质而非反物质主导这一现象的假说中，最有前景的是CP对称性破缺。该假说认为，在$C \times P = -1$的前提下，介子（如K介子）的衰变过程存在难以解释的细微差异。目前大型强子对撞机的实验正推进相关研究，或许本书此部分内容需要在未来数年内进行修订。

时间的拓扑结构

虽然时间具有方向性这一点在日常生活经验中显得极其自然，但为什么时间在结构上与空间不同，这仍是现代物理学所面临的基本问题。时间似乎不只有一个维度，并且似乎还只会单向流动，不容我们选择方向。既然我们只能在时间的洪流中身不由已地随波逐流，探讨时间是否具有“形状”似乎颇为荒诞。

根据大多数人对时间的思考，[5] 我认为有一种基于生活经验的普遍认知。如果我要定义一个“常识性”的时间观，大致会是这样：时间（至少在朝向未来方向上）是无限的；时间是一维的；时间只有一个分支；时间速率恒定；时间沿直线向前，不会循环；时间是连续的；时间的存在是一种关系性的存在，而非作为“物”的存在。

首先，我承认这一“常识性”时间观与我自己的个人感知高度契合。只是我已经学会了不能盲目信任我的感知。我们要如何验证这些表述的真伪？既然我们身不由己地深陷于时间的洪流，似乎很难获得坚实的认知基础。不过，我们最好还是逐条审视一下这些陈述。

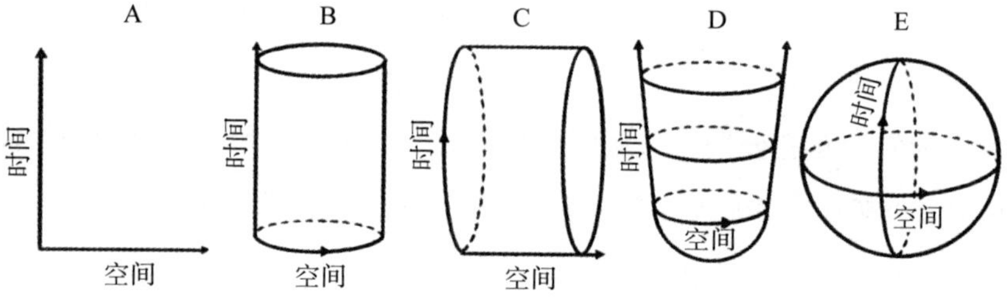

图 7–3

时间一定是无限的吗？

在无数被物理和数学图表强化的标准时空观中，我们通常认为时间与空间正交且仅有一个维度（如图 7–3 中A所示）。[6] 鉴于实证约束的匮乏，时间实际上可能具备无穷多种拓扑结构。我们大可以打开脑洞，以思想实验的形式思考几种不同的几何结构。

若宇宙在空间上是有限的，但在时间上是无限的，其时空的形状可能类似图 7–3 中B所示。从理论上讲，如果你能驾驶飞船飞得足够远，你就能回到空间中的同一位置（但在圆柱形的时空模型中，你行驶过的路径呈现为螺旋状，因为你在环绕空间的同时也会在时间维度上向上移动）。天文学家在构想宇宙时，通常会采用类似于图 7–3 中B

的时空模型，我们好像对宇宙在空间维度上是否有限无所谓。

下面我们将上述设定反转。既然空间可以是有限的，那么时间有何不可？如果时间是有限的，而空间是无限的，那会怎么样？这就是图 7–3 中C所描绘的情况。有趣的是，相较于时间有终点的想法，人们（至少我的学生们）更容易接受时间有起点，这折射出我们对时间和空间的感知存在差异。图 7–3 中D所呈现的是大爆炸相关章节提过的霍金–哈特尔无边界宇宙模型（建议你可以再翻回去看一看，温故而知新）。在此模型中，越接近“时间 = 0”这一点，时间维度越趋近空间特性，坐标系中不存在“时间 = 0 之前”的概念。

最后，如果空间和时间都是有限的呢？我们可能会得到图 7–3 中E这样的结构。此类宇宙十分有趣，因为我们到底将某些事情看作沿着时间轴发生，还是沿着空间轴发生，完全取决于坐标网格（经度和纬度）的取向。该拓扑结构内蕴的对称性使坐标选择具有任意性，除非存在锚定点，例如，地球的自转赋予了我们一张实用的坐标网格，其中有北极、南极和赤道。这里明确一点，我绝对不是在倡导或反对上述任何一个几何结构，而是将这一过程视为一种有趣的思维练习。我们可以通过这种练习思考各种各样的情形（例如，“时间是有限的”意味着什么）。

时间是否只有一个维度？

我们对时间的“常识性”认识还包括，时间是一维的。若时间具有两个（或更多）维度，你就可以在时间上向“左”转。除了我们习以为常的 3 + 1 维时空（三维空间+一维时间）外，我们还可以想象宇宙中还有可能存在其他维度的组合。剧透预警：单一时间维度的存在可能对宇宙的宜居性至关重要，具体情况详见微调相关章节。简言之，若宇宙同时存在多维时间和多维空间，我们将会从数学的角度推导出一些不利于生命存在的情况。当某一种维度（如空间）与另一种维度（如时间）均具备多重性时，会形成所谓的“超双曲型方程”。此类方程缺乏明确定义的稳定解，因而具有危害性。若宇宙的维数真是这样，那么世间万物都将不可预测，整个宇宙将从根本上陷入纯粹的混沌。要是额外的时间维度真的存在，我们应感谢它躲了起来，而没有跳出来大肆破坏宇宙的秩序。

时间能否拥有不同分支？

我找不到什么理由不允许时间拥有不同分支；事实上，量子力学的多世界诠释就主张宇宙具有不同的时间线。在这种情况下，我们应当思考的是，为何我们的意识仅驻留于当前这一分支，而非其他分支？然而，我也不知道我们如何才能知道这样的拓扑特征是否可信。或许我们应该想想怎样才能跳出当前的时间线，进行有效的验证，但目前看来这几乎是不可能的。

时间速率是否恒定？

狭义相对论与广义相对论已明确否定此问题。但是，我们可以更加深入地探讨这个问题：假如你一动不动地坐在同一个位置，并且所处的引力场也一直没有发生变化，那么时间速率有没有可能发生全局性变化？在我看来，这个问题最让人恼火的地方在于，时间速率没有明确的参照物。假如你正在观察一艘漂浮在河流中的玩具船，你可以将河岸作为参照物，测量出河流的流速，最终可以得到每小时多少千米的结果。但是，如今我们受困于时间的洪流，眼前也没有时间的河岸，所以找不到明显的参照物。宇宙中的时间整体流速或许在减缓或加速，我们无从知晓。

如果宇宙中的时间整体流速正在改变，你或许可以一本正经地问这是否会产生影响（确实有学生在课堂上向我提出这个问题）。就我们人类自身的物理存在或可观测效应而言，我不确定这种变化是否会产生实际影响。但作为关注现实本质与认知边界的学者，这种未知令我深感不安。而且，哪怕是纯粹出于好奇心，我也很想探明这个问题。

对于时间本质的理解，我们的进展喜忧参半。得益于相对论，我们已经清楚地知道时间本身是存在的，这比起几个世纪以前的理解已是长足进步。另一方面，时间的量子特性引出了几个世纪前的人们根本不知道自己不知道的一系列全新问题。坦率而言，我甚至不确定自己能否接受生活在一个人类已然洞悉时间本质并且有可能操控它的世界里。届时，时间伦理学必将成为大学课程的标准科目。

我们暂且只能接受时间和空间作为相互紧密交织的维度，似乎各自的呈现方式（出于我们尚未理解的原因）存在差异。是否存在呈现方式更为迥异的其他维度呢？

小　结

将空间维度视为某种编织结构已经超出了我们的日常生活经验，而进一步将时间纳入其中，更是让我们只能直面维度的抽象特性。这些时空维度为宇宙万物搭建了盛大的舞台，然而我们对舞台本身的认知却极为有限。

宇宙的维度所发挥的作用贯穿本书各个主题。我们需要考虑时空维度是否伴随宇宙创生一同出现。我们看到了时空在黑洞附近的诡异行径；发现了超维虫洞不仅未被禁止，甚至可能是时空结构本身的来源；乃至意识到自然法则或许取决于其他维度（无论宏观或微观）是否存在。

我们的活动范围似乎被限制在三维空间与一维时间中，但这并不意味着其他难以触及的维度不存在。对于科学家而言，探索这些似乎不可触及的维度是极具挑战性的（毕竟通常，他们钟情于实证研究）。然而，事实证明，我们当前掌握的理论中已浮现出其他维度存在的蛛丝马迹，随着我们的思维向更富创造性与抽象性的领域延伸，或许穿透时空帷幕的探索之道即将破茧而出。

第 8 章

宇宙中存在其他的维度吗？

你可能注意到了，我们所生活的宇宙似乎有 4 个维度——3 个空间维度和 1 个时间维度（我们通常将其简写为 3 + 1，以此表示有两种不同类型的维度）。我们很容易理所当然地接受这种维数，但这一精心安排的维度组合实际上是生命在宇宙中出现的必要条件（更多讨论参见微调相关章节）。

有可能宇宙中确实只有 3 + 1 个维度，在这种情况下，我们可能会问，为什么是 3 + 1？维度的数量是否存在其他可能？同样，我们也可能会问，除了空间和时间以外，是否可能存在其他不同类型的维度？不同数量或类型的维度是很难直观理解的，其中有一个原因是我们还没有进化出能理解这些维度的能力。在我们的进化过程中，能够感知并构建我们熟悉的 3+1 维度的心象地图可谓举足轻重，这使我们能够做出对自己有益的行为，比如四处移动和察觉周围正在发生的事情。鉴于这 4 个熟悉的维度是我们此前感知到的全部现实，我们自然会将这 4 个维度（且仅有这 4 个维度）的存在视为不证自明的，就像某些公理一样，我们终其一生都没有意识到自己将其视为理所当然。

考虑到人类经验和感知的局限性，其他维度是否可能存在或者是否确实存在这样的问题值得深入探讨。如果其他维度确实存在，我们可能出于各种原因而无法感知到它们，这取决于这些维度的特征。例如，隐藏的维度可能是“紧致化”的，这意味着它们卷曲到我们无法探测到的微小尺度上，或者它们可能与我们 3 + 1 维领域中的力之间并不存在相互作用。

如果我们日常接触的力无法延伸到熟悉的 3 + 1 维度以外，那么我们就很难找到方法来探测这些额外的维度是否存在，我们能够设计的实验和装置通常在本质上依赖于已知的力及其相互作用。实证主义者可能会争辩说，如果其他维度对宇宙没有影响，那么它们是否存在就无关紧要了。这个立场很难反驳，但我仍想提出异议，尤其是，如果我们假设要么没有其他维度，要么我们无法与之互动，那么我们将不可避免地陷入自证预言的困境。

维度概念导论

我们首先需要澄清“维度”在这一语境下的具体含义。维度的本质是指定位某一物体所需要的坐标数量。就我们宇宙的标度维数而言，这意味着在空间和时间中的定位。若某物是零维的（对应于一个点），则不需要坐标；零维的东西在位置（或时间）上不存在可变性，因此提供坐标是多余的。维度的基本概念是它们彼此正交，每个坐标轴的属性彼此独立。

我们可以通过以下方式将低维对象转化为高维对象：先移动（专业术语为“平移”）该物体，然后连接各个顶点，并投影到一个二维表面，正如本书的页面。

理论上，这个过程可以无限延伸，但我实在没有耐心在这张图中展示超过四维的对象，因为在二维纸面上需要保持直线连接的顶点数量实在过于庞大。说实在的，我甚至很难手绘出一个四维立方体。对于四维空间，你至少可以告诉你的大脑将这个额外的维度当作时间来

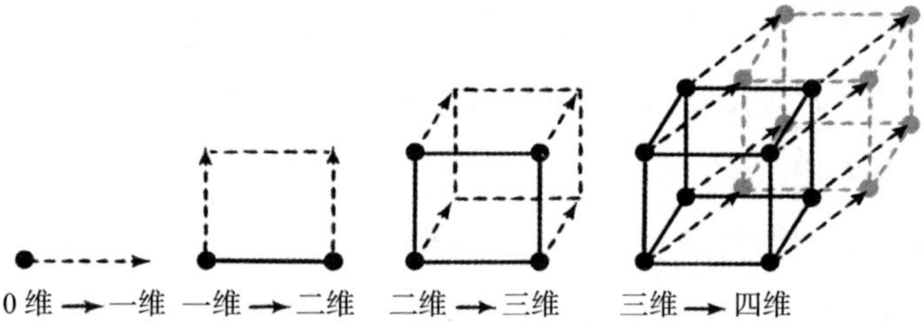

图 8–1

看待，这样就不那么难以理解了。在某一时刻，三维立方体处于一个位置，而在下一刻它已移动到另一个位置。

当我们考虑物理对象时，可能很难直观地理解正交维度在超出熟悉的 3 + 1 维度时是何表现。然而，你在日常生活中可能已经无意识地使用多维结构。因此，与其苦苦思考形状和物理对象，不如用另外一种我非常喜欢的对象来进行说明：食物。食物可以通过多个独立的坐标轴进行描述：甜度、咸度、辣度、脆度、温度、热量、颜色等。当你在考虑自己想吃什么时，你的思想实际上是在这样的多维空间中移动。你甚至可以制作出由不同坐标轴组合而成的食物属性图，例如，将甜度与咸度作为坐标轴，并且将所有其他属性压缩到这两个维度。在制作甜度与咸度的属性图时，食物的辣度和脆度都无足轻重。

多维数学对象的运作原理与此完全相同，构建并操作高维对象在数学上是直截了当的。然而，想象更高维的东西需要脑力体操般的思维训练，就像在没有热身的情况下，直接做后空翻绝非明智之举（以我的能力来说，在任何情况下尝试后空翻都是不明智的）。那么，让我们做一个简单的热身练习，从一个圆形开始。你的第一个任务是想象（或画出）一个圆形，并找到一个离圆的边界尽可能远，但同时与边界上的各个点距离相等的点。希望你已经找到了它的圆心。

接下来是第二步：向前迈一步。你可能需要稍加思考才能意识到，若想要远离边界并保持与边界等距，你需要进入第三个维度——向内或者向外离开二维平面。对于我们早已熟悉三维的大脑来说，想象进入第三个维度并不困难。

但是，更高的维度呢？我们可以做同样的练习，不过这次需要用球体代替圆形。想象（或画出）一个球体，并找到一个离球体的外壳尽可能远，但同时与球体外壳上的各个点距离相等的点，这将引导你找到球体的球心。接下来再往前迈一步。

在我进行最后一个步骤的时候，我的认知体验是，我感觉自己的大脑知道它想做什么，只是它做不到；我甚至感觉自己听到了思维齿轮卡住的咔咔声。我很想通过现代功能性磁共振成像术（fMRI），看看人们试图想象更高维度时的大脑活动。在我的孩子们很小的时候，我就让他们接触更高维度对象的视频和图像，我承认这么做可能有点儿过分，不过提前看看应该也没坏处，万一将来有用呢？

与此同时，我们确实有一些其他技巧，可以帮助我们理解高维对象是什么样的。通常来说，就是将它们通过投影、旋转、切片和展开等方式（有时还需要将这些方式组合起来使用）映射到较低的维度。这些技巧必然有其局限性：无论采用何种方式，每一次向低维空间转换的过程都会丢失一些信息，而我们会通过不同角度的投影、旋转和切片来补偿这些损失。

为了更加直观地理解这些技巧的工作原理，我发现从锻炼三维想象能力开始是理想的切入点：设想一下，三维对象在二维观察者的眼中是什么样。我们可以从投影入手，因为它很常见，而且对思维训练的需求并不高。举个例子，以下是一个三维矩形壳体投影到二维的情况：若只能看到这个形状的阴影，则需要通过三个正交投影面的旋转才能推断其完整的三维结构。

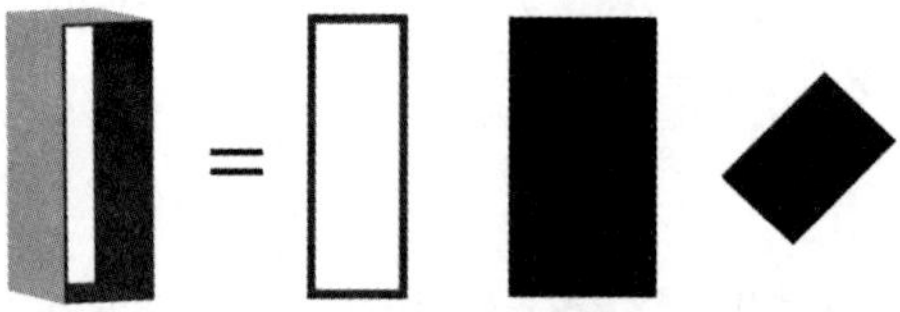

图 8–2

我们还可以取三维对象的切片。举例来说，当三维球体穿过二维平面时，它会呈现出一个先变大、后变小、最后消失的圆形。

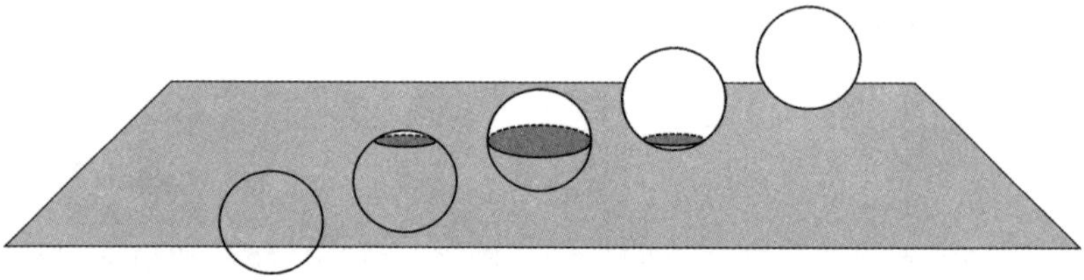

图 8–3

最后，我们还可以通过折叠和展开使对象在不同维度之间转换。我特别讨厌折叠东西，尤其是衣服和床单；如果你和我一样不喜欢折叠，试着把这当成折纸艺术。如果你是一个二维生物，那么亲眼看见一个立方体在二维中折叠和展开会让你摸不着头脑；这个立方体会在你无法感知的维度中进进出出，好像在穿越自身。

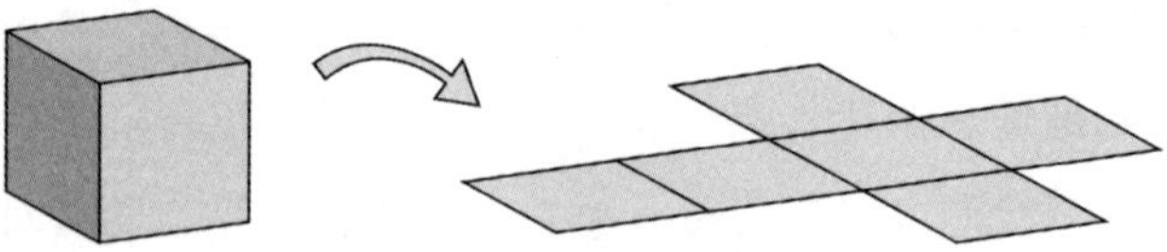

图 8–4

现在，我们再提升一级复杂度，看看一个四维立方体在我们熟悉的三维空间中会呈现出什么样。这些超立方体也被称为“四维超正方体”，这个词语和概念已陪伴了我几十年；当我在孩童时期第一次阅读《时间的皱纹》时，四维超正方体就对我的想象力产生了深远影响，它是这本书中核心情节设计的一环。我常常会想，读这本书是否影响了我的兴趣发展和职业轨迹——儿童文学的力量不容小觑。时至今日，我有时仍然会将这本书列为有趣的拓展读物。去翻翻这本书吧，你心知自己早有此意。

我们可以看到四维立方体在三维空间中旋转的投影（随后又映射到你正在阅读的二维平面），但遗憾的是，像本书这样的印刷载体（目前）无法展示动态影像（但是优兔视频绝不会让你失望，如果你现在能上网，我建议你花点儿时间搜索旋转超立方体的视频）。在我的眼里，更高维度物体旋转时的投影看起来就像是它们在不断地把自己从内往外翻。

我们也可以展开这个超立方体，就像展开普通的三维立方体一样。这个展开的超立方体也被称为“达利十字”，该名称源自萨尔瓦多·达利的艺术作品。如果你感兴趣的话，不妨看看他的画作《受难》。就算你一直盯着这个形状，恐怕也弄不明白如何才能将它折叠成一个四维立方体，而这种感受恰似二维生物在目睹三维立方体的折叠和展开时所感受到的困惑。

图 8–5

既然谈到了超立方体，我们不妨在另一个重要节点上稍做停留——五维超立方体。为了节省时间，我不打算画出五维立方体的三维投影。但是……五维立方体的二维投影揭示了一些非凡的特性。

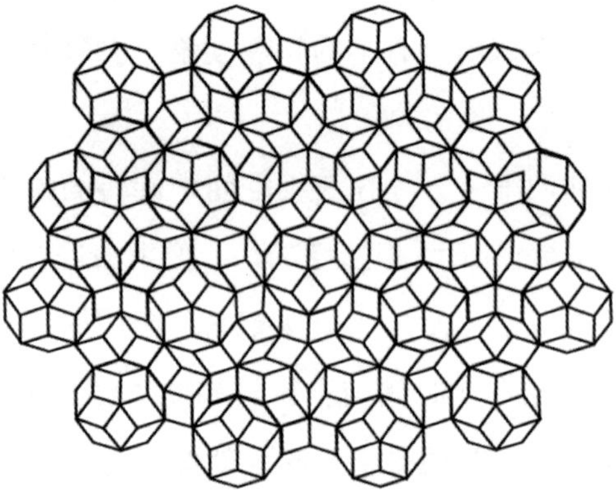

图 8–6　这幅“马赛克”是一个五维超立方体晶体结构投影到二维的例子

如果你盯着五维超立方体的二维投影多看一会儿，你可能会看到一些三维立方体仿佛在马赛克图案中若隐若现。这个特定的二维平铺就是所谓的“彭罗斯密铺”。在我读本科的时候，我们数学楼入口处的地砖就是用彭罗斯密铺的图案铺成的，当时我觉得此举极具智慧，不过现在我意识到，这对数学楼来说实属平常。彭罗斯密铺仅使用两种形状的铺砌块，若将其铺满无限大的平面，那么得到的图案将具有旋转对称性和镜像对称性（也称反射对称性），但是永远不会具有平移对称性。虽然铺砌块中任何一个图案都可以无限次重复，但当一个无限大的平面被铺满时，这些铺砌块永远无法在整体平移后与原本的图案完全重合。因此，这种特性挑战了我们对“有序”的传统认知（即整齐的周期性图案）。虽然这些铺砌块是有序的，但它们并不具备周期性。

虽然这种平铺是以罗杰·彭罗斯的名字命名的，但像这样的铺砌块样式至少在 15 世纪就出现在伊斯兰艺术中，也就是我们如今见到的吉丽赫密铺。鉴于中东地区在当时是高等数学的沃土，[1] 我觉得这个时间上的巧合非常有趣。一些数学家推测，伊斯兰艺术可能是特地采用此类铺砌块来生成不重复的图案，这表明伊斯兰文化对这些形状的理解颇深。直到 20 世纪 70 年代，这些形状才被“重新发现”。[2]

如前文所述的彭罗斯密铺除了具有审美价值以外，更具有一些非凡的特性。例如，用这两种简单形状可以形成“不可数无穷”种铺砌方式，我明白这两个词的叠加听起来有些冗余，但是这一说法在数学集合论中具有特定含义，因为无穷集合存在可数与不可数之分。[3] 这就好比，我们可以想象从 1 数到 10（好吧，这根本不需要想象），于是我们得到了 10 个数字。但如果想把从 1 到 10 之间的所有包括非整数在内的数字都涵盖在内，突然之间，我们的可能取值就从 10 种变成了不可数无穷种，因为我们开放了小数点后的位置（比如 1.587 2 和 6.284 1 这样的数字）。由于这一特性，彭罗斯密铺也具有自相似性（或称分形特性），这意味着图案可以在任意小的尺度上自我重复。这也会带来一些副作用，如果你在彭罗斯密铺的二维世界里迷路了，那么无论探索多少次，你都无法确定自己在图案中的位置。

彭罗斯密铺本身的形状也很迷人，其边长和中线的比例中蕴含着黄金分割比（φ = 1.618 03……）。我们完全可以花整整一章来讨论黄金分割比的奇妙之处，但是，在这里我只想提一点，像它的兄弟 π（圆周率）一样，φ 也是无限不循环小数，并且通过长度比例、关联角度和斐波那契数列等方式在自然界中反复出现。这些奇怪的铺砌块本就是五维超立方体的投影，现在它们身上又出现了黄金分割比 φ，这不由得让人怀疑，一切都是精心设计的布局。

这些铺砌块形成了所谓的“准晶体”，这是一种有序但缺乏平移对称性的对象。现在，我们已经在“现实”世界中发现了一系列准晶体，

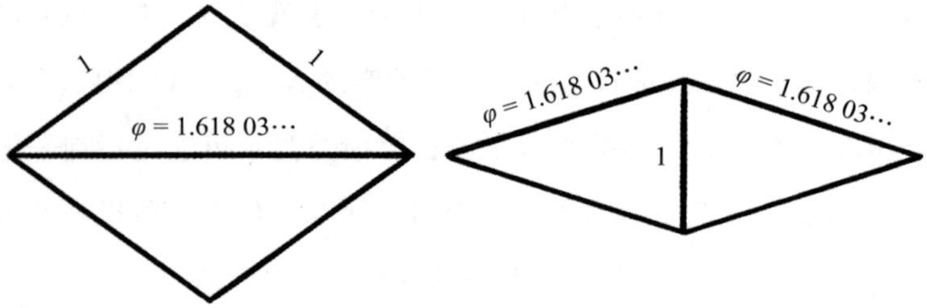

图 8–7

其中包括不粘锅的涂层材料。若涂层上的分子排列不具备周期性，食物就不容易粘在锅上。所以，下次当你拿出不粘锅准备烹饪美食的时候，你可以想一想这口锅里涂满了迷人的准晶体，以及彭罗斯密铺是五维超立方体的二维投影这一数学渊源。

其他维度的线索？

鉴于我们似乎无法直接与其他维度发生相互作用（如果它们确实存在的话），你可能会质疑我们思考这些问题的动机究竟是什么。需要明确的是，我认为所有的依据都来自宇宙中某些奇怪的现象，而如果存在其他维度的话，或许这些现象就更容易解释，但这并不意味着这些现象不能通过我们尚未想到的其他方式加以解释。

在我读研的时候，有位教授喜欢把这句话挂在嘴边："思维要保持开放，但不要开放到把大脑掉出来。"这句话总能让我的脑海中产生一些血腥的画面。每当我考虑其他维度存在的可能性时，这句忠告都会在我的大脑中浮现，并且驱使我随时自省：我现在的想法大概处在"大脑掉出来"连续统一体上的什么位置？然而，亚瑟 · C. 克拉克第一定律总能说服我：

> 若一位德高望重但年事已高的科学家声称某件事是可能的，他们很可能是对的。若他们声称某件事是不可能的，他们很可能是错的。[4]

权衡之下，我宁愿选择思维过于开放而犯下错误，也不愿因固守陈旧的立场而放弃思考非常规的可能性。我发现最舒服的状态是，将自己扎根于认识论，并尝试在我们认为自己“知道”的东西与那些我们无法排除的可能性之间仔细斟酌。至于其他维度，不出所料那位老教授恐怕会对我白眼相向。但只要我们审慎对待我们所拥有的和目前还没有的证据，并且清醒地认识到想要证明这种信念所需的条件，我们就可以勇往直前，不断追问：“如果……会怎样？”

基于上述思考，下面我会列举出宇宙中某些暗示其他维度存在的现象。这些线索中包括虚数、亚原子粒子，乃至弦理论等更加虚无缥缈的想法。

我们此前已经讨论过虚数，它们总会在这些未解之谜中现身。在基本物理学中，字母i在所有涉及振荡的领域中反复出现，包括电磁学和量子力学。回想一下，复数既有实部也有虚部，因此它实际上是二维的。我们可以单纯地将其视作巧妙的数学技巧，而我们恰好（一次又一次地）需要它来描述宇宙，这种观点并无不妥。或者，我们也可以这样考虑：如果自然界需要一个额外的正交维度才能描述，那么也许确实存在一个额外的正交维度。不过需要澄清的是，尽管我认为这个想法很诱人，但我对虚数究竟是一种数学技巧还是某种深层现实的映射持中立态度。无论如何，传统意义上的“实”数似乎无法单独胜任解释现实的任务。如果虚数确实反映了更深层次的东西，而我们却仅仅因为这个想法听起来有些奇幻就不给予它足够的尊重，那么我们无疑是在自我伤害。

我发现一个涉及复数的有趣例子，那就是粒子自旋。阐释这一概念需要稍做铺垫，但最后我们会看到默比乌斯带与其他维度的关联，所以我认为这值得探究。

我将简要介绍我们需要了解的物理学概念：基本粒子具有我们称为“自旋”的固有角动量。这里的“自旋”概念可能会引起误解，因为粒子自旋与我们日常生活中接触的物体（如陀螺、硬币或芭蕾舞演员）的旋转并不相同；由于基本粒子是点状的，空间中的旋转对它们来说没有什么意义。实际上，此处的“自旋”表明粒子的状态在相位上振荡。根据前文的讨论，你可能已经猜到这些相位的取值是复数。

更加奇怪的情况还在后面。这些点状粒子不仅具有角动量，而且角动量的取值范围是固定不变的。在日常生活中，你可能会看到旋转的陀螺、硬币或芭蕾舞演员，这些事物或人的旋转速度可以改变（连同角动量一起发生变化）。但是，基本粒子的自旋必须保持特定的预设值。它既不能减缓，也不能加速，而且永远不能。这些自旋有一个量子数与之对应，并且始终是 $n/2$，其中 n（原则上）可以是任何非负整数。我们现在已经发现了自旋量子数为 0、1/2、1 和 3/2 的粒子（可能还有更高的数值，但我现在不打算深入讨论这个问题）。

粒子自旋	类比	重新对齐所需的旋转角度
0		任意
1		360°
2		180°

这些自旋量子数到底是什么意思？情况将会变得更加奇怪。自旋量子数的倒数指的是，粒子必须经历多少次旋转才能使相位重新对齐。自旋为 0 的粒子是完全对称的，它的相位取向无关紧要；自旋为 1 的粒子需要旋转 1 圈（360°）才能恢复其初始相位取向；自旋为 2 的粒子则需要旋转 1/2 圈（180°）。到目前为止，一切正常。

但是，当涉及自旋量子数为 1/2 的粒子时，情况就开始变得超乎常理。这类粒子中包含电子、质子等重要角色，因此我们不能忽视它们，也不能简单粗暴地将其视为异类。如果一个粒子自旋量子数为 1/2，那就意味着它必须旋转 2 圈才能使相位重新对齐。

粒子自旋	初始状态	旋转 1 圈	旋转 2 圈	重新对齐所需的旋转角度
1/2				720°

对于陀螺、硬币以及芭蕾舞演员等“普通”实体来说，这种现象完全无法解释。如果你站起来原地旋转一圈，你的朝向一定会回到初始方位。但是，这些自旋为 1/2 的粒子的运作机制截然不同。我能想到最贴切的类比是默比乌斯带。默比乌斯带具有各种各样有趣的数学性质，包括它只有一个面，并且是不可定向的，这是一个复杂的数学术语，意思是你无法区分顺时针和逆时针方向。如果一个二维的人生活在默比乌斯带上，那么他会在原地旋转一圈之后发现自己的身体上下颠倒了。

实现这一点的关键在于，默比乌斯带必须借助第三个维度进行扭曲，这相当于复数值在粒子相位中所起的作用。无论粒子自旋是否涉及更高维空间，从数学上讲，它们的表现就像是涉及更高维度一样。

图 8-8

如果你对此充满好奇（而我衷心希望你感到好奇），下面让我们再向前迈出一步。默比乌斯带还有相应的三维版本，被称为“克莱因瓶”，它们在第四个维度中扭曲。如同许多高维物体一样，当我们试图在仅有三维的空间中想象这种物体时，克莱因瓶看起来似乎会在三维空间中与自己相交。与默比乌斯带一样，克莱因瓶只有一个面，并且没有围成任何体积，其“内侧”与“外侧”的转换方式恰如默比乌斯带的“正面”与“反面”之间的转换，这是一种相当精妙的维度魔术。

关于其他维度的另外一条线索来自广义相对论和量子力学之间的冲突，几十年来，二者之间的矛盾一直是物理学界的“眼中钉”，想必你已经非常熟悉了。正如我们在大爆炸以及黑洞相关章节中讨论过的，我们对这两种极端物理情况的理解都遇到了瓶颈，因为我们拿不出一个可验证的量子引力理论。但别气馁，即使我们（目前）无法验证我们的假说，我们至少还提出了假说，不是吗？其中比较有前景的是名为“弦理论”（顺带一提：这是“理论”一词被滥用的典型案例；虽然已经被冠上了“理论”之名，但是严格来说“弦理论”还没有资格成为科学意义上的“理论”，因为它还没有通过任何验证。不过，我承认“弦假说”听起来略显滑稽）的理论模型。弦理论的中心思想是，基本粒子本质上是振动的能量弦。

弦的振动模式决定了该粒子的特性。如果你曾经弹奏过弦乐器

（或者看过别人演奏弦乐器），你就能明白振动弦的概念，弦的振动模式可以使乐器的音色在柔美与尖锐之间来回变化。如果你曾听过儿童交响乐团的音乐会，你一定对此深有体会。作为一名大提琴手的家长以及曾经的小提琴手，我对此感悟颇深。当演奏者按下琴弦来改变振动部分的长度时，音高会随之发生变化。根据弦的长度，只能存在某些特定波长的振动，其根源在于所谓“边界条件”的限制——毕竟琴弦两端是固定的，因此特定整数倍波长的振动必须恰好适配于两端的间距。

上述原理也同样适用于环形弦，由于弦是环形的，它必须将自身无缝连接，因此特定整数倍的波长必须与环的周长相适配。弦理论中的“弦”与此相似，只不过它们小得令人无法想象，而且据推测（这一点也许让所有弦乐器演奏者都嫉妒），这些弦还会在其他维度中振动。当下最火热的弦理论变体当数“M理论”，该理论指出，我们的现实中一共有 11 个维度，除了我们日常生活中所熟悉的 3 + 1 维时空之外，还有 7 个维度。我最喜欢的数字恰好是 7，所以如果这个数字最终得以验证，我会把它当作个人的胜利（就像你为自己心仪的球队赢得比赛而感到骄傲，尽管你只是坐在沙发上观看比赛）。不过，如果你还保有一丝怀疑态度（希望你有），你可能会想，剩下的 7 个维度到底在哪儿？你可能至今都没有注意到身边竟然还有其他的维度。

弦理论对此的解释是，在这些额外的维度中，有 6 个维度隐藏在我们人类的感知能力和实验设备的探测能力之外，因为它们是“紧致化”的。我对“紧致化”（在日常生活中实在不太常见）这个词唯一的负面看法是它可能隐含着某物（在该语境下指的是弦）受到了不明外力的强制压迫。比如，“我将衣服压紧以便能将它们收进行李箱”或者“我坐在面包上把它压紧”（实不相瞒，我的一位不愿意透露姓名的友人在小时候很喜欢做这件事）。在弦理论中，我们所说的“紧致化”仅仅意味着弦极其微小，几乎接近普朗克尺度，以至于我们无法借助现有技术感知或探测它们。

在讲授这些内容时，我会给学生们提供一个自愿选择的加学分作业，以此来激励他们感受一下紧致化维度的运作机制。首先声明，我接下来所说的并不是真正意义上的紧致化，它仍然存在于我们的三维空间中（如果你的实验结果有所不同，或许你应该考虑将其投稿给物理学期刊），但我发现这个活动可以通过类比帮助我们直观理解紧致化。此外，我本人酷爱艺术创作，并且认为给学生们创造一个在深刻的存在主义讨论中发挥创造力的机会，正好也能让他们放松一下大脑。我想为你推荐的是“六面六角折变体”，你可以在网上找到很多关于这种折纸的图案和教程。我有一个珍藏许久的六面六角折变体，多年前我花了大半天的时间设计并上色，至今仍会时不时拿出来把玩一番，它身上的折痕已经逐渐显露出磨损的迹象。有一天，我的丈夫心不在焉地摆弄着它，不知怎么竟然把它折成一种我之前从没见过的混合状态。所以，这一重大发现应归功于他。

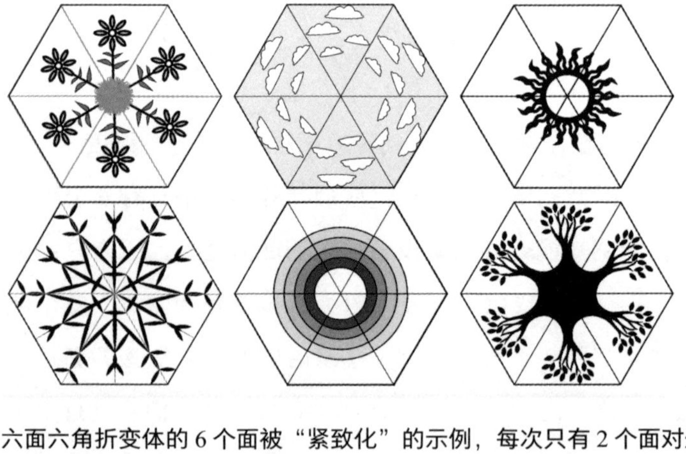

图 8–9　六面六角折变体的 6 个面被“紧致化”的示例，每次只有 2 个面对外可见

六面六角折变体在以下方面与紧致化维度非常相似：对外部观察者（尤其是远距离观察者）而言，它们看起来像二维对象，只有正面和背面。然而，当你折叠和翻转它们时，另外 4 个面就会显现出来。换句话说，这种表面看似二维的对象，其实有 6 个“面”。这个类比并不完美，我相信有些专业从事拓扑学研究的数学家已经准备好要争论六面六角折变体究竟有多少面，但这个类比很好地说明了维度如何以不可见的紧致化方式存在。

描述这 6 个紧致化维度的主流数学模型叫作“卡拉比–丘流形”。（“流形”意指其任意局部区域均可视为平坦空间。现在你不需要深究这些，除非你是数学专业的学生。）这些流形具有非常引人注目的特性，包括重要的对称性，以及与爱因斯坦场方程的一致性，用专业术语来说，它们是里奇平坦流形。我敢打赌，当我告诉你这种流形需要用复数来描述，你一定会感到惊讶。耐人寻味之处在于，这些流形具有 3 个空间维度，似乎没有超出你的日常生活经验。然而，由于这 3 个空间维度是用复数描述的，因此每个维度实际上是二维的，所以我们最终得到了 6 个额外的维度。由此形成的形状（当它们被投影到三维空间，然后再映射到二维纸张上时）令人惊叹。

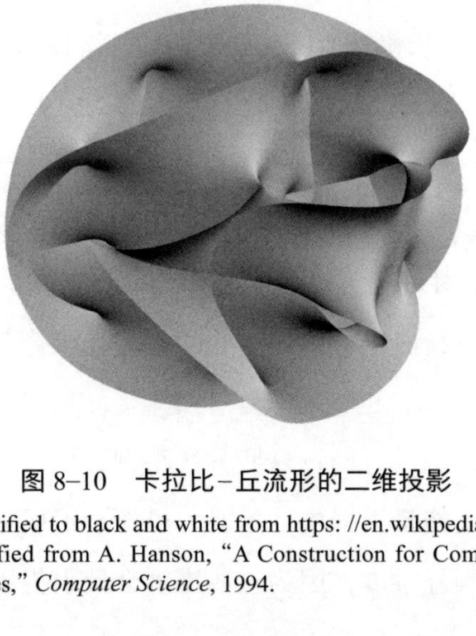

图 8–10　卡拉比–丘流形的二维投影

图片来源：Image modified to black and white from https: //en.wikipedia.org/wiki/File: Calabi-Yau.png, in turn modified from A. Hanson, “A Construction for Computer Visualization of Certain Complex Curves,” *Computer Science*, 1994.

实际上，可能存在无穷多种卡拉比-丘流形（该问题截至本书撰写时尚未得到解决），其中每种流形都对应着不同的粒子特性。如果粒子特性是由这些紧致化额外维度的具体形状决定的，那么这些特性在某种程度上可以视为时空编织结构上的烙印。关键在于，如何从可能存在的无穷多种流形中甄别出与我们的宇宙相符的那一种？如果我们成功地找出能够产生我们所观测到的特性的流形，那么下一个显而易见的问题是，为什么在所有可能性中，偏偏是这种流形呢？于是，我们又回到了那座乌龟塔。

理论家正在探讨的假说之一是，在宇宙膨胀之前（参见大爆炸相关章节），宇宙的所有维度都是紧致化的，并且大致处于同等的地位。当对称性被打破，暴胀拉开帷幕，如今被视为紧致化的维度根本没有暴胀（至于为什么它们没有暴胀，这必然是一个开放性问题，因为我们甚至不确定它们是否存在）。这也引出新的问题：其他可能存在的宇宙是否在保持不同维度紧致化的条件下实现暴胀？

我们（目前）探测不到如此微小的尺度，事实上这也意味着我们无法直接验证这一理论，所以你应该保持高度怀疑的态度。正如物理学家、数学家彼得·沃伊特所言，弦理论“甚至连错都算不上”，[5]这句话源自素以言语刻薄著称的诺贝尔奖得主沃尔夫冈·泡利。对于局外人来说，“甚至连错都算不上”这样的说法可能无伤大雅，但是从泡利的嘴里说出来可是一种严重的侮辱，这意味着一个假说完全超出了科学的范畴，因为科学对可证伪性有要求。

话虽如此，但我们仍可通过一些间接途径收集弦理论的旁证；只是即便得到此类成果，也完全谈不上是什么“证据”，更何况我们经过几十年的尝试，也没有通过这些方法得到任何成果。例如，当大型强子对撞机在极高能量下撞击粒子时，可能会形成微型黑洞，但前提是存在紧致化的额外维度，因为这些维度会使引力更加集中。如果我们的宇宙仅有 4 个维度，那么对撞机需要达到大约 10^{28}eV（电子伏特）的能量才能产生微型黑洞，而目前的对撞机只能达到大约 10^{13}eV 的能量；因此，如果真的不存在额外维度，我们距离创造出微型黑洞大约还差 15 个数量级。然而，一些预测表明，如果存在额外的紧致化维度，微型黑洞创生的能量阈值也许正好在当前对撞机技术的可达范围内。[6] 放心，如果大型强子对撞机确实成功创造出了微型黑洞，你一定会收到这个消息，铺天盖地的报道会让你想避开这个消息都难。

尽管弦理论面临诸多挑战，一大批素来以怀疑态度与实证精神著称的数学家和物理学家却仍然对它（或其他与之类似的理论）的正确性抱有近乎宗教信仰般的笃定。为什么呢？因为弦理论可以统一四大基本力、构建量子引力理论、阐释粒子特性的成因（这在微调相关章节中至关重要）。对于一个理论来说，单单以上三点就已经堪称千斤重担了，而且，弦理论还具备数学领域备受推崇的特质——美。如果你难以理解“数学”和“美”之间的关系，这也是人之常情。数学之“美”往往直指概念的核心，而非人类通过可以理解与表述的方式创造的发明。

平心而论，数学概念的美感无疑是主观的，其根植于人类的审美偏好，而后者又源于进化历程（这往往与繁衍和生存联系更加紧密，而非宇宙中的终极真理）。在数学和科学中，美感通常取决于对称性、简洁性和优雅性。这些特质暗示着底层秩序、一致性与和谐性，而后者往往被视为深层真理的标识，这就是为什么众多数学家和物理学家总是会说“美是真理的向导”。我们将会在自然法则相关章节中看到，学界存在一种广泛的隐含信念，即宇宙的基本结构必然是优美的。

许多学者（包括我自己）坚信，我们是在发现而不是在发明底层概念。如果秉承着宇宙的基本真理必然美丽这一信念，那么当你遇到像弦理论这样充满对称和优雅的概念时，自然会产生“它一定是真的”

（哪怕它不是真的，那它也应该是真的）这样的想法。最重要的是，弦理论不仅能够解决物理学中的一系列重大问题，而且还是以相当美丽的方式来解决这些问题的。根据第 2 章述及的“合理–真实–相信”认识论模型，“美感”是否应当作为某种依据似乎见仁见智。大多数我认识的科学家都认为美只是一种暗示，而非确凿的证据。结果就是，弦理论依然处于“甚至连错都算不上”的范畴，但相比于“甚至连美都算不上”这样的侮辱，前者已经相当温和了。

细心的读者可能已经注意到前文在数学表述上的矛盾：如果我们熟悉的宇宙有 3 + 1 个维度，且卡拉比–丘流形有 6 个紧致化的维度，那么为什么M理论会有总共 11 个维度呢？回答这个问题需要引入一种名为“膜”的数学构造。你可以把“膜”（brane）这个词理解为传统意义上的二维“膜”（membrane）的缩写，但这类几何结构可能有任意数量的维度。M理论通过膜为弦提供了栖居嬉戏的场所（同时也统一了 6 种不同的弦理论），这也在 3 + 1 + 6 的基础上新增了一个维度，最终我们得到了 11 个维度。[7]

在膜宇宙学的论域下，你可以把我们熟悉的三维空间想象成一张更高维度空间中的膜，这意味着这个通往 11 维的额外维度是宏观的，而不是蜷缩在微观流形之中。膜宇宙学猜想自然衍生出一项精妙的特性，那就是它可以解释引力为何如此微弱。具体来说，在此类模型中，负责引力的弦并不像其他类型的弦那样被局限在膜中。如果引力可以外泄到其他维度，我们就可以解释为什么这种作用力格外微弱。

然而，此类模型有一个小瑕疵。20 年前，这些模型还有“无法验证”的优势，但今天它们已经不再是“甚至连错都算不上”了。现在，引力波探测器已经投入使用，听到它们现在定期检测引力波，你或许会感到欣慰。我们偶尔还可以借助老式的设备，通过光子观测引力波的源头，从而针对引力的各种表现开展实验（因为我们可以“看到”

是什么发出了引力波）。凭借目前掌握的数据，我们已经对引力外泄到其他维度的可能性施加限制，并且目前的结果对膜理论的支持者而言不容乐观。[8] 不过，随着数据不断积累，局势可能会日渐明朗。

即使最终结果表明这些特定的膜理论模型无法描述现实，它们也能让我们突破思维定式（在这种情况下指的是跳出膜理论的局限）。这完美诠释了我最推崇的科研方式：有时看似疯狂的想法最终证明是真的；即使它们未能取得成功，我们仍然可以从中收获深刻的洞见。在科学探索的路上走进“死胡同”是很正常的，科学家常开玩笑说要为“失败”的实验创办一本期刊（天知道我有多少篇相应成果可以投稿）。由于我们通常不会公开发表这些走入“死胡同”的研究，而且这些研究也不会出现在大众媒体上，因此外界可能误以为科学的发展呈线性轨迹。实际上，我们经常会迂回折返、原地绕圈，甚至重新点燃曾被认为不正确的老想法。如果我们只做那些我们知道会成功的实验，科学就很难取得进展。事实上，我经常提到的一句座右铭是：“胜败乃兵家常事。”这不仅仅是对本人科研之路的写照，同时也适用于烹饪、绘画、教研、演讲和社交。[9] 我认为，如果所有的实验都成功了，要么是你的创造性思维还没有充分发挥出来，要么是你挑战的难度还不够大。

我们的宇宙中不但可能存在其他维度，还有可能存在其他具备独特维度体系的宇宙。多重宇宙的可能性直接把我们带到了科学的边界，以及科学与哲学的交汇点。需要明确的是，部分科学家会坚定地主张这一话题完全超出了科学的范畴，而我对这一立场多少有些同情。再次提醒大家，任何自称“科学”的主张，首先必须是可验证的。另外，我也坚持认为，仅仅因为当前无法验证就否定其他宇宙存在的可能性是目光短浅的。如果我们从一开始就拒绝思考那些古怪的想法，那么

"我们显然无法验证它们"这样的预期就免不了会成为自证预言。除非有人想争辩说，我们当前的物理认知、数学框架和技术能力已经达到人类能力范围的巅峰，否则我们就应当对何为可能、何为不可能时刻保持警惕。

我们已经围绕不同形式的宇宙开发出完整的分类法，其中一些是幻想的，依存于其他维度的概念，而另一些在我看来则平淡无奇。多重宇宙概念之间的差异大多可以归结为我们对"独立"宇宙的界定标准不同。例如，所谓的"另一个"宇宙，是否仅仅意味着它与我们的宇宙没有因果联系？还是意味着这个宇宙存在于我们熟悉的 3 + 1 维度之外？这又引出了一个语义学问题，这种问题似乎总是在那些超出人类日常生活经验的话题中出现："宇宙"、"多重宇宙"和"元宇宙"这些概念之间有何关系？我的经验是，这些术语在现实生活中的使用并不统一，而现在"元宇宙"这个词又与虚拟现实的概念牢牢绑定在一起，这使得情况越发棘手。为了确立讨论的基点并至少在本书中保持内部一致性，我将统一规定一些词语的定义（显然此举并无法律依据，但我作为作者理应享有这项权利）。因此，如果你在本书之外遇到这些术语，请注意它们的含义可能有所不同。

宇宙：具有特定维数的拓扑结构互相连接的区域。例如，在我们熟悉的 3 + 1 结构中，可能存在超出宇宙视界之外的区域，这些区域与我们共享相同的基本时空维度框架，而我们无法与这些区域建立因果联系。即便如此，时空的拓扑结构也依然平滑且连续地连接着这些区域。

大宇宙：我将用这个词来描述一切存在的事物，无论我们是否能观测到它，无论它是否与我们的宇宙在因果或维度上有所关联。在我看来，这个概念位于等级结构的顶端。

多重宇宙：大宇宙中拓扑结构断开或是物理特性相异的独立区域。

元宇宙：可能生成其他宇宙的母宇宙。

接下来，我会向你介绍一些可供参考的多重宇宙模型。在我看来，最平淡无奇的情形是，仅承认我们宇宙视界之外的区域：在上述操作性定义中，这些区域甚至称不上是独立的宇宙。这一构想基于现实情形，即我们仅与宇宙中的一个有限区域具有因果联系，这个区域被称为“哈勃体积”。你可能会认为，随着时间的推移，哈勃体积会逐渐增大，毕竟，光传播的时间越久，我们能够探测到的光就应该越远。虽说这个思路是正确的，但还有另一个效应占据了主导地位；由于宇宙在膨胀（而且实际上是加速膨胀，我们将在下一章详细讨论），距离越远则退行速度越快。在某一距离处，天体的退行速度达到光速，这个距离就是哈勃体积的半径（目前约超过 140 亿光年），在这个半径之外，我们永远无法建立因果联系（除非实现超光速旅行）。随着时间的推移，宇宙的加速膨胀会将宇宙中越来越多的区域移出我们的哈勃体积。如果按照这个逻辑一直推演下去，未来的前景将会非常黯淡，最终，我们将在自己的哈勃体积孤独终老。当然，我们是否能生存到那个时候，仍然是一个悬而未决的问题。我有时会想象，如果在遥远的未来，在这个小小的哈勃体积内只剩下我们自己困守孤岛，那时的天文学家面对空无一物的宇宙该作何感想。

如果你想忽略上述操作性定义，我们可以将哈勃体积之外的区域都视为“另一个”宇宙（实际上确实有人是这么做的）。抛开语义不谈，我们无法知道（也永远不可能知道）[10] 哈勃体积外部的情况。学界普遍认同哈勃体积之外的区域与我们并不存在因果联系。既然我们永远无法观测到哈勃体积之外的区域，我们就必须承认大宇宙在那里可能以完全不同的方式运作（这对即将提到的另一种“多重宇宙”模型至关重要），而且我们可能正身处于某个异常区域。如果这是一张老式地图，那么在哈勃体积的圆圈外面一定会用优美的书法写着“此处有龙群出没”。

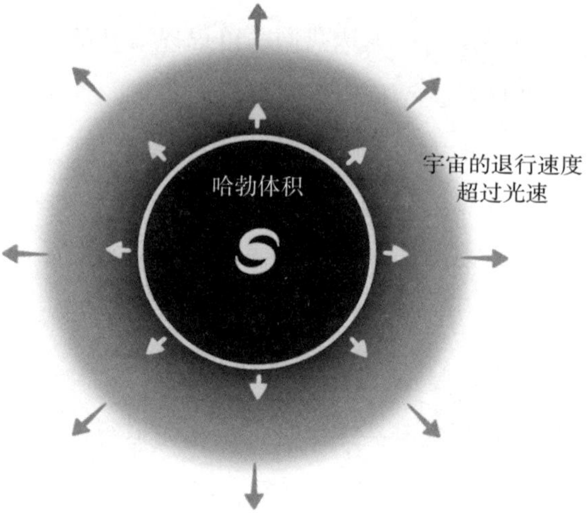

图 8–1

不过，“多重宇宙”理论还有一个更加刺激的升级版。如果宇宙是无限的，那么其中必然包含无穷多个哈勃体积。如果是这样，不仅会出现每种可能的初始条件，而且会出现无穷多次。这种情况会引发某些显而易见而又令人不安的后果，特别是，这意味着大宇宙中存在着与我们这个哈勃体积完全相同的复制品，甚至这样的复制品有无穷多个。言下之意是，宇宙中有无穷多个你、我和你的小学老师。事实上，我们甚至不需要宇宙是无限的，只需要宇宙足够大，大到足以重复每一项初始条件，就可以合理地预测与我们的哈勃体积完全相同的复制品存在。根据物理学家迈克斯·泰格马克的推算，距离我们最近的复制品大约在（10^{10}）^{115} 米开外。[11] 平心而论，这么大的数值虽然难以想象，但它确实不是无穷大。

与哈勃体积类似的还有混沌暴胀理论：这一构想认为，即便底层维度在拓扑结构上相连，也有可能具备不同的物理特性。根据混沌暴胀（也称为“永恒暴胀”）的说法，不仅存在其他哈勃体积，而且由于宇宙早期的量子涨落，不同的区域暴胀的方式不尽相同。此外，基础的“元”宇宙将持续不断地孕育新的区域气泡，并且它们呈现出基本的分形特征，而每个气泡中的本地居民都会理所当然地认为他们的泡沫就是“宇宙”。[12] 在这种情况下，每个气泡中都可能会存在不同的物理规律；[13] 我们在讨论弦理论时曾提到，在这个猜想中，紧致化维度是否暴胀以及它们最终的具体形态，将直接影响我们在宇宙中观察到的力和粒子的特性。因此，混沌暴胀会直接影响到我们即将讨论的微调问题。

混沌暴胀还导致了物理学家阿兰·古斯所说的“年轻悖论”，这是永恒暴胀中所谓“测量问题”的具体表现之一。在处理无穷大的时候，我们在测量方式上的抉择将会对测量结果产生极大影响。在这种情况下，如果元宇宙持续不断地以指数级速率暴胀生成新的宇宙泡泡，那么新生宇宙的数量将远超成熟宇宙。以兔群为例：一只典型的兔子在大约 6 个月大时就能繁殖，如果我们最初拥有两只兔子，平均每胎产下 6 只幼崽，那么两年后我们大约会有 80 只兔子，而这群兔子的平均年龄只有两个多月。在这样的指数增长下，“幼体”数量始终远超“成体”，这意味着，如果你随机选取一只兔子（或者一个宇宙），它极有可能刚刚诞生。

所谓的“悖论”源于我们将自己视为典型的观察者，平庸原理再次现身。然而，我们现在却生活在一个大约有 140 亿年历史的宇宙中，而在混沌暴胀中，典型的宇宙应该才刚刚诞生。这一矛盾将我们推入了人择原理的迷宫，即宇宙的性质必须允许人类的存在，而这又引出了一个新的问题：任意形式的生命是否有可能在一个更年轻的宇宙中出现？当这种推演无限延伸时，就会出现玻尔兹曼大脑的概念（一种假设性的自我意识实体，它有可能通过随机量子涨落产生，即使是在非常早期的宇宙中），而在永恒暴胀的论域下，这种大脑的数量会远远超过像我们这样的智慧生命。

事实证明，想要构建不会导致永恒暴胀和此类多重宇宙的宇宙暴胀模型异常困难。阿兰·古斯甚至公开表示："很难构建出不会导致多重宇宙的暴胀模型"，因此，"年轻悖论"的重要性不容小觑。[14] 当然，解决方案是有的，其中一个最明显的解决方案是，我们所在的宇宙区域并不典型，但是这又会招惹一大堆麻烦事。另一种可能是，我们仍然不了解暴胀的物理原理，这不足为奇，因为暴胀确实涉及很多我们并不了解的物理原理。在史蒂芬·霍金（临终前）与托马斯·赫托格合著的一篇论文中，两人提出了一个修正的暴胀模型，简化了原有的暴胀模型，但它仍然不是一个万能的解决方案。[15] 根据霍金的说法："我们尚未达成一个唯一的、独特的宇宙，但我们的发现意味着多重宇宙的范围已大大缩小。"[16] 所以，我猜这算是取得了进展。

还有一个与混沌暴胀类似的概念，即"多产宇宙"。黑洞相关章节阐述了黑洞内部有可能会孕育全新的"宇宙"，而该假说可引申出以下推论：我们很可能生活在一个由母宇宙创造的黑洞内部。毫无疑问，这个想法会招致批评，其中有一部分观点我深以为然，而另外一部分观点则不敢苟同。[17] 对于反对黑洞宇宙模型的学者来说，当前问题的症结在于黑洞信息悖论，以及黑洞是否会不可挽回地吞噬信息。如果没有任何信息留存，创造新宇宙所必需的原材料可能就会有所欠缺，进而引发"我们这个宇宙最初的信息来自何处"这样的问题。

如果多产宇宙假说的某个变体成立，那么在我们宇宙中产生的每一个黑洞都有可能产生一个新的"宇宙"。如果连接它们的"虫洞颈"

被掐断（就像脐带一样），那么母宇宙和子宇宙可能会实现拓扑结构的分离。在这个子宇宙形成的过程中，母宇宙中的粒子和力的特性可能会被传递或发生突变。例如，你可以想象在这个子宇宙的维度中，可能会印上不同的卡拉比–丘流形。如此一来便有可能形成一大串宇宙谱系，其中有的分支可能完全不具备生育能力，而有的分支则枝繁叶茂，生生不息。

我们还可以设想存在这样的宇宙，它们在拓扑结构上与我们的宇宙并未（并且也从未）相连，这就涉及膜世界宇宙学。这个版本的多重宇宙与弦理论和M理论直接相关。[18] 事实上，早在M理论问世的10 多年之前，科学家就在设想我们宇宙可能处在某个更高维空间中的“畴壁”上。[19] 而膜世界宇宙学的基本思想是，我们的宇宙等价于在更高维度空间（我们称之为“体空间”）中存在的一片多维膜。

膜世界宇宙学肩负着诸多使命，其中包括解释引力如此微弱的原因，甚至还有希望对大爆炸进行解释，此前章节亦有涉及（特别是“火劫宇宙模型”探讨了膜在这个超维空间中发生碰撞后可能导致的后果）。[20]

遗憾的是，目前的实验结果（包括来自大型强子对撞机和引力波探测器的结果）已经对膜世界宇宙学的可能性给出了限制。[21] 我说“遗憾”是因为我非常希望这一假说成真，但不管怎样，宇宙并不总是按我想要的方式运行。就像所有证真偏差一样，我们越是希望某事成真，就越应该保持怀疑态度；在这种情况下，我必须主动克制住自己利用理论漏洞维持该假说可行性的冲动。但是未来难料，我还没有完全放弃希望。

像弦理论一样，量子力学也通过多世界诠释开辟了通往新宇宙的路径。量子力学指出，事物存在于量子叠加态当中（它们既同时存在于每一个状态中，也同时不处于任何状态，并且每个选项都有相应的概率）。这些涉及量子力学的东西直到与宏观世界相互作用时，才会做出选择。实际上，当我进入冰激凌店时也有这种感觉；我会事先为自己可能选择的任何一种口味分配概率，但直到站在那里逐一审视所有选择后，我才会做出最后的决定。在哥本哈根诠释的波函数坍缩框架下，我确实必须做出决定，即使我的选择是完全随机的。

多世界诠释令我倾心之处在于（我们延续前面的类比）：我可以品尝每一款自己心仪的冰激凌，尽管这样的事情发生在我察觉不到的其他宇宙分支中。与波函数毫无规律地随机坍缩不同，在多世界诠释中，波函数会经历量子退相干，从而达到每一个可能的取值，并在这个过程中为每一个取值产生具有对应性质的新宇宙。许多人都指出了多世界诠释的一个小瑕疵，那就是除非我们能通过某种方式限制分支数量，或是通过其他方式合并分支，否则我们似乎会得到无穷多个宇宙。

这个假说还有一个引人入胜的地方：如果宇宙是无限的，那么由此派生出的宇宙实际上与超出宇宙视界的情况相似。在这两种情况下，从每一种可能的量子配置和波函数坍缩中产生的每一个可能的结果都会成为现实，尽管我们无法与之交互。

确实，多世界诠释留下了一大堆存在主义问题，对此我和大部分人一样一无所知。比如，既然宇宙不断产生新的分支，那为什么我们的意识仅驻留于当前这一分支？这对意识来说意味着什么？

以上只是对“是否存在其他宇宙”这一问题的部分回答（但愿你还没有筋疲力尽），但已涵盖了学界正在严肃考量的主要观点，并且都有经过同行评议的论文发表。我们需要反复自省的关键点在于，对某一对象进行可验证预测并不必然要求该对象本身可被直接观测。尽管这看起来有些自相矛盾，但这个原则是科学进步的核心。通过预测得出的可观测属性与行为收集间接证据，这是我们在天文学领域一直在做，也几乎是唯一能做的事，即使是像恒星演化这样平淡无奇的话题；

我们既不能在人类的寿命尺度内观察恒星演化的全过程，也不能派探测器进入它们的核心查看究竟发生了什么。取而代之的是，我们基于已掌握的物理学理论来构建模型，并做出可被验证（希望如此）的预测。

我们必须不断追问：是否有其他模型能够产出类似的预测？如果是这样，在找到可以区分它们的验证方法之前，我们必须对所有模型持开放态度。这些模型的一个基本要素在于，它们根植于我们对物理学的理解。为超出现有理解的情况创建模型，会让我们开始感到不安。若是创建出的模型既超越现有物理认知，又缺乏可验证预测，那么即便是最轻信的科学家，也会退避三舍。

在早期的教学生涯中，我常常要求学生们去验证这些疯狂的想法（比如多重宇宙），并将其作为他们每周的固定作业。我的初衷是，让学生们（他们还没有完全被“怀疑主义”洗脑）考虑这些可能性，或许可以激励他们产生一些非同寻常的想法，以应对看似无法解决的问题。事后看来，我的愿景有些过于天真，因为这些学生并没有足够的知识框架来应对多重宇宙这样的课题。

不可否认，世界上确实存在许多荒诞不经的构想，但若因某个思想领域充斥着疯狂的想法就全盘否定其价值，无异于漠视那些经过审慎思考便可获得的真知灼见。只要我们能清晰地辨别哪些是不可验证的（或者将来可验证的），便仍然可以立足于坚实的基础之上。科学发展的其中一条道路就是不断追问自己的某个想法如何才能得到验证，即使其所需要的技术尚未问世。

我担心我们在是否存在其他维度的问题上陷入了不尽如人意的认知困境。我们无法断言其他维度或多重宇宙不存在，同时也有一些线索表明它们可能存在。其他维度或宇宙的存在也与接下来的两章密切相关：为什么我们的宇宙具有我们所见到的自然法则，以及宇宙的参数是否得到微调。真正的挑战在于探索与这些额外的维度发生相互作用的可能途径。迄今为止，我们能想到的所有方法仍未取得实质性突破。实证主义者可能会争辩说，如果我们确实无法与这些额外维度互动，那么它们是否存在就无关紧要了。从纯粹实用主义的视角来看，这种观点或许会成立。但是，这个世界上怀揣本体论探索精神的人绝不只有我一个，而我想知道的不仅仅是我们能够感知到的事物，还有存在的本质究竟是什么。

小结

我们正在逐步深入探索宇宙中的重大谜团。我们似乎生活在一个允许黑洞存在，也允许类似大爆炸这样的事件发生的宇宙中。我们拥有看似能使一切都有可能发生的单一时间维度。目前看来，我们的宇宙中似乎有 4 种不同的力，如果没有这些力，我们如今所知的生命就不可能存在。

但为什么我们的宇宙一开始就具备这些特征呢？为什么宇宙拥有现在的这些力，以及支撑这些力发挥作用的时空结构呢？

我们为什么拥有现有的自然法则？这个问题是整个物理学的基础，也是我们存在的基础。接下来的两章将深入探讨这些法则是什么，它们从何而来，它们是否可能不同，以及如果它们确实变得不同，我们的宇宙是否仍然宜居。

因为我们置身于由这些法则构成的宇宙中，所以自然会面临着自我指涉的悖论，而摆脱这一困境的路径并不明确，至少现在还不明确。

第 9 章

是谁在操控背后的自然法则？

我们的宇宙中似乎有某种身居幕后的法则或规则在支配着所发生的一切。如果没有这些法则，万物将失去规律与缘由，秩序不复存在，对行为的预测也无从谈起。你可能觉得我在危言耸听，但是这种基本法则的缺失确实会以无数种对生命不利的方式表现出来。比如，如果没有规定物体如何响应引力作用的法则，那么就不会形成恒星；即使形成恒星，也不会形成行星运行的轨道，更别提行星本身了（更多内容将在微调相关章节详述）。

我们深深嵌入在这些法则中，甚至可以说是这些法则的产物，所以我们很容易把这些法则视为理所当然。我们很容易陷入法则“本应如此”的思维定式，而不再多想。对我来说，单纯地将这些法则视为上帝赋予的恩惠，感觉就像成年人用“没有为什么，事情就是这样”来敷衍孩子的问题。我对这样的答案非常不满意，希望你也一样。

自然法则构成了本体论的一个基本方面，但我们不知道为什么这些法则会是我们见到的模样，也不知道它们是否本应如此。显然，宇宙存在某些法则，但我们无从知晓这些法则的来源，不清楚它们的编码过程，也不明白它们如何指导宇宙的运行。我们将自然法则解读为力的各种表现形式，但这些力的相对强度似乎完全随机，缺乏我们物理学家所期待的某种基本对称性。物理学家普遍相信，4 种已知的基本力应当能够统一，但具体如何实现却没有明确的答案。没有什么比深刻的本体论危机更能激发思考了。

思考自然法则这种抽象存在是一场无休止的追问，会让我们不自觉地陷入无穷倒退的困境（在这本书里已经司空见惯）：是否存在某种决定着我们这个宇宙可以拥有哪些法则的“元法则”？如果有，这些元法则又是由什么决定的呢？

试图理解我们自己所栖身的宇宙绝非易事。一些物理学家总能让我肃然起敬，他们花费几十年时间来精心打磨各种高度精密（通常也相当昂贵）的实验，却往往得不到想要的结果。此时，我想静下心来，退后一步从更高的视角看待我们正在尝试做的事情。当我在课堂上讲授这些内容时，可以通过黑板实时推演，也可以通过投影仪展示动态示意图，而且学生也或多或少有义务跟随我的节奏，耐心地听我讲解。试图通过静态的书籍来讲解这些内容或许是徒劳的，但在我看来，这个终极目标意义重大，值得放手一搏。

作为作者向读者提出这样的请求或许有些奇怪，但我希望你能在接下来的几页中给予我充分的信任。请相信这些论述最终会指向某个结论（但我不打算现在就透露答案，因为我觉得亲身走过整个探索历程会使结论更有冲击力）。

为了这次探索，我们需要先进入“生命游戏”的世界。请注意，不要与那些通过转盘做出人生重大选择的桌游混淆，我们在这里讨论的是由数学家约翰·康威在 1970 年开发的生命游戏（因此它通常也被称为“康威生命游戏”）。[1] 解释这个游戏需要费一些工夫，老实说，仅凭文字描述难以展现其精髓，不过好消息是，网上有很多生命游戏模拟器可供体验，你可以（应该）在阅读文字的同时试着玩一玩。我的学生们（他们对电子游戏的了解远胜于我）已经证实，这个游戏具有意想不到的吸引力。

生命游戏的妙处在于其简洁性，其中的所有内容都呈现在一张最普通的像素（也称“元胞”）网格上，类似于一张标准的坐标纸（在 20 世纪 70 年代家用电脑尚未普及的时候，这种坐标纸是相当趁手的工具）。网格中的每个元胞只有“存活”（填色）或者“死亡”（空白）两种状态，每个元胞都有 8 个相邻元胞（对角线方向上的也算相邻）。此外，整个系统的演化遵循以下两条简单的规则：

（1）元胞繁殖：新元胞的诞生需要三个（而不是两个）存活的元胞与之相邻。如果三个存活的元胞同时与一个空白的元胞相邻（对角线方向也算），则这个元胞的状态将在下一次迭代后变为存活。

（2）元胞死亡：元胞会因为过度拥挤或极度孤独而死亡。如果与一个存活元胞相邻（记住，对角线方向也算）的存活元胞少于两个或超过三个，则这个元胞的状态将在下一次迭代后变为死亡。

就是这么简单。我完全理解，游戏可能听起来就像是观察草木生长一般乏味，而我也不得不承认，有时候数学家会对某些稀奇古怪的事物产生特殊兴趣。但这个游戏之所以能吸引狂热的追捧，时至今日仍有广大玩家甘愿投入大量时间参与其中，显然不是因为它顶级的图像表现力。事实上，在那个《乒乓》独占鳌头的时代，电子游戏根本谈不上有多高的图像表现水平。

我们可以先做一些基础练习来热热身。观察下图中的三种不同模式（A、B 和 C）。根据上述关于元胞繁殖和元胞死亡规则的描述，你能推测出每种模式在下一次迭代后会变成什么样吗？

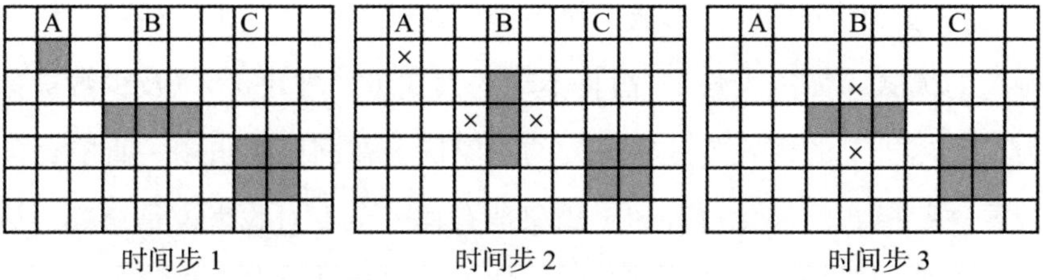

图 9–1

A 模式直截了当，它的周围没有任何存活的元胞，所以它会因孤独而死亡；B 模式稍微复杂一些，我们需要逐个分析这 3 个元胞（及其周围元胞）的情况，B 模式中左右两边的细胞会因为孤独而死亡（它们各自都只有 1 个邻居），但中间的细胞会继续存活（因为它的周围有 3 个存活的元胞），同时其上方和下方的两个元胞会因为有 3 个相邻的存活元胞而存活；C 模式则相当稳固，该模式中的 4 个元胞都有 3 个存活元胞与之相邻，所以它会在下一次迭代后保持不变。

为完整起见，我们可以推演第二次迭代的结果。A 模式的元胞已经灭绝，为它哀悼吧，斯人已逝，生者如斯；B 模式的 3 个元胞将交替在水平方向和垂直方向连成一条线，这种模式被称为“闪光灯”；C 模式则会永远保持不动，从形状就可以看出来，这种模式被称为“方块”。从这种令人回味无穷的命名方式来看，显然数学家的命名天赋与天文学家旗鼓相当。

这些例子虽然有趣，但是并没有解释清楚为什么这个游戏如此引人入胜：怎么会有那么多人愿意在生命游戏上投入大量的时间呢？这个游戏的关键在于初始条件，即你在开局时布置的元胞排列方式决定了最终的结果。

当我能在课堂上使用投影仪而不仅仅是书本中的文字时，我会重复做几次下面的实验，我也希望你能亲自尝试一下[2]：在网格上随意涂鸦，然后按下“播放”键。多数情况下，画面中会先显示出杂乱无章的状态，但很快就会形成几个关键的组成部分，其中往往包括稳定振荡的模式（如闪光灯）、静止不动的模式（如方块），以及少数被称为“滑翔机”的模式（这些可爱的小家伙会在网格宇宙中一直航行）。观看这些模式的演化过程超乎想象地有趣（至少对我来说是这样，尽管我意识到我的书呆子程度可能会让人质疑我的判断，但成百上千个持合理怀疑态度且绝对称不上书呆子的大学生都同意我的看法）。说实话，你真的应该亲自试一试。

这正是初始条件大发神威之处。即使是随机填充网格，也能出现非常有趣的现象，或者某种极其复杂且稳定的模式。你也可以精心设计初始条件，生成一些表现卓越的模式。例如，有些模式能够无限生长，有些模式能够生成“星际之门”（以超越网格物理限制的速度发送“宇宙飞船”），有些模式能生成素数，有些模式甚至能自我复制。事实上，这个看似简单的游戏，居然仅凭两个简单的规则就能执行任意计算机算法，用专业术语来说，它是“图灵完备”的，这太令人震惊了。

现在，基于上述内容，我们可以开始思考一个更加深刻的类比。我们暂且假设生命游戏的网格代表一个真实存在的宇宙（尽管这是一个二维宇宙）。在这个宇宙中，前文提到的两条简单规则就是支配万物的自然法则。作为“全知全能”的外部观察者，我们享有从第三个维度观察这个宇宙演变的特权，而我们正在试图理解这个网格宇宙中的自然法则。

假设你现在并不知道游戏规则，但是你可以无限制地游玩生命游戏，我相信你最终可以通过不断试错，从而推断出这些规则。在你尽职尽责地完成所有你想做的测试工作之后，你甚至可能会相当自信地将这些规则称为“法则”。然而，对于生活在这个二维宇宙中的任意一个生物，都有可能会对周遭发生的一切困惑不已，他们的朋友和邻居总是会莫名其妙地出现和消失。那么，我们是否可以仅仅通过观察来推断出这些规则呢？

如果你无法通过操控这个网格宇宙来验证你的假说，那么你能够推断出的规则将极大程度依赖于初始条件设置。以我们之前讨论过的三种简单模式为例，首先是A模式，假设网格中最初只有一个孤立的像素，你可能会推断出这样的规则："一切都会在一次迭代后消亡，其他什么也不会发生。"显然，这是一个糟糕透顶的宇宙。如果从闪光灯开始，你或许会推断出："只存在长度为三个像素的形状，并且它会周期性地转变方向。"至少宇宙中还存在动态变化，但这离复杂、丰饶的宇宙还差得很远；至于方块模式，你顶多只能总结出"方块存在"这种毫无意义的结论。反之，如果初始条件包含复杂模式，那么通过持续观察演变过程，并且事无巨细地完整记录，你或许能够提出更复杂的假说，甚至最终形成"理论"或"法则"。

另外，作为二维网格宇宙的外部观察者，你还能悠闲地逐帧观察每个细胞的生死变化（记得灵活运用你手中的"播放"键和"暂停"键）。然而，要是想让这一类比更贴近现实，我们需要加快迭代速率，并缩小整个网格，而这会使单帧画面与单个像素变得模糊不清。实际上，作为观察者的你看不清楚画面中的某一局部到底还剩多少个像素（不过你可能会做出不少假设）。此时，你还能推断出规则吗？也许可以，但过程绝不轻松，而且结论的可信度也不会太高。这一情境可能已经开始让你感到徒劳，但更严峻的挑战还在后头。

现在，我们不仅只能被动地观察这个宇宙，而且时间和空间的尺度也变得模糊不清，但这还不够。为了将这个类比映射到我们实际生活的宇宙，我们还必须成为这个宇宙的一分子。设想一下，你是一个生活在这个二维宇宙中的科学家，试图理解它的运行机制，但你无法从"上方"俯瞰网格。对于非常近的事物，你或许可以围绕它们滑行以获得更多信息；但对于遥远的事物，你只能观测到它们的投影，而且只能看到视界内的元胞。在你的眼里，闪光灯会在一个元胞和三个元胞这两个状态之间交替变化，方块则是两个元胞组成的线条。复杂模式的演化过程可能看起来完全是随机的。你还能推断出这个“简单”宇宙中的自然法则吗？或许能，但你需要具备超常的耐心和抽象思维能力。

这个思想实验的目的在于，我们最后设想的这一场景，即试图理解网格宇宙中的两条简单法则，差不多就是我们在现实宇宙中的真实境遇。我们眼中的空间和时间的分辨率相当低，我们能操控的事物极其有限，所以我们只能被动地观测宇宙向我们展示的现象，与此同时，我们还身处于这个宇宙中。

的确，我们可以在实验室里做实验，尝试着操控任何我们能操控的东西来验证我们的假说，但这些尝试在它们能够探测的物理条件下局限太大。例如，我们距离探究 4 种力可能统一的能量尺度还相差多个数量级。因此，我们大部分时间都只能去观测我们所能观测到的事物，希望从它们的行为模式中找到线索（天文学家几乎 100%依赖这一方式）。单帧画面与单个像素的模糊，使我们对量子领域的理解面临困境；我们的感知和实验几乎完全捕捉不到量子尺度上时间和空间的现实情况。也许普朗克长度就是我们宇宙中“像素”的实际大小，而每次迭代之间的间隔就是普朗克时间。长路漫漫，我们需要去不断探索。

在现实的宇宙中，试图确定基本自然法则是我们当前面临的艰巨挑战。让我们梳理一下目前已经掌握的内容，提炼出那些经过沉淀的，并且是我们认为自己知道的东西。我们先需要厘清若干语义学问题，我深知这类讨论可能会让人昏昏欲睡，但如果我们在“法则”这个词的定义上没有达成一致，本章的讨论就无法顺利进行。

在物理学领域，“法则”这个词有几种不同的使用方式（我们甚至不会谈及法律体系）。就本章的主旨而言，明确区分“科学法则”和

“自然法则”非常重要。科学法则指的是科学方法论中的“定律”，正如此前在认识论相关章节所论述的，是经过充分验证但可能被证伪的规范。注意，即使在这一语境下，学界对“定律”一词的使用也并不一致：有些“定律”实际上并不是定律（例如，牛顿的万有引力定律），而有些没有被称为定律的东西或许更应该获此殊荣（例如，广义相对论）。通常，我们对后者信心十足，但我们也不排除将其推翻的可能性，如果相反的证据足够多，我们可以并且也应当修正我们的观点（事实上，这就是牛顿的“万有引力定律”被取代的原因）。

我们最终推断出的法则可能仅仅是某个更深层法则的投射或呈现。在这种情况下，实证主义者可能会认为，如果我们提出的定律可以完美地描述观测结果，那么该模型就可以视为与现实等同。我认为，实证主义立场虽有实用价值，但也有可能产生误导，致使我们错失更深层次的真理。我所说的这种更深层次的真理就是所谓的“真正的自然法则”。

这些基本自然法则才是我们真正渴求的终极答案，但它们可能超出了我们的理解能力与验证技术。这种“法则”概念带有柏拉图式的色彩，它是理想国中的法则，存在于柏拉图的理念世界中（事物的本质存在其中）。我在教学过程中常常会让我的学生们阅读柏拉图在《理想国》中论述的“洞穴之喻”，如果你也对此感兴趣的话，欢迎自行阅读。我们推断出的法则可能只是这些基础法则的投影。

辨析这两种法则的目的，在于理解凡人的认知边界，我们试图揭示更深层真实本质之间的差异。本章讨论的焦点正是第二类法则，即真正的基本自然法则。

这些基础法则必然具备一些特征：它们具有全能性，意味着宇宙（或多重宇宙）中的万物都受其支配；它们具有普遍性（或多元性），意味着它们适用于所有存在的维度中的每一个角落；它们具有非时间性，意味着它们在任何时间都是成立的（如果它们不是在任何时间都成立，那就意味着存在更加基本的法则支配着它们）；它们具有绝对性，意味着它们不依赖于任何其他条件（如果它们依赖于其他条件，那么就意味着存在更加基本的法则）。

进行到这一步，讨论已经陷入形而上学的泥潭。事实上，哲学界存在关于自然法则是否“必然”的争论，而这里的“必然”一词是指“法则不可能以其他形式存在”。如果这些法则依赖于某些其他因素，那么我们就不得不追问这些因素是什么，而它们定当指向更深层的基本要求。在此我需要表明自己的立场，我更偏向于形而上学哲学阵营[3]中的“必然论者”（也称“宿命论者”），这意味着我相信存在支配着所有现实的“必然”法则（甚至是唯一的法则）。这是我所接受的核心公理之一，部分原因在于，我无法构想一个不存在基本法则的逻辑框架。即使某些事物对我来说不合逻辑，也并不意味着它们就不可能为真。事实上，在辩论自然法则是否“必然”时，我们将再次直面无穷倒退和因果关系的问题。相信你已经见怪不怪了。

就法则而言，我们可以设想有一组必然存在的法则，而宇宙（或多重宇宙）正是从这些法则中得到了指令。如果这些法则在哲学上是必然的，那么它们就不可能且从未以其他形式存在。你脑海中可能会迅速浮现出这样的问题：“这些法则是从哪里来的？为什么是这些法则而不是其他法则？”这些诘问直击要害。但这恰是“必然”本身的困境，它相当于宣称：“没有为什么，事情就是这样。”但这种说法难以令人满意。必然性法则（不可能以其他方式存在）的第二重困境在于，任意具有偶然性的事物如何能在其自身并不具备必然性的情况下发生？这带来了巨大的挑战：若法则具有必然性且不可变更，则其衍生现象同样不可变更。最终，我们似乎得到了一个完全“必然”的宇宙（或多重宇宙），这使得自由意志等广受珍视的概念失去了存在的土壤。

另一方面，如果这些法则是偶然的，那么其偶然性源于何处（依赖于哪些更加基本的法则）？这样的问题循环往复，永无休止。显然，真相远比表象更复杂。

我们可以理解为什么无数神学家和哲学家将这些本体论的辩论作为证明上帝存在的证据，其中包括著名逻辑学家、数学家库尔特·哥德尔提出的形式逻辑论证（我们将在本章后续部分再次提及）。[4] 我个人的观点是，我们显然无法在哲学层面解开自然法则是否必然的困局，但这并不能证明存在某种超自然力量或无上智慧，在我看来，这不过是披着哲学华服的"夹缝之神"谬误（参见第 2 章），只不过它穿上了高端的哲学外衣。然而，这个哲学困境确实证明了宇宙中的某些方面（超自然力量可能存在，也可能不存在）超出了当前人类的逻辑思维和理解能力。可话又说回来，如果我们对自己的智慧水平保持基本的谦卑，其实就不足为奇了，我们可能是这个星球上最聪明的物种，但这并不意味着我们代表了智慧的巅峰，也不意味着我们能够理解现实的所有奥秘，尽管我们已经竭尽所能。

在这种时候，最具前景的路径或许是承认存在尚未理解的奥秘，并系统梳理我们自认为已经知道的自然法则在宇宙中的显现方式，探寻其中是否蕴含启示。

已知的四大基本力

我们往往把自然法则和宇宙中的作用力混为一谈，但事实未必如此。实际上，力通过相互作用影响事物的行为方式，而这些相互作用的特征，正是自然法则通过我们所处宇宙的某些特性的具象化呈现。这听起来像是语义学角度的吹毛求疵，但当我们考虑为什么存在现在的这些作用力（以及它们是否可能有所不同）时，将可观测作用力和基本自然法则区分开来非常重要。

话虽如此，但宇宙中的已知作用力仍是我们当前理解基本法则的唯一切入点，因此理解这些力及其特性对于破解当前的谜题至关重要。目前宇宙中存在 4 种已知作用力（如果你想用一个听起来更加专业的名字，可以称它们为“基本相互作用”）：引力、电磁力、强力和弱力。你可能注意到了“目前”这个词，我们对弱力和强力的认知不足百年，所以我认为我们不应排除未来可能会发现新作用力的可能性。[5] 这 4 种力看上去迥然相异，这让现代物理学界深感不安，毕竟物理学家对于对称性情有独钟。我们中的许多人怀着近乎宗教般的狂热，相信优雅的对称性必定是宇宙结构的基石。

这种信念源于多方面的考量，其中包含审美取向——不对称意味着混乱，混乱需要更多特设性解释，而特设性解释在哲学上令人不适。除此以外，历史经验也给予了指引；在逐步理解宇宙的过程中，我们一次又一次地发现，在其他条件相同的情况下，对称是自然界的默认状态。一般来说，在物理学家的眼里，对称现象无须解释，但非对称现象必须要有合理的缘由。

为了直观地展示这一明显的不对称性，我将向你介绍一个小实验，你可以轻松地自行完成（如果你不想做也没关系，我相信仅用文字描述也能让你轻松理解）。我每次都会在课堂上告诉我的学生，这是本学期最令人震惊的实验。具体实验步骤如下：找一块普通的磁铁，可以是一块小小的冰箱贴，或者类似于我每年从保险推销员那里收到的迷你磁吸日历（真的会有人用这些日历吗？）。磁铁越小越好，因为这会让实验结果更加震撼人心。接下来，找一个小小的含有铁的物品，比如一枚回形针。现在，小心地拿住磁铁，把回形针挂在磁铁的下方。看！

你看到实验结果有多么不同寻常了吗？如果你像我的学生一样，

此时你大概会发出或礼貌或紧张的笑声，并且用古怪的眼神暗示他们已经开始质疑自己的选课决策了。请注意，现在整个地球的质量都在向下拉扯那枚回形针（或者你刚刚找到的其他小物件），但这块微不足道的废旧磁铁竟然拥有足以抵抗整个行星的力量！如果你至今尚未意识到这种失衡的荒谬感，我敢保证你绝非个例。然而，这个简单的实验揭示了现代物理学的伟大谜团之一：引力相比其他作用力来说，简直微弱得匪夷所思。即使是除它以外最弱的弱力（其命名恰如其分），也比引力强大约 10^{26} 倍。

我希望你现在开始对这些作用力感到好奇了。四大基本力各有特点（不妨设想名为“你是四大基本力中的哪一个？”的趣味问答）。这些力区分彼此的关键特征包括：它们的作用范围（它们能影响多远的事物）；它们的强度（在基础物理学中，我们通常用“耦合常数”来描述这些强度）；它们的耦合特性（我常常将此视为每种力独有的“魔术贴”机制，虽然不太严谨，但这是我从大学时代便根植在脑海中的类比）；它们发挥作用所借助的媒介粒子（也称为“交换”粒子，它们都是“虚”粒子）。我敢肯定，某些爱动脑筋的人会将特征映射到人格特质上，甚至可能会将其写入相亲档案。

引力在我们的生活中扮演着重要角色，其中至少有一部分原因是我们能够意识到引力的持续作用。在日常生活中，我几乎不会思考引力的本质；它如同背景板一样恒定存在，这种习以为常掩盖了其本质的奇妙。引力来源于质量，但你有没有思考过质量到底是什么呢？这又是一个我们大多数人因过度熟悉而视为理所当然的东西。我的许多学生都理解不了，为什么有的粒子（或者任意事物）竟然可以不具有质量，这种困惑完全可以理解。在日常生活中，我们被误导以为“物性”一定与质量相伴。但在粒子物理学的世界里，事实并非如此。正如粒子可能带电荷，也有可能不带电荷，或者一块比萨饼可能点缀着意大利香肠，也可能没有——粒子同样可能具有或不具有质量。

事实上，根据我们目前对质量的理解，与引力相互作用的粒子根本不具备固有质量，只有某些特定类型的粒子与所谓的“希格斯场”相互作用时才能获得质量（这一发现获得了 2013 年诺贝尔物理学奖）。如果我们强行延伸此前比萨饼的类比，那么大概可以这样设想：比萨饼本身并不具备意大利香肠，只是某些比萨饼会在生产线上被添加意大利香肠，而素食比萨饼则通常不会添加该配料。所以，在这个比萨饼–粒子的世界里，像光子这样的粒子就像没有添加意大利香肠的比萨饼，但它们仍然是比萨饼。

如果要将这些作用力人格化，我会把引力看作怀揣自卑情结、亟须证明自身价值的小角色。它可能开着一辆动力强劲的皮卡车在城镇间穿行。若按照强度给这些作用力排序，则引力排在最后。正如我们通过磁铁和回形针的实验所展示的，引力极其微弱。

引力之所以在我们的生活中扮演着如此重要的角色，原因有二：第一，其作用范围无限；第二，它不会被负引力抵消（至少在我们的日常生活中不会，暗能量的问题另当别论）。引力具有无限范围的原因是，其假想媒介粒子——引力子没有任何质量，所以它可以在宇宙中自由传播。媒介粒子的质量越大，其作用范围越短。虽然我们现在还没有探测到引力子，但暂且把这个小问题搁置一边吧。

相较于被视为理所当然的引力，摆弄磁铁就像体验一种看不见也摸不着的魔法。但至少我们可以在日常生活中与电磁现象交互，这让我们对其现实存在和行为模式有所感知。正如我们在回形针和磁铁的实验中看到的那样，电磁力比引力强得多，强度大约是引力的 10^{37} 倍。顾名思义，这种力来源于电磁场与带电粒子之间的相互作用。电力与磁力原本被认为是两种不同的力，但在 1873 年，詹姆斯·克拉克·麦克斯韦将它们合并为一种力（麦克斯韦方程组就是以他的名字命名的）。[6] 如果你想知道带电粒子与磁力之间有什么关联，答案就是，电荷在移动时会产生磁场，所以这两个概念紧密相连。

或许你会质疑，我们在实验中使用的磁铁，其周围并没有电荷运动，那么它的磁场从何而来呢？这是一个很好的问题；答案归结于构成磁铁的原子内部的微小电子。这些小家伙一刻不停地自旋，而正是由于它们的自旋，才产生了“磁偶极子”，这就是磁场的来源（在此我想暂停片刻，对那些将其命名为“磁偶极子”的人表示感谢，因为这个名字非常贴切地传达了其物理本质）。磁铁之所以被磁化（对比而言，像苹果这样的普通物体就没有被磁化）是因为，在类似于冰箱贴这样的永久磁铁中，磁偶极子大致对齐并朝同一个方向排列。苹果中的电子也有磁偶极子，但它们的方向各不相同，通常会相互抵消。大多数日常物品都具有微弱的净磁场，我们可以在一个物理实验中看到实例，该实验通过磁场使一只青蛙悬浮[7]起来（你可以通过检索“悬浮青蛙”找到该实验）。我认为应该还没有人在人类身上做过这种实验，真是万幸。

和引力一样，电磁力的作用范围无限，因为它的媒介粒子——光子——没有质量。与无法证实的引力子不同，我们确信光子是存在的。由于电磁力和引力一样具有无限的作用范围，若非正负电荷可以相互抵消，电磁力将会在我们的生活中占据绝对主导地位。正负电荷同时存在，以及它们在通常情况下几乎完全中和这一事实，在引力（总显得格格不入）的映衬下，成为隐匿于日常的惊人真相。

强力和弱力则全然不同。[8] 如果你经常将自己与弱力或强力的相互作用视为日常生活的一部分，那么你也许需要寻求心理医生的帮助。强力的具体行为特征对于将在下一章讨论的微调问题至关重要，所以我希望你能在脑海中记下，假如你是一个全知全能的超然存在，当你在设计某种作用力时需要调整哪些“旋钮”和“拨盘”。如果你试图以夸克和胶子为主角创作一部小说，那你会发现很难具体描写谁做了什么，编辑大概率会建议你精简角色数量。也不知是好是坏，宇宙的身后没有提出此类要求的编辑，而这将使得情节变得错综复杂。如果你在接下来的几个段落中眼皮子打架，大可暂时略过，但请知悉，你随时可以回过头来重看这部分内容。你只要知道，接下来的重点内容是，作用力的设计过程中涉及了多少不同的参数。

强力比引力和电磁力要复杂得多，也难以直观理解，为避免本书更名为《核物理学导论》，我将略过大量物理细节。强力通过“胶子”这种媒介粒子来维持亚原子粒子“夸克”之间的紧密结合（通常是两两成对或三三成组的形式）。这就是原子核能够紧密结合在一起的原因；如果没有强力，质子之间的电磁排斥力就会使它们相互分离，宇宙中就不会存在除氢原子以外的任何原子。

胶子与夸克均具备“颜色”这一特征；你可以把“颜色”看作电荷的一个类比，它是亚原子粒子的一个属性，并且决定了它在粒子物理小说中能与哪些粒子成为朋友。但是，“色荷”并不意味着它们真的在视觉上有颜色，这是为了帮助你形象化理解（只是其命名有些天马行空），有助于区分不同的胶子和夸克。当3种“原”色（红、绿、蓝）的夸克混合在一起时，形成的粒子将呈现为“无色”（它的净色荷为零），这意味着它可以独立存在，就像一个拥有独立银行账户、社保账号和固定居所的成年子女。除了颜色电荷之外，夸克还有6种不同的“味道”（请容许物理学家在使用“味道”这个词时稍微展现一点儿诗意，但你可以拒绝让他们为你的食物调味）：“上”夸克、“下”夸克、“粲”夸克、“奇”夸克、“顶”夸克和“底”夸克，这使情况变得更加复杂。

和电磁力一样，强力既可以是正的，也可以是负的，但与电磁力的一个关键区别是，强力的符号并非取决于粒子本身，而是取决于它们之间的距离。在距离较小的情况下，强力呈现为极强的排斥力（幸好有此特性，否则原子核就会坍缩）；最终，这种排斥力决定了原子核的尺寸。我把强力想象成具有弹性的橡胶球：拉伸时产生向回缩的吸引力，挤压时产生向外推的排斥力，它有自己偏好的“自然”距离。你可能会疑惑，为什么偏偏选定当下我们所观测到的距离（我也想知道为什么），但必须承认，我们目前还不知道答案。

归根结底，我们能够拥有原子这件事完全要归功于强力。如果没有强力，就不会存在原子；如果没有原子，我们的日常生活将会截然不同，而且很可能也不会在这里思考物理学问题（或其他任何事物）。

最后，我们终于讲到了弱力。我把它留到最后有两个原因：第一，我认为它最不直观；第二，我认为它最为迷人，其可能掌握着我们正在努力破解的宇宙奥秘的关键。弱力的名字恰如其分，因为它比强力和电磁力弱很多个数量级（但你不要忘了，引力比它还要弱 10^{26} 倍）。由于弱力的媒介粒子（称为“W+、W–和Z玻色子”，这些名字可能只有它们的父母才会喜欢）质量极大，甚至超过了质子和中子，因此弱力的作用范围极短，这也是它如此捉摸不透的原因之一。

要理解弱力，可能有帮助的一点是，我们所感知的作用力，其本质上是虚粒子的交换（因此学界更倾向于使用“相互作用”而不是“力”，参见本章的上一条注释）。这种虚粒子交换不仅限于“推”或“拉”，它也可以产生其他效应。打个比方，想象你和某人牵手，你可以把他们推开或是拉近（推或拉），但你也可以温暖他们的手，或者通过一些小动作让他们感到愉悦或尴尬。

弱相互作用确实做到了这一点。特别是，弱相互作用可以让其他粒子尴尬到坐立不安，甚至改变自己的身份，进而引发放射性衰变。例如，原子核中的质子由三个夸克组成，其中每个夸克都有自己的“味道”（两个“上”夸克和一个“下”夸克）。如果质子能够捕获一个电子，弱力可以使其中一个夸克的味道从“上”改变为“下”，这会使质子转变为中子，从而导致粒子衰变。[9] 我们应当对弱力的这一奇异特性深怀感激，因为质子转变为中子的衰变正是恒星核心处的核聚变得以实现的关键。事实上，鉴于我们将恒星定义为在核心处发生核聚变的天体，如果没有弱力，宇宙中就根本不会有恒星。

弱力促使亚原子粒子转变身份这一事实十分令人着迷，但弱力的复杂性远不只如此，我们的粒子物理小说还有更多情节可以补充。还记得我们讨论过的时间之箭，以及物质和反物质之间的不对称性吗？两者可能均与CP对称性破缺相关，而弱力是物理学中已知唯一违反CP对称性的存在。上述一切都表明，这个怪异且不起眼的弱相互作用在我们所知的宇宙中至关重要。此外，我们的存在本身也依赖于宇宙中存在的不对称性（例如CP对称性破缺以及物质与反物质之间的不对称性），然而我们普遍认为对称性才是自然状态。我们得琢磨一下应该在什么地方做出让步了。

对称性与统一性？

我坦诚自己对对称性深深着迷，而且我总是在自然万物中寻找对称性的身影，这在外出徒步远行的过程中可能会让我的同伴们深感烦恼。我甚至偶尔会开设一门名为《大宇宙中的美与数学》的课程，并且用整整一个单元来介绍宇宙的对称性。[10] 在遇到非对称的情况时，我同样感到好奇，因为这些不对称性意味着发生了某些导致对称性破缺的扰动。比如，人体通常关于垂直轴具有非常高的镜像对称性。然而，心脏通常偏向左侧，[11] 而且大多数人都有一只惯用手，面部也不是完美对称的。对上述每一种情况问“为什么”都会将我们引向某种导致不对称性的原因。以心脏偏左为例，这种不对称似乎是由于左心室需要更大的体积，但这又引发了“为什么左心室更大”的追问；至于惯用手的情况，这似乎与大脑功能分区有关，但这又引发了“为什么大脑组织不对称”的追问。

然而，如果宇宙是完全对称的，那将不会有任何让人眼前一亮的东西存在，若想在完美对称（镜像、平移、旋转等）的状态下存续，要么完全均质，要么只能是一片虚无。所以，宇宙中的不对称性不可或缺。事实上，我们的宇宙似乎处于基本对称性和不对称性之间的状态，意义深远却又令人费解。

考虑到宇宙的这种显著特征，物理学家耗费了大量时间思索对称性存在的缘由，甚至耗费了更多时间思考为什么对称性并不总是成立。学界普遍倾向于这样的推测：四大基本力（正如当前所呈现出来的样子）实际并非不同的作用力，而可能是同一种作用力（出于某种原因，其对称性被打破了）的不同方面。这到底意味着什么？我们现在讨论的概念本来已经够抽象了，何况我们还在尝试着颠来倒去地摇晃、旋转、倒立，自然不得要领。所以，我们还是诉诸类比，看看下面这张图：

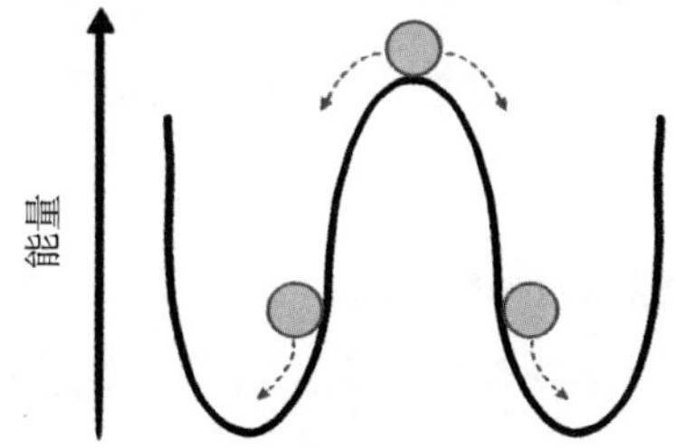

图 9–2

图中的小球最初位于中间曲线的顶端。当小球处于此初始位置时，整个系统呈对称状态。但是，如果发生了某些扰动——也许是一阵短暂的风——球就会滚到一边，导致对称性遭到破坏。如图所示，物理学中对称性的破坏通常意味着从较高能量的对称状态转为较低能量的不对称状态。这大致就是我们所指的“对称性破缺”，也解释了为什么我们会在更高能量水平下涌现出更多对称性。

至于小球下落的原因则另当别论，因为风一般不会在基础物理学的世界中起作用。通常，这种对称性破缺被称为“自发的”，不过这实际上是“我们不知道具体缘由，但我们知道它确实发生了”的一种隐晦说法。如果实在需要进一步解释，通常我们会诉诸量子力学，它可以（并且确实会）让事物在不同的存在状态之间摆动和隧穿。

就已知的四大基本力而言，我们的想法是，这些作用力实际上只是从某个对称的高能量单一作用力分化出来的低能量非对称状态。换句话说，每种作用力就像图中从中间向左或向右滚动的小球一样。但如果我们能够提升能量水平，这些作用力将会逐步统一为单一的对称状态，而小球则恰好停在正中间。

当然，物理学家对四大基本力的对称性的期待绝非空穴来风，而是有迹可循的。首先，麦克斯韦早在 1873 年就发现了电、磁和光都是同一种作用力的不同表现；在这之后大约一个世纪，我们又将电磁力和弱相互作用统一为电弱相互作用（这项成就获得了 1979 年的诺贝尔物理学奖）。[12] 自从电弱统一以来，人们普遍预期强相互作用会在更高的能量水平下也统一。所谓“更高”的能量水平大约为 10^{16} GeV（十亿电子伏特），这大约是目前大型强子对撞机能力上限的 1 000 倍。即将问世的新型对撞机“仅仅”能在大型强子对撞机的基础上达到高出一个数量级的能量。这对我来说可能算是一个好消息，毕竟本章内容应该不需要在近期就修订。假想中的电弱力和强相互作用的统一被称为“大统一理论”（GUT），想出这个名字的人显然并不在乎首字母缩写是否好听。

与此同时，我们目前理解基本粒子及其相互作用的最佳理论是“标准模型”（这个名字简直太有创意了），它能够很好地解释四大基本力中除了引力之外的其他 3 种作用力。为了让你直观地了解标准模型到底有多“简洁”，我用了整整一页纸来展示其数学表达式。我倒不是想刻意从美学角度评判它，但在我看来，这个方程式看起来既不优雅，也不对称。

$$\begin{gathered}
\mathcal{L}_{SM} = -\frac{1}{2}\partial_\nu g^a_\mu \partial_\nu g^a_\mu - g_s f^{abc}\partial_\mu g^a_\nu g^b_\mu g^c_\nu - \frac{1}{4}g_s^2 f^{abc}f^{ade}g^b_\mu g^c_\nu g^d_\mu g^e_\nu - \partial_\nu W^+_\mu \partial_\nu W^-_\mu - \\
M^2 W^+_\mu W^-_\mu - \frac{1}{2}\partial_\nu Z^0_\mu \partial_\nu Z^0_\mu - \frac{1}{2c_w^2}M^2 Z^0_\mu Z^0_\mu - \frac{1}{2}\partial_\mu A_\nu \partial_\mu A_\nu - igc_w(\partial_\nu Z^0_\mu(W^+_\mu W^-_\nu - \\
W^+_\nu W^-_\mu) - Z^0_\nu(W^+_\mu\partial_\nu W^-_\mu - W^-_\mu\partial_\nu W^+_\mu) + Z^0_\mu(W^+_\nu\partial_\nu W^-_\mu - W^-_\nu\partial_\nu W^+_\mu)) - \\
igs_w(\partial_\nu A_\mu(W^+_\mu W^-_\nu - W^+_\nu W^-_\mu) - A_\nu(W^+_\mu\partial_\nu W^-_\mu - W^-_\mu\partial_\nu W^+_\mu) + A_\mu(W^+_\nu\partial_\nu W^-_\mu - \\
W^-_\nu\partial_\nu W^+_\mu)) - \frac{1}{2}g^2 W^+_\mu W^-_\mu W^+_\nu W^-_\nu + \frac{1}{2}g^2 W^+_\mu W^-_\nu W^+_\mu W^-_\nu + g^2c_w^2(Z^0_\mu W^+_\mu Z^0_\nu W^-_\nu - \\
Z^0_\mu Z^0_\mu W^+_\nu W^-_\nu) + g^2 s_w^2(A_\mu W^+_\mu A_\nu W^-_\nu - A_\mu A_\mu W^+_\nu W^-_\nu) + g^2 s_w c_w(A_\mu Z^0_\nu(W^+_\mu W^-_\nu - \\
W^+_\nu W^-_\mu) - 2A_\mu Z^0_\mu W^+_\nu W^-_\nu) - \frac{1}{2}\partial_\mu H\partial_\mu H - 2M^2\alpha_h H^2 - \partial_\mu\phi^+\partial_\mu\phi^- - \frac{1}{2}\partial_\mu\phi^0\partial_\mu\phi^0 - \\
\beta_h\Big(\frac{2M^2}{g^2} + \frac{2M}{g}H + \frac{1}{2}(H^2+\phi^0\phi^0+2\phi^+\phi^-)\Big) + \frac{2M^4}{g^2}\alpha_h - \\
g\alpha_h M\,(H^3 + H\phi^0\phi^0 + 2H\phi^+\phi^-) - \\
\frac{1}{8}g^2\alpha_h\,(H^4 + (\phi^0)^4 + 4(\phi^+\phi^-)^2 + 4(\phi^0)^2\phi^+\phi^- + 4H^2\phi^+\phi^- + 2(\phi^0)^2H^2) - \\
gMW^+_\mu W^-_\mu H - \frac{1}{2}g\frac{M}{c_w^2}Z^0_\mu Z^0_\mu H - \\
\frac{1}{2}ig\big(W^+_\mu(\phi^0\partial_\mu\phi^- - \phi^-\partial_\mu\phi^0) - W^-_\mu(\phi^0\partial_\mu\phi^+ - \phi^+\partial_\mu\phi^0)\big) + \\
\frac{1}{2}g\big(W^+_\mu(H\partial_\mu\phi^- - \phi^-\partial_\mu H) + W^-_\mu(H\partial_\mu\phi^+ - \phi^+\partial_\mu H)\big) + \frac{1}{2}g\frac{1}{c_w}(Z^0_\mu(H\partial_\mu\phi^0 - \phi^0\partial_\mu H) + \\
M\,(\frac{1}{c_w}Z^0_\mu\partial_\mu\phi^0 + W^+_\mu\partial_\mu\phi^- + W^-_\mu\partial_\mu\phi^+) - ig\frac{s_w^2}{c_w}MZ^0_\mu(W^+_\mu\phi^- - W^-_\mu\phi^+) + igs_wMA_\mu(W^+_\mu\phi^- - \\
W^-_\mu\phi^+) - ig\frac{1-2c_w^2}{2c_w}Z^0_\mu(\phi^+\partial_\mu\phi^- - \phi^-\partial_\mu\phi^+) + igs_wA_\mu(\phi^+\partial_\mu\phi^- - \phi^-\partial_\mu\phi^+) - \\
\frac{1}{4}g^2W^+_\mu W^-_\mu\,(H^2+(\phi^0)^2+2\phi^+\phi^-) - \frac{1}{8}g^2\frac{1}{c_w^2}Z^0_\mu Z^0_\mu\,(H^2+(\phi^0)^2+2(2s_w^2-1)^2\phi^+\phi^-) - \\
\frac{1}{2}g^2\frac{s_w^2}{c_w}Z^0_\mu\phi^0(W^+_\mu\phi^- + W^-_\mu\phi^+) - \frac{1}{2}ig^2\frac{s_w^2}{c_w}Z^0_\mu H(W^+_\mu\phi^- - W^-_\mu\phi^+) + \frac{1}{2}g^2s_wA_\mu\phi^0(W^+_\mu\phi^- + \\
W^-_\mu\phi^+) + \frac{1}{2}ig^2s_wA_\mu H(W^+_\mu\phi^- - W^-_\mu\phi^+) - g^2\frac{s_w}{c_w}(2c_w^2-1)Z^0_\mu A_\mu\phi^+\phi^- - \\
g^2s_w^2A_\mu A_\mu\phi^+\phi^- + \frac{1}{2}ig_s\,\lambda^a_{ij}(\bar{q}^\sigma_i\gamma^\mu q^\sigma_j)g^a_\mu - \bar{e}^\lambda(\gamma\partial + m^\lambda_e)e^\lambda - \bar{\nu}^\lambda(\gamma\partial + m^\lambda_\nu)\nu^\lambda - \bar{u}^\lambda_j(\gamma\partial + \\
m^\lambda_u)u^\lambda_j - \bar{d}^\lambda_j(\gamma\partial + m^\lambda_d)d^\lambda_j + igs_wA_\mu\big(-(\bar{e}^\lambda\gamma^\mu e^\lambda) + \frac{2}{3}(\bar{u}^\lambda_j\gamma^\mu u^\lambda_j) - \frac{1}{3}(\bar{d}^\lambda_j\gamma^\mu d^\lambda_j)\big) + \\
\frac{ig}{4c_w}Z^0_\mu\{(\bar{\nu}^\lambda\gamma^\mu(1+\gamma^5)\nu^\lambda) + (\bar{e}^\lambda\gamma^\mu(4s_w^2-1-\gamma^5)e^\lambda) + (\bar{d}^\lambda_j\gamma^\mu(\frac{4}{3}s_w^2-1-\gamma^5)d^\lambda_j) + \\
(\bar{u}^\lambda_j\gamma^\mu(1-\frac{8}{3}s_w^2+\gamma^5)u^\lambda_j)\} + \frac{ig}{2\sqrt{2}}W^+_\mu\big((\bar{\nu}^\lambda\gamma^\mu(1+\gamma^5)U^{lep}{}_{\lambda\kappa}e^\kappa) + (\bar{u}^\lambda_j\gamma^\mu(1+\gamma^5)C_{\lambda\kappa}d^\kappa_j)\big) + \\
\frac{ig}{2\sqrt{2}}W^-_\mu\Big((\bar{e}^\kappa U^{lep}{}^\dagger_{\kappa\lambda}\gamma^\mu(1+\gamma^5)\nu^\lambda) + (\bar{d}^\kappa_j C^\dagger_{\kappa\lambda}\gamma^\mu(1+\gamma^5)u^\lambda_j)\Big) + \\
\frac{ig}{2M\sqrt{2}}\phi^+\big(-m^\kappa_e(\bar{\nu}^\lambda U^{lep}{}_{\lambda\kappa}(1-\gamma^5)e^\kappa) + m^\lambda_\nu(\bar{\nu}^\lambda U^{lep}{}_{\lambda\kappa}(1+\gamma^5)e^\kappa\big) + \\
\frac{ig}{2M\sqrt{2}}\phi^-\Big(m^\lambda_e(\bar{e}^\lambda U^{lep}{}^\dagger_{\lambda\kappa}(1+\gamma^5)\nu^\kappa) - m^\kappa_\nu(\bar{e}^\lambda U^{lep}{}^\dagger_{\lambda\kappa}(1-\gamma^5)\nu^\kappa\Big) - \frac{g}{2}\frac{m^\lambda_\nu}{M}H(\bar{\nu}^\lambda\nu^\lambda) - \\
\frac{g}{2}\frac{m^\lambda_e}{M}H(\bar{e}^\lambda e^\lambda) + \frac{ig}{2}\frac{m^\lambda_\nu}{M}\phi^0(\bar{\nu}^\lambda\gamma^5\nu^\lambda) - \frac{ig}{2}\frac{m^\lambda_e}{M}\phi^0(\bar{e}^\lambda\gamma^5e^\lambda) - \frac{1}{4}\,\bar{\nu}_\lambda\,M^R_{\lambda\kappa}\,(1-\gamma_5)\hat{\nu}_\kappa - \\
\frac{1}{4}\,\bar{\nu}_\lambda\,M^R_{\lambda\kappa}\,(1-\gamma_5)\hat{\nu}_\kappa + \frac{ig}{2M\sqrt{2}}\phi^+\big(-m^\kappa_d(\bar{u}^\lambda_j C_{\lambda\kappa}(1-\gamma^5)d^\kappa_j) + m^\lambda_u(\bar{u}^\lambda_j C_{\lambda\kappa}(1+\gamma^5)d^\kappa_j\big) + \\
\frac{ig}{2M\sqrt{2}}\phi^-\Big(m^\lambda_d(\bar{d}^\lambda_j C^\dagger_{\lambda\kappa}(1+\gamma^5)u^\kappa_j) - m^\kappa_u(\bar{d}^\lambda_j C^\dagger_{\lambda\kappa}(1-\gamma^5)u^\kappa_j\Big) - \frac{g}{2}\frac{m^\lambda_u}{M}H(\bar{u}^\lambda_j u^\lambda_j) - \\
\frac{g}{2}\frac{m^\lambda_d}{M}H(\bar{d}^\lambda_j d^\lambda_j) + \frac{ig}{2}\frac{m^\lambda_u}{M}\phi^0(\bar{u}^\lambda_j\gamma^5u^\lambda_j) - \frac{ig}{2}\frac{m^\lambda_d}{M}\phi^0(\bar{d}^\lambda_j\gamma^5d^\lambda_j) + \bar{G}^a\partial^2G^a + g_sf^{abc}\partial_\mu\bar{G}^aG^bg^c_\mu + \\
\bar{X}^+(\partial^2-M^2)X^+ + \bar{X}^-(\partial^2-M^2)X^- + \bar{X}^0(\partial^2-\frac{M^2}{c_w^2})X^0 + \bar{Y}\partial^2Y + igc_wW^+_\mu(\partial_\mu\bar{X}^0X^- - \\
\partial_\mu\bar{X}^+X^0) + igs_wW^+_\mu(\partial_\mu\bar{Y}X^- - \partial_\mu\bar{X}^+Y) + igc_wW^-_\mu(\partial_\mu\bar{X}^-X^0 - \\
\partial_\mu\bar{X}^0X^+) + igs_wW^-_\mu(\partial_\mu\bar{X}^-Y - \partial_\mu\bar{Y}X^+) + igc_wZ^0_\mu(\partial_\mu\bar{X}^+X^+ - \\
\partial_\mu\bar{X}^-X^-) + igs_wA_\mu(\partial_\mu\bar{X}^+X^+ - \\
\partial_\mu\bar{X}^-X^-) - \frac{1}{2}gM\Big(\bar{X}^+X^+H + \bar{X}^-X^-H + \frac{1}{c_w^2}\bar{X}^0X^0H\Big) + \frac{1-2c_w^2}{2c_w}igM\,(\bar{X}^+X^0\phi^+ - \bar{X}^-X^0\phi^-) + \\
\frac{1}{2c_w}igM\,(\bar{X}^0X^-\phi^+ - \bar{X}^0X^+\phi^-) + igMs_w\,(\bar{X}^0X^-\phi^+ - \bar{X}^0X^+\phi^-) + \\
\frac{1}{2}igM\,(\bar{X}^+X^+\phi^0 - \bar{X}^-X^-\phi^0)\ .
\end{gathered}$$

图 10–2　当前的粒子物理标准模型。即便是对数学和物理学一窍不通的人也能看出来，这个方程（物理学术语称其为“拉格朗日方程”）一点儿也不优雅或对称。感谢将这一长串方程打出来的玛蒂尔德·马尔科利，她的耐心值得嘉奖

我们所设想的统一方案具有一个显著特点：我们认为宇宙能量水平达到GUT级别的时刻，恰好与我们认为宇宙暴胀发生的时刻相吻合。显然，这种联系不是简简单单的巧合。事实上，主流假说认为，当强相互作用和电弱相互作用发生分裂时，这种打破对称性的分裂向时空的结构中注入难以估量的能量，而这种能量的输入被认为是宇宙暴胀的根源。

无论如何，我总是习惯性地将力的分裂想象成冰封湖面的厚冰盖的自发开裂（尽管前者的局面远比后者激烈）。这种特殊的想象可能是因为我在明尼苏达州长大，从小就熟悉冻结的湖面以及冰面上四下蔓延的裂缝。如果你曾有过站在冰封湖面上的经历，你一定也会觉得冰面裂开时的声音简直像是来自另一个世界，而它向周遭注入的能量也同样令人敬畏。（你如果还没有亲身体验过这种声音，可以花点儿时间在网上搜索“冰湖开裂的声音”。）我喜欢把它想象成早期宇宙中的作用力分裂时发出的声音。[13]

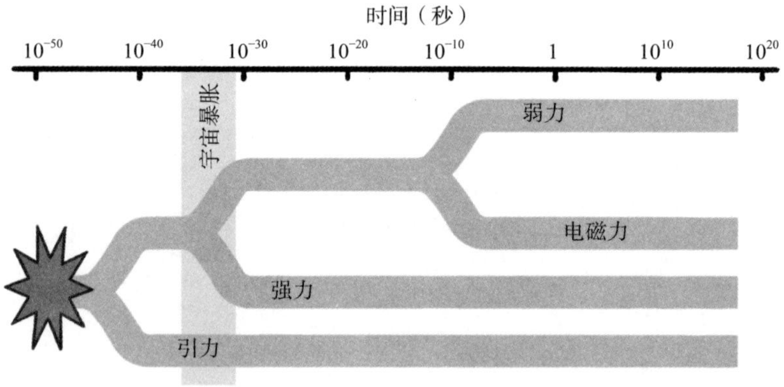

图 9–3

GUT理论将作用力（起码有 3 种）统一起来，描绘出了理想化的对称性图景，但理想国亦有隐忧。我们总是很喜欢科学方法中的有趣预测，而GUT理论提供了很多这样的预测。问题是，正在不辞艰苦地验证这些预测的科学家却一直得不到想要的结果。例如，有一种预测认为，质子应该自发衰变为更轻的亚原子粒子。无数物理学博士生正通过大量数据和分析苦苦寻觅其相关迹象，但迄今为止，他们仍然一无所获。基于现有数据，我们最多只能推断：如果质子能够自发衰变，那么这个过程的半衰期超过 10^{34} 年。显然，这个时间尺度远超想象，大约是目前宇宙年龄的 10^{24} 倍。

这正是物理学家试图理解基本作用力起源时所处的困境，前路可谓迷雾重重。主流的“超对称”（“SUSY”）理论（尽管存在不少问题）主导了该领域当下的大部分物理学研究。物理学家向来追求卓越，他们不仅提出SUSY模型，更发展出数十种变体。这些超对称模型的核心思想是，在粒子的家族谱系当中，每个“普通”的粒子都有一个对应的“超”粒子（例如，电子对应于“超电子”）。SUSY可以在统一作用力、构建对称性、破解暗物质本质等长期存在的重大谜题中发挥中流砥柱的作用。

至于形单影只的引力，它的处境就很尴尬了。就算强力尚未成功融入大统一理论，我们至少已经在尝试了，但我们压根没有考虑把引力也塞进去。真正统一引力需要的是“万有理论”（TOE，绝非戏言），这个极易引发外行误解的浮夸名称值得一个满分。通过图 9–3 可见，即便引力曾与其他作用力统一，其分裂出来的时间也要追溯到普朗克时期，也就是宇宙诞生的那个时刻。

综上所述，实际上我们对宇宙中的已知作用力的理解非常有限，更不用说参透基本自然法则了，所以探索之路依然漫长。此情此景可能让你联想到生命游戏，以及化身为网格宇宙中的元胞科学家所面临的挑战。事实证明，如果我们的宇宙实际上是一套模拟系统，那么人类的处境与生命游戏中的元胞没有什么不同。

宇宙会是一个模拟系统吗？

你可能对“计算机模拟能够生成我们所观察到的复杂世界”这一观点深表怀疑，这完全是人之常情。我对这个想法并非完全反对，但你大概也能正确地推测出，该想法有很多需要推敲的可疑之处。

以人类为例。我发现，当讨论宇宙是否可能是模拟系统时，人们常常会断言“人类过于复杂，无法模拟”，仿佛人类是宇宙中复杂性的巅峰。我们似乎总是摆脱不了将人类摆在中心地位的恶习。笛卡儿甚至从17世纪初就开始思考这个问题，他在《论方法；第一哲学沉思》中写道：

> 人类凭借自身的技术能力可以制作出各式各样的自动机，即自己动作的机器……我们完全可以设想，一台机器可以被构造成能发出语言，甚至能够对引起它自身器官变化的某些行为做出反应，例如，当触碰它身上的某个部位时，它就会问我们想要它说什么；当触碰到另一部位时，它又会高声喊痛。但这绝不意味着它可以用多种方式组织它的语言，以便恰当地回应我们向它发出的指令，尽管这是最愚笨的人也能办到的小事。[14]

的确，人类是复杂的，至少比微生物要复杂得多。据估计，人脑中有大约860亿个神经元，[15]且每个神经元之间都有连接，使得人类大脑的复杂性难以估量。然而，人类大脑所有的生物学复杂性归根结底都来自23对染色体，其中约30亿个碱基对携带着让人类的身体执行各项任务的指令，人类大脑的基本结构与这些复杂的分子紧密相连。亲爱的读者朋友们，这其实（原则上）是可以编程到模拟系统中的物理化代码，尽管当前的技术水平还远远做不到这一点（对此，我个人感到庆幸）；无论如何，当前计算机的计算能力远未达到极限。

作为对比，我们来看看生命游戏以及网格中时隐时现的方形像素，将这个二维宇宙视为“无生命”似乎直截了当。然而，当我们考虑“生命”（活着）的定义标准（回想一下外星生命相关章节）时，判定这个二维网格中“无生命”的论断显然开始动摇了：它们由元胞（细胞）组成，能够进行新陈代谢，能够生长、繁殖、对外界刺激做出反应、演化（进化）并死亡，甚至在生命游戏中还可能存在能够维持稳态的模式（有时稳态也会被纳入“生命”的评判标准）。

明确地说，我并不是在争辩生命游戏中的模式是“生命”，而是说这个极其简单的游戏开始让我们反思，模拟生命或模拟宇宙是否真如想象中荒谬。事实上，尽管人类自诩复杂，但我们的行为和交互正逐渐得到现代技术的复现。

当我第一次在课堂上提到这个话题时，大众对于所谓的“聊天机器人”几乎闻所未闻，我的学生也会对他们能与人工智能程序进行对话颇感惊讶。值得一提的是，我在课堂上常用的聊天机器人叫作“iGod”，其宣传口号是“让悔改变得轻松”。如今，聊天机器人似乎在我访问的大多数商业网站上随处可见，它们随时准备回答（或者说试图回答）关于“哪项产品或服务最适合我”这类问题。诸如此类的大多数预设的聊天机器人，在模仿人类这项工作上的表现充其量只能说相当平庸，它们的主要功能是搜索公司网站上的信息，而我自己花点儿时间搜寻也能找到这些信息。但我们也不要因为二流聊天机器人的表现而低估模拟技术的潜力。在我撰写本书之际，ChatGPT（聊天机器人程序）和DeepSeek（深度求索）已经走上舞台中央，它们能够提供非常复杂的回答，而这已经引发了高校相关人士的深切忧虑，因为缺乏学术诚信的学生可能会借此逃避对阅读、研究、写作等基本技能的学习。

判断计算机能否“思考”的框架最初由艾伦·图灵于1950年提出，他称之为“模仿游戏”，今天我们称之为“图灵测试”。[16]简而言之，这个测试的目的是检验计算机程序能否让人类误以为它真的是人类。计算机程序第一次通过这个测试距今至少已经有10年了，如今学界普遍认为，图灵测试并不足以识别真正的“有知觉”的人工智能。

自从几十年前了解图灵测试以来，这一概念常常萦绕在我脑海中，尤其是在我与其他人进行社交时，人类对话的程序化程度之高令人震惊。下次当你与人寒暄时，我希望你也能想到图灵测试。你们之间的交流可能是这样的：

> 你：“你好，今天过得怎么样？”
>
> 陌生人：“挺好的，你呢？”
>
> 你：“我也好，谢谢。”

这些开场白（或者类似的说法）本质上是程序化的。与陌生人开启对话的方式相当有限，大多是一些约定俗成的社交礼仪。到目前为止，如果无意深谈，你大可以像在打招呼前那样继续做自己的事，除非你因为某种社交礼仪（比如你出席一场鸡尾酒会）无法抽身，直接走开会显得很不礼貌。接下来，你可能提出的社会广泛认可的话题同样高度受限，通常集中于潜在的共同经历或共同点，比如天气、为人熟知的球队，或者鸡尾酒会上的食物，于是下一轮对话将会由此展开：

> 陌生人：“今天天气不错，你觉得怎么样？”

现在，你需要做出选择。如果你回应“是啊，天气真好”，这句没有附带更多信息的话表示，你无意深入这一话题；如果你回应说“是啊，天气真好，我出去散步了”，你就为对话的延续打开了大门——你添加了新的信息，略微增加了对话的复杂度。实质上，这是在邀请陌生人询问你关于散步的问题，从而衍生新的话题。现在，轮到陌生人来掌握对话的主动权——他们既可以问你关于散步的情况（比如：“这样啊，你去哪里散步了？”），也可以用“哦哦，挺好的”来结束这个话题。

此类寒暄的每个节点，本质上都是展开某个程序化的流程图，不同的选项将会导致不同的结果：要么结束讨论，要么将对话引向稍微复杂一些的层次，从而扩展潜在的对话主题。最终，你们的话题可能会延伸下去，直到你发现自己在和对方谈论你的第一只宠物是怎么死的。但如果你刚开始就对陌生人抛出宠物死亡这样的话题，场面可能会相当尴尬，比如：

你：“你好，在我 6 岁的时候，我的狗被车撞死了。”

在这种情况下，陌生人可能会耗费相当大的心力去做出礼貌的回应，并试图找出一个尽快脱身的办法。

我想你应该也发现了，即使是人类互动（尽管我们认为它们很复杂），也会非常程序化。诚然，社会规范因文化而异，但这同样也是可以编入程序的。人类互动中的另一个复杂因素是，我们比自己想象的更不合逻辑，而且我们都有缺点，都会犯错误。这些特征的表现方式相当微妙，但本质上依然可以归结为某种算法。例如，你可以在程序中设定，一个人在什么情况下最有可能说“呃……”以及他说“呃……”的频率。因此，下次当你与他人寒暄时，先问问自己你应该遵循哪一套社交算法，并考虑一下你的交谈对象与一套优秀的计算机算法有何本质差异。基于上述原因（以及其他很多原因），我非常不喜欢与人寒暄，这使得我在社交场合中往往会表现得非常糟糕。

抛开人类不谈，从更宏观的角度可以推断，模拟整个宇宙比仅仅模拟人类更有挑战性（毕竟人类仅仅是宇宙的一部分）。即使地球上现有的计算能力有限，并且可编程计算机的应用历史也很短暂，我们也已经模拟出宇宙的大尺度结构；这些模拟程序将我们目前掌握的物理定律编入代码，以我们认知中的早期宇宙初始条件为起点，在当代超级计算机上长期运行。此类模拟能够生成的范围小至单个星系，大到整个宇宙，其结果与实际观测到的宇宙几乎无法区分。[17]

当然，此类模拟的精度远未达到人类个体的水平，但也要考虑到模拟技术尚处于萌芽阶段，我并不敢断言在未来数百年内（或更短时间内）如此精确的模拟绝不可能实现。更重要的是，人类的傲慢再次悄然浮现。仅仅因为我们人类还没有弄明白如何做到某件事，并不意味着这件事无法（无论现在还是将来）做成，尤其是我们还可以设想，在我们的宇宙之外存在某种超智慧生命，他们正不断开发"软件"，给我们的宇宙下达指令。若此类智慧生命真的存在，他们一定比人类聪明得多。在这种情况下，宇宙的设计者可能就像是某个校外编程社团里的天才高中生，这让我们不得不考虑技术进步最终会将我们引向何方。试想数百年前的祖先会如何看待今天的计算机，再试想我们会如何看待几百年后的计算机。在我们的宇宙中，计算能力的上限只会受到物理定律和宇宙大小的制约。

如今，我们往往将"计算机"与电路板和硬盘关联在一起，但事实未必如此。事实上，最初的"计算机"指的是进行计算的人。其中最著名的是，哈佛天文台在19世纪末雇用的一群被称为"哈佛计算员"的女性，其中包括著名女性天文学先驱安妮·坎农和亨丽埃塔·莱维特。[18]因此，计算机可以被定义为任何接受输入、执行算法并产生输出的东西。它可以是一台笔记本电脑，也可以是一个人，甚至可以是太阳系或宇宙。即使生命游戏如此简单，它也是“图灵完备”的，这意味着它能执行任意算法。

我们拥有的众多编程语言可以与现代计算机交互，但是当代计算机从本质上来说使用的依然是二进制的“汇编语言”——1 和 0，恰似元胞的存活和死亡。你可能不知道它们正在计算什么，但这并不意味着计算未曾发生。无论是人类、笔记本电脑、太阳系，还是生命游戏，在上述所有情况下，都有一个中介在根据规则或法则接受输入并生成输出。按照这种思路推导下去，我们最终会得到“泛计算主义”的概念（存在诸多变体），即认为任何事物都可以被看作接受输入并产生输出的计算机。大胆向前再推进一步，宇宙存在的根本意义可能就是执行复杂的计算。

确实有学者在研究宇宙是否有可能是一个计算机，得知这一消息后你可能会松一口气。相关研究催生出一整套令人震撼的哲学论证，即“模拟假说”，该假说推演了我们身处一套模拟系统中的概率。[19] 这一论证备受争议，部分原因在于它似乎是无法验证的（来自认识论相关章节的提醒，无法验证不应该与错误混为一谈），除非出现某种可重复的程序错误，导致我们可以检验出一些异常现象（至少目前我们还没有找到此类错误）。我不知道你如何看待这个问题，但如果我们的宇宙真的是由计算机模拟出来的，我衷心希望这个软件里没有漏洞。

模拟假说的论证相当复杂，恕不在此赘述，但是由逻辑推导可以得出以下三种情况中必有一种为真：第一，人类会在达到宇宙计算能力上限之前灭绝；第二，技术高度发达的人类后裔没有兴趣或没有能力运行像我们的宇宙这样的模拟系统；第三，几乎肯定的是，人类的确生活在模拟系统中。我不太能接受第一种，但鉴于当前的人类发展轨迹，其可能性不容忽视；若根据当今人类的行为进行推演，则第二种情况中的“兴趣”这一分支可以排除，不过就能力而言，确实有可能存在资源不足以支撑多次大规模模拟的情况（甚至有可能一次也不行）；但是如果我们排除前两种情况，第三种情况在统计学意义上就是最有可能的选项。为什么呢？因为借助这种深不可测的先进技术模拟的宇宙，可能比实际中的“真实”宇宙更容易产生，其数量也将远超后者。

这一论证当然会遭到反对，批评的角度不胜枚举，一些科学家甚至称其为“伪科学”[20]。在这里我不得不进行迂腐的说明，“伪科学”并不等同于“不科学”：前者意味着把自己伪装成科学，而后者仅仅意味着假说无法被验证。还有一系列哲学层面的反对意见，其中包括一个显而易见的矛盾：“若人类是典型的，且我们还没有创造出模拟的宇宙，则这类模拟必然是稀有的。”不过，该论点存在一个明显的问题，它只有在人类当前的技术水平已经达到巅峰的情况下才成立，而我对此深表怀疑。

即使接受宇宙确实是模拟系统，我们也仍未触及自然法则的本质。如果认为我们的宇宙是一套模拟系统，而我们感知到的物理定律源于指导宇宙运行的“软件”，那么我们实际上只是暂时把问题搁置一旁。或许，我们能够解释为什么我们的宇宙拥有目前的实证法则，但我们仍然会困惑构建模拟的元领域遵循何种法则，以及这些法则又从何而来。因此，我们还要在乌龟塔上至少再往下走一层，才能找到自然法则的身影。

存在于宇宙中会引发的问题

试图理解宇宙自然法则的一个不可避免的问题是，我们本身就是宇宙的一部分，这导致了一些潜在的哲学纠葛。逻辑（和语言）充斥着悖论和问题，需要借助逻辑（或语言）系统之外的“元”逻辑（或“元”语言）才能解开。正如你将看到的那样，我们最终会陷入诡异的境地：我们知道某些命题为真，却无法证明它们为真。如此一来，认识论相关章节中的合理–真实–相信框架就显得站不住脚了。

以下命题可以作为逻辑（或语言）系统中潜藏的棘手问题的例子：“本句话为假。”如果我们将上述命题分解为形式逻辑，可得：

$$A = \text{“非}A\text{”}$$

这将我们带回到亚里士多德思维定律中的矛盾律。根据这一逻辑结构，一只猫不能既是猫又不是猫。我们在认识论相关章节中已经简要接触过逻辑的潜在局限性。像“本句话为假”这种命题（通常称为“说谎者悖论”）的症结在于，当一个主体提到自己时，我们就会陷入自我指涉的悖论。[21] 学界已经针对说谎者悖论提出了很多解决方案，其中包括“模糊逻辑”，即此类命题的真假并非简单的二元取值（真或非真），而是可以呈现非二元的真值（即半真半假）。

数学家、逻辑学家阿尔弗雷德·塔斯基得出结论，认为说谎者悖论仅发生于语义封闭的语言系统中，这意味着该语言中的所有陈述或命题不能仅在该系统内部进行评估和理解。[22] 换句话说，语言不能定义自身的真值谓词。塔斯基主张，如果存在一个元语言来承载“真”和“假”的谓词，那么就可以规避说谎者悖论。你需要跳到语言框架之外来评估其内部命题的真伪。看起来是不是很眼熟？

塔斯基用于规避说谎者悖论的方法显然存在问题，我们来看看说谎者的表哥理发师怎么说：

理发师只给那些不给自己理发的人理发。

理发师会给自己理发吗？这是“罗素悖论”的一种变体，涉及数学中的集合论。该悖论的逻辑是这样的：假设存在集合“*R*”，其包含所有不包含自身的集合。那么，*R*是否包含自身？若*R*不包含自身，则其满足“不包含自身的集合”的条件，但这意味着它属于*R*的一部分。或者我们也可以套用塔斯基的语言层级理论，即任何语言的真值谓词只能在其更高层级的元语言中表达。

上述内容看似在谈论语义学和语言学问题（没错儿，我们确实是在谈论这些问题），但实际上我们也在谈论宇宙，我们这些天真的人类正试图通过逻辑和语言（无论是符号语言还是自然语言）的视角来理解宇宙。塔斯基对理解自身所处系统的解决方案或许理论上可行，但它也要面临无法触及元宇宙的问题（毕竟元宇宙是更高层级的系统）；就算能够触及元宇宙，我们终究也只是将问题推给了层级中的下一只乌龟。同时，罗素悖论表明，不可能存在包含所有集合的集合，或者对宇宙来说，不可能存在统摄所有法则的法则。应对无穷倒退就像玩打地鼠：不断解决旧的问题，但新的问题也不断涌现。

事实上，符号语言中潜藏的戈尔迪之结，可能会将我们对逻辑和数学的所有理解推向崩溃的边缘。例如，考虑如下命题：

> 此命题无法证明。

20世纪30年代初，哥德尔不完全性定理登上历史舞台，迫使逻辑与数学屈膝臣服。除了震惊于逻辑和数学也有“膝盖”，你可能更加震惊于居然简单的几句话就让这两个巍然屹立的学科俯首称臣。尽管这两个定理的表述极为简洁，但它们的信息密度堪比实心铅块。原文如下：[23]

> 第一不完全性定理：“任何包含基本算术的一致形式系统F都是不完全的，即F的语言中存在既不能被证明为真也不能被证明为

假的命题。"

第二不完全性定理:"对于任何包含基本算术的一致系统F,F的一致性无法在F内得到证明。"

我想冒着些许不准确的风险,用更通俗易懂的语言来解读:这两个定理揭示了,在任何逻辑自洽的系统中,存在一些无法被证明的基本真理,并且存在无法在该系统内部证明的命题。换句话说,总会有无法证明的事实。例如,考虑前面那个命题,"此命题无法证明",想想它有多么诡异。乍一看,它似乎只是说谎者悖论的另一种变体,但这个命题更加狡猾,你确实无法证明该命题,因为该命题一旦得证,就会立马成为假命题。也就是说,这是一个真命题,而你知其真,却无法证明其真。因此,在哥德尔揭示的框架内,有些命题是不可能被证明的真命题。从认识论的角度,如果存在某个真命题无法在逻辑上得到证明,那么合理–真实–相信框架就很难自圆其说了。

这两个不完全性定理意味着,数学不能完全形式化为公理和规则的集合,这引发了关于数学真理的本质、可证明性和逻辑基础的深刻问题。所以,当你在数学课上心情不佳时,你尽可以引用哥德尔的论述,提醒老师数学在本质上是不完全的。

如果哥德尔不完全性定理让你对本体论感到困惑,这是非常正常的。这些定理实际上让史蒂芬·霍金改变了他对终极万有理论的看法,他得出的结论是,由于我们对宇宙的物理模型根植于数学理解,因此我们的物理理解也必然不完全。[24] 诺贝尔奖得主罗杰·彭罗斯(他恰好出生于第一不完全性定理发布的那一年)认为:"在这个世界的物理行为中,必定有某些东西超越了计算。"[25] 彭罗斯等学者还援引哥德尔不完全性定理,论证出人类心智不可能是机械化的。[26] 公正地说,这些观点争议颇多,但关键在于,伟大的思想家一直在深思此类令人百思不得其解的问题。[27]

我们仍然困守于这个表观四维的宇宙中，试图理解这个宇宙的法则。我们只能接触到这些法则在有限的物理条件下如何表现，而我们本身又受限于系统之内，这必然导致自我指涉的问题。我们不仅现在无法理解自然法则，而且有可能永远无法理解这些法则；甚至，基于哥德尔不完全性定理，这种理解可能无论如何都是不完全的。

即使在未来的某一天，我们知道自然法则是什么，仍然也会面临诸多玄奥难题，例如确定这些法则存在于何处，以及它们如何实际影响宇宙的运行。此外，还有我们始终无法摆脱的无穷倒退问题：是否存在决定这些法则的法则？这些法则是否原本可能有所不同？

小结

在本书中，我们不断了解宇宙（及其组成部分）的特定表现和特征——从作用力的强度到时空的维度，再到空间的加速膨胀。在每个例子中，我们都可以驻足思考，如果这些表现和特征有所改变，宇宙会是什么样子？如果引力不再与众不同，而是与其他 3 种已知作用力强度相仿，事态将如何演变？如果存在额外的空间维度会如何？或者，如果暗能量的时代更早开启又会怎样？

从表面上看，这些问题可能只是有趣的思想实验，适合作为学生的课后作业。但正如往常一样，事情没有这么简单；当我们把宇宙的特征放在显微镜下仔细审查时，就会发现一旦改变它们，哪怕只是微小的改变，都将使我们如今所知的生命不复存在。这促使我们不得不思考，为什么宇宙的性质是现在这样？它们是否原本可能有所不同？宇宙本身是否经历过微调？

第 10 章

宇宙是否经历过微调？

随便翻开一本入门物理书籍，你都有可能看到一张标题为“普适常量”的表格，里面写满了数值精度极高的常数。[1]这些常数往往涉及物理学中比较艰深的领域，不过也有例外，比如万有引力常数（$G = 6.674\,08 \times 10^{-11}\ \mathrm{N \cdot m^2/kg^2}$）和光速（$c = 299\,792\,458\ \mathrm{m/s}$）就很常见，它们是物理学中非常基础的部分，即使在入门阶段也应当对其烂熟于心。一个典型的物理系学生可能会认为：“某个地方的某些科学家通过某种方式测出了这些数字。”然后就不再深究。但是你可曾思考过，为什么这些参数会有固定数值？为什么恰好是现在这个数值（甚至有些还精确到多位有效数字），而不是略高或者略低一点儿？

答案是：我们不知道，而这让我们十分苦恼。尤其令人不安的是，如果你对其中任何一个参数稍做调整，哪怕只是微调一下，都足以从根本上改变宇宙的性质，并且几乎所有的调整都会使宇宙变得不适合我们如今所知的生命存在。这些物理常数为各种思想实验提供了丰富的素材，并促使我们追问：“如果这些我们习以为常的基本参数发生改变，会发生什么？”

如果曾经弹奏过弦乐器（比如小提琴），你或许就能体会到“微调”的重要性。琴弦末端那些小小的金属调音器使你能够将乐器的音准调得恰到好处，避免产生不和谐的杂音。所谓“微调”，意味着你为了使某一事物达到最佳运行状态，需要对它进行极其细微的调整。鉴于许多物理常数必须恰到好处，才能孕育我们如今所知的生命，我们不禁要问：宇宙本身是否经历过微调？显然，这个问题在哲学和形而上学的层面意义深远。

究竟什么是基本常量？

物理学家会立刻指出，实际上，我们在物理学中使用的许多常数都是相互关联，并且可以彼此推导的。例如，光速（c）和“真空磁导率”（μ_0）可以共同推导出“真空电容率”（ε_0），虽然这些名字又长又难记，但我听说过更差劲的。而“精细结构常数”（α）则是由 ε_0、h（普朗克常数）、c 和 e（基本电荷）这 4 个常数共同得到的。你可能会认为，单个粒子（比如电子和质子）的质量属于基本常量，但它们的质量实际上在更根本的层面上取决于其他常数。换句话说，质量并非真正的基本常量，而是取决于宇宙的其他属性。当你下次站上体重秤时，不妨想想这个问题。

尽管你在物理书[2]中看到的许多常数实际上并不是基本常量，但好心的物理学家为了让你查阅方便，还是把它们全部收录在一张汇总表中。但即使在考虑了它们之间的相互依存关系之后，（在我们目前看来）仍然需要大约 20 个独立的常数来描述宇宙的运行规律（具体数量取决于对“基本”的定义，所以姑且认为约有 20 个，这已经够多了）。

上述大约 20 个常数的数值需要接受“自然性”这一标准的检验。自然性的概念贯穿于物理学的各个领域，并且明确无误地赋予基本常数以哲学内蕴。[3] 所谓自然性，就是期望无量纲参数的比值的“数量级为 1”。（今日“像物理学家一样说话”小课堂：物理学家经常说“数量级为 1”，只是一种学术表达方式，其意思是“数值接近于 1”。）[4] 事实上，在讨论已知的四大基本力时，我们就已经隐约感受到了这一点，其中有三种作用力的强度相差 10^5 倍上下，而引力则孤零零地缩在角落，其强度与其他作用力相差 10^{30} 倍上下（诚然，前者也不符合数量级为 1 的标准，但相对来说尚可以忍受）。如此大的差异直观地表明，其中必有古怪。换句话说，引力的相对强度违背了自然性。

进一步说，自然性的概念还可能产生极小和极大的数值。例如，当两个非常接近（但不完全相同）的数值在某种过程中相互对立时，它们中的大部分（并非全部）会相互抵消，留下一个极小的数值。如果此时再出现另一个物理过程对这个极小的数值取倒数，我们便会得到一个极大的数值。对于那些数值可以大致归因于此类“自然性”路径的参数，物理学家通常不会过于担忧其微调问题。而真正棘手的是那些无法清晰地与其他参数“自然”联系起来的数值。

你也许会好奇，在这种情况下，“极小”和“极大”的标准是什么。一言以蔽之，物理学家严重依赖普朗克尺度，对于任何显著大于或小于普朗克时间或普朗克长度的参数，我们都需要通过某种方式加以解释。

总而言之，我们面前有大约 20 个常数，但是我们目前还无法合理解释它们的数值，这引发了若干重大问题：为什么这些常数具有当前数值？它们是否原本可能有所不同？如果确实不同又会怎么样？我们又该如何解释，为什么宇宙似乎被微调到恰好适合生命存在？

如果这些常数的数值不同会怎样？

现在假装你是上帝，正在一个模拟宇宙中调整这些常数的数值，想要观察会发生什么变化。由于宇宙极其复杂，许多常数在不同的物理过程中相互交织，这使得思考调整它们所带来的影响格外困难。例如，引力和强力在核聚变中都起着重要作用。最直接的办法是设想一个每次只需调整单个参数的平行宇宙，但实际上我们面对的是错综复杂的多维参数空间。出于这一考量，你可以将我接下来举出的一些例子看作参数空间的一小部分样本，用以说明若我们所熟知并珍视的物理常数发生变化，可能会带来怎样的后果。

我们不妨从恒星开始讨论，它们在我们所知的宇宙中似乎非常重要。回想外星生命相关章节可知，恒星发出的光既能为液态水的存在提供便利条件，又能为食物链的最底层提供能量。此外，我们还需要恒星在它们死亡前维持足够长的寿命，否则生命可能来不及萌芽和演化。为了让恒星发挥这种作用，它们必须处于“流体静力学平衡”的状态。这个术语相当花哨，其意思是内向拉拽的引力与因核聚变而加热核心所产生的向外压力达到平衡。如果你的老师要求你记住这个术语，而你又并非天体物理学专业的学生，我深表同情。[5]

如果引力增强，恒星就会更快地消耗掉它们的燃料（甚至如果引力大幅提高，恒星就有可能会直接坍缩成黑洞）。在这种情况下，恒星的寿命不会太长，生命在主星熄灭之前很难有机会站稳脚跟。

另一方面，如果引力减弱，恒星本身就会更难形成。哪怕它真的形成了，其消耗燃料的速度也会减慢，于是其辐射出的光和能量就会更少，但是其寿命则显著延长。且慢，寿命延长听起来很不错，不是吗？但问题在于，我们如今所知的生命需要碳元素来构造那些精妙复杂的分子，而碳元素来自死亡的恒星，恒星在走完生命历程之后会将其内部物质抛向宇宙。

与上述流体静力学平衡的例子一样，我们也可以对其他参数（例如强力或电磁斥力的强度）进行类似的思想实验。事实上，如果强力太强，宇宙中的所有氢元素可能在恒星形成之前就会全部聚变为氦元素。

研究表明，如果我们对参与恒星形成的基本常数进行细致审视，就会发现恒星能够存在的参数范围非常狭窄。[6] 然而，由于我们不知道这些参数为何会取当前的数值，我们也无法明确可能的取值范围究竟有多大。

对于我们如今所知的生命，碳元素的存在必不可少。如果你曾与那些必须修读“有机化学”的理科生有过交流，你很可能会听过许多噩梦般的故事。而碳元素的存在正是这些怨念的根源。碳元素让分子结构、期末试题以及生命本身变得异常复杂。正如外星生命相关章节所述，任何复杂生命（甚至可以说是我们目前已知的所有形式的生命）的形成都需要碳元素。

然而，碳的存在本身似乎也是一个令人难以置信的巧合。事实上，这个巧合甚至明显到让弗雷德·霍伊尔（“大爆炸”术语的提出者）直呼这完全是一个“精心设计的产物”。[7] 碳元素是在濒死恒星的核心处通过所谓的“三阿尔法过程”产生的。[8] 在这一过程中，首先是两个氦原子核（也叫α粒子）结合形成铍，随后另一个氦原子核也加入其中，最终产生了碳：

$$^{4}_{2}\mathrm{He} + ^{4}_{2}\mathrm{He} \rightarrow ^{8}_{4}\mathrm{Be}$$

$$^{8}_{4}\mathrm{Be} + ^{4}_{2}\mathrm{He} \rightarrow ^{12}_{6}\mathrm{C}$$

整个过程看似顺利，但存在一个致命问题：铍元素极不稳定。它的半衰期只有大约 10^{-16} 秒（想想看这到底有多快），而在这短短的 10^{-16} 秒内完成足够多的第二步反应的可能性微乎其微。三阿尔法过程得以实现的唯一途径，就是碳元素恰好在能量为 7.7 MeV（兆电子伏特）时具有共振态，而霍伊尔预测这一状态必须存在（现在，我们将其称为“霍伊尔态”)。[9] 后续研究表明，如果我们想要继续开设有机化学这门课程，那么涉及这一过程的物理常数必须精确控制在其当前数值的 0.5%~4%。[10]

你有没有注意到，质子和中子的质量几乎完全相同？许多物理学专业的学生对此都深表感激，因为这会使某些类型问题的求解变得稍微容易一些。二者之间的差异直到第四位有效数字才会显现出来：

中子质量 $=1.674\,927\,4\times10^{-27}$kg

质子质量 $=1.672\,621\,8\times10^{-27}$kg

在惊叹于我们能够如此精确地测量粒子质量之后，[11] 你可能也会好奇，为什么它们的质量如此接近？以及如果情况颠倒，即质子的质量比中子略大，又会怎么样？实际上，质子和中子之间唯一的区别在于其组成夸克的“味道”（中子由两个下夸克和一个上夸克组成，而质子由两个上夸克和一个下夸克组成），因此这个微调的例子本质上可以归结为上夸克和下夸克之间的微小质量差异。如果调换它们的质量，质子和中子的衰变路径就会发生改变。换言之，在当前的宇宙中，中子可以自发衰变成质子（同时附带其他产物），因为质子的质量较低。[12] 实际上，当中子游离于原子核外（离开强力能够约束它的环境）时，它就会自发衰变为质子，其半衰期大约为 15 分钟（相比宇宙年龄可谓转瞬即逝）。虽然质子可以捕获一个电子并转变为中子，但自由质子不会像自由中子那样自发衰变。[13]

如果质子可以自发衰变成中子，宇宙中的质子数量将锐减。你可能会问，这有什么大不了？质子又不是可爱的小狗。首先，如果没有质子，就不会有小狗。质子承担着维持原子结构的关键任务，只有它才能让电子规规矩矩地绕原子核运转。如果没有原子，就不会有分子；如果没有分子，就不会有小狗（或者任何我们如今所知的生命）。

所以，质子和中子的质量在第四位有效数字上的微小差异至关重要。

我们也很容易把宇宙的维数视为理所当然，但如果改变空间或时间的维度数量，所得到的宇宙将不再宜居。如果你联想到一个空间维度和时间维度数量不同的宇宙，就请勇往直前吧（也许还可以考虑攻读一个抽象数学的高等学位）。对于其他人来说，思考这种近乎不可理解的宇宙形态具有挑战性，你或许需要回顾一下关于时间本质和额外维度的章节。好消息是，数学在此类问题上总能大显身手。

在当前的宇宙中，我们拥有一套舒适的维度组合：三个空间维度和一个时间维度。但为什么会这样呢？我们在第 6 章讨论相对论时，曾经提到一个重要观点，那就是时间和空间在某种程度上是同类事物。那么，为什么我们拥有的不是三个时间维度和一个空间维度呢？或者，为什么不是数量对称的维度组合呢？又或者，为什么没有更多的维度呢？正如本章举出的其他例子，我们对此一无所知。

让我们考虑一下，如果我们的宇宙落在下面时空图中的其他区域会怎么样。在这个思想实验中，我们可以先假设宇宙的宏观空间维度少于三个，比如只有两个。在这种情况下，我们会在复杂生命的生理结构方面遇到难题。我们如今所知的生命都需要分配营养物质和排出代谢废物（除非某种以毛孔为家的面部螨虫，它们可以在你的皮肤上存活大约两周，但它们没有肛门，所以不会排便；它们只能把代谢废物储存起来，直到死亡）。[14] 这种输送营养物质和代谢废物的“需求”意味着，必须存在某种通路系统。

如果想要尝试为一只二维的猫设计一条将营养物质（或其他物质）输送到全身的简单通路，那么我们似乎可以把这只猫变成一条首尾相接的带子（一条毛茸茸的漂亮丝带），或者将其分割成很多块碎片。当然，还有一些更富创意的选择。例如，每个细胞可以配备开闭式阀门，以便在不破坏猫体结构完整性的前提下传递物质。也许你还能构思出其他替代模型。不管怎么说，在缺少第三个空间维度的情况下很难创建出无须切断猫体的路径，因此一只复杂的猫在二维空间中的存在似乎极具挑战性（但也许并非绝对不可能）。不过，你先不要傲慢，如果存在生活在 4 个空间维度中的智慧生物，他们可能也会对我们做出类似的评价，并感叹三维生命真是“简单”。

所以，减少维度不是一个好主意，那增加宏观空间维度呢？假设宇宙的宏观空间维度超过三个，我们就会遇到其他问题。[15] 以天体轨道为例，你可能理所当然地认为地球绕太阳运行（至少我希望你知道这一点；如果不知道，那现在也该是你学习这些知识的时候了）。问题在于，如果我们增加额外的空间维度，哪怕是基础的轨道也会变得不稳定（有趣的是，即使在三维空间中，我们的太阳系也是不稳定的；经过数十亿年后，行星会相互碰撞或被抛出），这就是“贝特朗定理”。

我们已经讨论过长久稳定的恒星系统对我们如今所知的生命有多么重要。如果轨道不稳定，当下的宜居环境将不复存在。在超过运行轨道的空间维度多于 3 个的情况下，我们可怜的地球很可能会被随意地抛来甩去，它可能偶尔会被一颗恒星短暂地捕获，然后又像弹弓一样被甩回深空，不知过了多久，才会遇到下一颗恒星，之后又会重复这一过程。另一种情况是，地球并没有被抛出，而是直接被恒星吞噬。无论如何，当前这样安稳的日子是不会再有了。生命能否在如此恶劣的环境中进化并存续呢？也许可以，但很可能不会是我们如今所知的任何生命形态。

无论空间维度是增加还是减少，都不合适，因此我们就只能在时间维度上做文章了。按我们当前的理解，宇宙只有一个时间维度。“一”

是个不错的数字，它易于处理，无论是加减乘除还是其他运算。为了避免误解，我想强调，除了一维时间之外，时间维度的数量只能是零或大于一。

零是比较简单的情况，所以我们从这里开始。如果没有时间维度，就没有先后顺序，也没有因果关系，什么都不会发生。这种宇宙简直索然无味，完全不适宜居住。我甚至敢断言，复杂生命几乎不可能在这种环境中诞生。

时间维度多于一个的情况难以想象。你可能仅凭直觉就意识到，如果在某个时刻你可以像在空间中左转一样在时间上变换方向，情况将会变得无比混乱。这次，你的直觉没有欺骗你。此时，数学再次成为我们的救星。如果你尚未修读过偏微分方程（PDE）这门课，那么接下来就是见证奇迹的时刻。强烈建议你先去拿点儿零食，再回来继续。

偏微分方程能够帮助我们思考，如果我们拥有不同数量的空间类维度和时间类维度，会发生什么呢？这类方程主要有 4 种，分别称为“椭圆型”、“抛物型”、“双曲型”和“超双曲型”。PDE所属的类别取决于宇宙拥有多少个空间维度和时间维度。

我们所生活的宇宙拥有三个空间类参数和一个时间类参数：空间 1、空间 2、空间 3 和时间 1。这种仅有一个参数与其他参数相异的PDE被称为“双曲型”。双曲型PDE的优势在于，其允许诸如光或信息等的传播。就我而言，这就是 PDE 中的“金发姑娘”。[16]

如果将宇宙的时间和空间维度数量翻转过来，即拥有三个时间类维度和一个空间类维度，那么与之对应的PDE同样会是有趣的双曲型。在这种情况下，你可以直观地将其理解为时间表现得像我们所知的空间，而空间则表现得像我们所知的时间。

另一方面，如果宇宙只有空间类（或只有时间类）维度（例如空间 1、空间 2、空间 3、空间 4），那么与之对应的方程就属于椭圆型。

基本上，这类PDE只能用来描述平衡态，这也合理，因为在缺乏时间参数的宇宙中，什么都不会发生。

如果允许存在多个同类参数，情况就变复杂了。例如，假设我们的宇宙拥有空间 1、空间 2，以及时间 1、时间 2 会怎么样？我们将面对所谓的“超双曲型方程”，而这类方程都有一个通病：它们通常无法获得明确定义的稳定解。换句话说，世间万物都是无法预测的。由此产生的混乱状态可能与你此前直觉上设想的在时间上向左转的情形相差不大。我们再次面临这个问题：生命能否在这种环境下进化并存续呢？而答案恐怕也一样：也许可以，但很可能不会是我们如今所知的生命形态。

综上所述，现在我们实际上已经在时空图中排除了几乎所有选项。如果想要构建一个适合我们如今所知的生命存在的宇宙（我对此表示支持），我们就只能从以下两种配置当中选择一个：要么三个空间维度加一个时间维度，要么三个时间维度加一个空间维度。

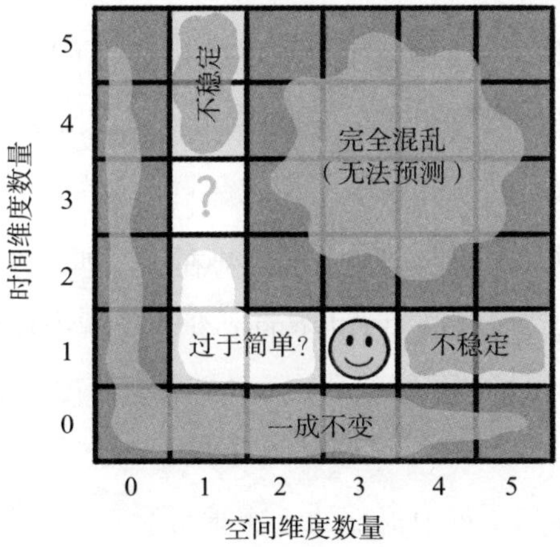

图 10–1　灵感来自泰格马克［M. Tegmark, “On the Dimensionality of Spacetime,” *Classical and Quantum Gravity* 14, no. 4 (1997)］

宇宙中看似经历过微调的参数并不局限于粒子质量或维度数量这样的具体数值。其中一个典型案例就是大爆炸后不久发生的“原初密度涨落”，这对当今宇宙的宜居性产生了深远影响。

即便在极早期的宇宙，量子力学依然有效，任何事物都无法在时空中精确定位，这意味着所有场都无法保持完全平坦。由于物理法则的要求，量子涨落从宇宙创生之初就深深烙印在宇宙的质能分布中。这些极其微小的涨落随后通过正反馈机制不断放大：质能更加密集的区域会产生更强的引力，从而吸引更多的质能。当质能聚集得越来越多时，其引力也越来越强，形成滚雪球效应。之后随着宇宙暴胀的启动，所有“小尺度”的扰动被急剧拉伸至宏观尺度。

在小尺度与大尺度之间的典型耦合关系中，上述初始量子微扰的振幅决定了各种结构在宇宙漫长历史中的演化进程。近年来的文献资料通常以参数 σ_8 来表示这些微扰。[17] σ_8 的数值可以根据宇宙微波背景的观测数据进行计算，目前我们对这一参数最精确的测定结果为 0.82 ± 0.02。[18]

若 σ_8 显著偏小，宇宙中就不会形成什么结构（比如银河系这样的星系），恒星的形成将严重受阻，重元素也将极度匮乏；[19] 反之，如果 σ_8 显著偏大，则致密结构在宇宙早期就会过早地凝聚起来，这将导致宇宙中的大部分物质会迅速坍缩成黑洞。侥幸逃过一劫的星系即便存续下去，其内部的恒星密度也会非常高，难以发展出稳定的行星系统。任何近距离掠过的恒星都可能扰乱轨道，并将行星抛出星系之外。

还记得我们在第 7 章中提到的反物质与物质之间微小的不对称性吗？它使得大约 1/1 000 000 000 的普通物质粒子在湮灭中幸存下来，这个十亿分之一的差异被称为“重子不对称性”（通常用符号 η_B 表示）。这种不对称性的“自然性”数值本应为 0，但既然它不为 0，则其取值范围（原则上）可以是 0 到 1 之间的任意数值。

我们已经充分讨论过，如果重子不对称性恰好为零，你就不会好端端地坐在这里看书，承载本书的纸张也将不复存在。但如果这种不对称性更大，又会怎样呢？从本质上来说，如果我们调高 η_B，湮灭（并转化为光）的物质就会减少，这会引发一系列连锁反应，原初核合成以及各种结构的形成都会受到影响。

参与核合成的基本粒子密度越高，大爆炸后的那一瞬能够发生的反应就越多，于是氢元素的相对丰度降低，而氦元素的相对丰度升高。罗伯特·瓦格纳就此话题于 1973 年发表了一篇经典论文，详细探讨了这一现象。[20]

为什么氢元素减少的同时氦元素增多这一现象值得关注呢？[21] 如果氢元素的丰度显著降低，恒星中的核聚变将变得极为困难，因此其持续时间也会大幅缩短。正如外星生命相关章节所述，相对较长的恒星寿命可能赋予生命更多时间萌芽和演化，所以如果把氦元素丰度调得太高，我们就会惹祸。

质光比的增加也会影响宇宙中可能形成的结构，这对宜居性同样具有潜在的影响。例如，若 η_B 过高，恒星密度将显著提高，从而导致生命被其附近的超新星爆发完全摧毁（同时被摧毁的还有路径上的所有物质）的可能性大幅增加。最近的研究测定的 η_B 上限为 10^{-4}。[22] 反之，若 η_B 过低，星系盘中促使恒星从中单独分离出来的自引力则会严重不足，由此我们可以确定 η_B 的下限为 10^{-11}。[23] 综上，根据现有模型，η_B 有一定的调整余地，其取值范围为 $10^{-11} < \eta_B < 10^{-4}$。至于这个范围到底是宽还是窄，则取决于理论上可能的完整取值范围（可能是 $0 < \eta_B < 1$）。

在结束微调宇宙实例的展示之前，我想着重讨论一下宇宙的一项绝妙特性。我认为这一点对我们如今所知的生命至关重要，却鲜少有人关注。具体来说，在我们所处的物理和时间尺度上，我们的宇宙在秩序与混沌之间仿佛如履薄冰一般维系着平衡。简单的规则如何能够催生出生命这样的复杂模式，这是一个深刻的问题（这也让我们回想起第 9 章中的生命游戏）。

为了更准确地阐述这一点，我想大胆借用信息论领域的成果，特别是下面两个在这一话题中不可或缺的术语："算法可压缩性"和"逻辑深度"。[24] 用最简单的话来说，你可以将算法可压缩性理解为一个对象中包含的冗余模式能够被进一步压缩的程度。例如，棋盘图案具有很高的算法可压缩性，你只需要在计算机程序中编写几行代码就能轻松生成这种图案。而连续统的另一端则是逻辑深度。如果你曾经不小心删除过一篇耗费几天时间才撰写而成的期末作业，便能直观感受到逻辑深度的含义。已丢失的那份文档将难以复现，你需要在计算机程序中编写大量代码才能完成这件事。

我们的宇宙似乎正是在算法可压缩性与逻辑深度之间的钢丝上战栗前行，你只需要看看身边的树木即可轻松验证。对称性和规律的模式深深嵌入在树叶、树皮、树干和树枝当中，然而这些模式并不完美，没有完全相同的两片树叶，每个尺度上都存在随机偏差。

对我来说，在诸多令人惊叹的宇宙特性中，算法可压缩性和逻辑深度这两个极端之间的微妙平衡或许蒙尘已久，却是最为深邃玄奥的。宇宙原本不必如此：如果宇宙完全是算法可压缩的，那么一切都会遵循完美的模式和对称性，任何有趣的现象（其中包括我们如今所知的生命）都不会出现；反之，如果宇宙完全由逻辑深度主导，那么现实中的规律和秩序将几乎无处可寻（甚至完全消失），宇宙将退至混沌无序的边缘。然而，我们所生活的宇宙似乎拥有一些井然有序的物理法则，这些法则与量子力学所刻印的混沌行为和随机涨落相辅相成，共同把控着现实的样貌。

根据信息论的观点，最经济的计算程序是实现目标结果所需要的最短程序，因此，它很可能是由通用计算机生成的。[25] 同样，这种哲学理念构成物理学家追求对称性和统一法则的根基。构建一个兼具确定性与随机性的系统需要精益求精，我们需要注入足够多的随机性以打破完美的对称性，但是随机性又不能过多，以免陷入混沌。平心而论，这个类比隐含着某种目的论（事物的存在总有一定目的）。我对此并不完全认同，但我也不否认我们的宇宙本质上是一台计算机的可能性——接受输入、执行算法，并产生输出。

我推测，算法可压缩性与逻辑深度之间这种表面上的平衡，是我们如今所知的生命存在的必要条件。如果在截然不同的时间或空间尺度上观察宇宙，我们可能就不会推断出相同的平衡。例如，暴胀结束的早期宇宙，其物理特性呈现出极为简单且均匀的状态；在遥远的未来，当暗能量占据主导时，可观测的宇宙也将变得简单而均匀；或者，在接近普朗克长度的物理尺度上，任何物理现象可能都毫无规律与原因可循；同样，在星系级别的物理尺度上，某种大尺度模式则主导着星系形成的整体过程。我只能勉强得出以下结论：可供人类栖居的参数范围恰好处于既非极大，也非极小的中间区域，这一区间一定具有某种特殊属性。

鉴于上述所有看似必须取特定数值才能让我们存在的参数，我们难免会怀疑宇宙是经过精心设计的产物。但是，在急于得出这一结论之前，我们应当汲取人类历史中的经验教训，静下心来尝试更加深入地思考。正如“忘记历史的人注定要重蹈覆辙”这句话所讲，在探讨如何解释这些显而易见的微调现象之前，我们应当退后一步，思考人类历史上发生过的其他类似情境及其带来的教训。

教训 1：太阳系

不久之前，太阳系本身还是一个令人困惑不已的话题。所有行星都沿着漂亮的“正”圆形轨道，[26]在几乎同一平面上绕太阳运转。如此完美的轨道绝不可能是随机形成的！太有序了！太完美了！正如牛顿所言：

> 虽然彗星以高度偏心的轨道在任意方位运行，但盲目的宿命绝无可能使所有行星都以相同的方式在同心轨道上运行，尽管由于彗星和行星之间的相互作用，可能会产生一些微不足道的不规则性，而这些不规则性还会不断增加，直至这个系统需要重整。[27]

换句话说，如牛顿这般睿智的人物也认为太阳系是精心设计的产物。但是你猜怎么着，在那个时候，我们尚未掌握太阳系形成背后的全部物理机制。如今，运用先进的（至少以当今标准而言是先进的）计算技术和我们目前知道的所有物理知识所构造出的太阳系模型，在各个层面上都与现实中的太阳系大体上相似，即行星以近乎正圆的轨道沿着相同的方向，并且几乎在同一平面上绕太阳运转。事实证明，盲目的宿命一旦被交到物理学手中，就别无选择，它只能“使所有行星都以同样的方式在同心轨道上运行”。虽然太阳系的几何结构和动力学特征在数百年前看起来似乎是经过微调的，但如今我们已经了解，那完全是物理作用的必然结果。我们在此处吸取的教训是：不要以为我们人类已经掌握了所有的物理原理。

需要明确的是，即便我们现在已经理解了太阳系自然形成的物理机制，也并不意味着更广泛的宇宙以及支配它的法则就没有经历过微调。更确切地说，正因为太阳系是从宇宙的大旋涡中生成的，才不需要对现有规律进行刻意调整或改变就能形成如此美妙的同心轨道系统。

更普遍地说，第 2 章已经提醒过我们，必须警惕逻辑谬误，而在此处我们应当注意的是否定前件谬误：

"如果太阳系经历过微调，那么宇宙就经历过微调。"

若 *P* 则 *Q*。成立。

"如果太阳系没有经历过微调，那么宇宙就没有经历过微调。"

若非 *P* 则非 *Q*。不成立。

教训 2：地球的宜居性

就我们如今所知的生命而言，地球堪称完美家园。太阳系中的行星数量屈指可数，却存在如此完美的行星供我们居住，我们简直是中了头彩。从各方面来看，地球都显得极为特殊。仅仅 20 多年前，我们甚至还不确定太阳系外是否存在其他行星系统。1992 年，我们第一次在太阳系外发现行星（通常称为"系外行星"），它环绕着一颗脉冲星运行（顺带一提，那绝不是个适合我们如今所知的生命生存的地方）。

从那以后，系外行星的探索呈现爆发式增长，迄今为止，我们已经确认在银河系中发现了数以千计的系外行星。根据目前获得的观测数据，超过 1/2 的系外行星属于多行星系统，而且类太阳恒星中大约有 1/5 都拥有一个近似地球大小且位于宜居带的行星。

上述发现意味着，地球或许并非独一无二。仅在我们银河系中，就有如此之多以近似日地距离围绕着类太阳恒星运行的类地球行星，一想到这些，我们人类的傲慢感就会大打折扣。根据开普勒太空望远镜的观测数据可以估算，在银河系中大约有 110 亿个类似地球的行星。若能每年造访一颗不同的类地球行星，你需要花费接近宇宙年龄的时间才能全部参观完。

一旦你意识到地球只是银河系中上百亿颗类似行星中的普通一员，它就不再显得那么特别，也称不上需要为生命的存在而特地微调参数了。我们在此处吸取的教训是：不要妄下断言你是孤例，实际上你或许只是浩渺整体中微不足道的一部分。

教训 3：人体

即使是人体本身也给我们提供了诸多发人深省的教训，而且它们长期以来一直被当作微调的证据。如此复杂的系统怎么可能是随机产生的呢？人的眼睛就是典型例证：我们的视觉系统堪称奇迹。在很多方面，人眼的性能甚至远远超过了我们（目前）能够制造出的最精密的天文探测器，比如：

- 人眼的视野极为宽广，接近 180 度。借助边缘视觉，你能看到自己头部前方几乎整个空间中的光线。这主要得益于眼睛后部有一个弯曲的“焦平面”和探测器（即“视网膜”），使得从不同角度射入的光线仍能聚焦。
- 人眼探测光线的能力极强，大约拥有 1.25 亿个感光细胞，相当于相机的像素数量。你的相机有多少像素？摄影技术日新月异，但在我写作此书时，市面上的顶级相机大约拥有 5 000 万像素，而且价格不菲。
- 即便拥有如此庞大的像素数量，人眼的读取速率也非常高。换句话说，人眼将细胞探测到的光信号传递给大脑所需的时间极短。人眼中的细胞大约每秒能够读取 30 次（即 30 赫兹）；相比之下，目前市面上的那些 5 000 万像素级别相机的最大读取速率仅有每秒 5 帧。
- 人眼能够处理的光线明暗范围也令人叹为观止。可探测到的最亮光线与最暗光线的强度之比被称为“动态范围”，而人眼的动态范围大约为 10 亿~100 亿，甚至可与天文探测器相媲美。

鉴于人眼性能之卓越，人们将其视为微调的证据似乎情有可原。但问题的关键在于，我们忽略了自然选择在数百万年间塑造进化的力量。由于我们在人类寿命的尺度下看不到显著的变化，所以仅凭我们的经验很难想象，如人眼一般精巧的器官竟然会在进化中随机产生。甚至达尔文在《物种起源》中写下的一句话也支持这一立场：

> 眼睛具有各种无法模仿的装置，可以为了看清不同距离而调整焦距，可以调节进光量，还可以校正球差和色差。我坦率地承认，假定眼睛可以由自然选择形成，简直荒谬至极。

但我要再次提醒一下，请时刻保持警惕。这句话常常被断章取义，因此我会直接引用《物种起源》第 6 章中的原文做对照：

> 眼睛具有各种无法模仿的装置，可以为了看清不同距离而调整焦距，可以调节进光量，还可以校正球差和色差。我坦率地承认，假定眼睛可以由自然选择形成，简直荒谬至极。当最初有人说太阳是静止的，而地球环绕着太阳旋转时，人类凭常识曾认为这一学说是错误的；但正如每位哲学家所知，“民之声即神之声”这一古老谚语在科学里是不成立的。理性告诉我，如果能够证明从一个简单而不完善的眼睛到一个复杂而完善的眼睛之间存在着无数个渐进阶段，并且像实际情形那样，每个阶段对于其所有者都有用处；进而，如果眼睛也能像实际情形那样，曾经发生过变异，并且这种变异可以遗传；同时如果这些变异对于任何处在不断变化的外界条件下的动物都有用处，那么，尽管我们的想象力无法克服那种认为一个复杂而完善的眼睛能够由自然选择形成的困难，这一困难也不应被视为能够颠覆我的理论。至于神经如何

感觉到光，并不比生命本身的起源更困扰我们；但我可以指出，一些最低级的生物，即便在它们体内无法找到神经，也能够感觉到光，因此它们原生质里的某些感觉元素聚集起来，发展成为具有这种特殊感光能力的神经，似乎并非不可能。[28]

无论达尔文对人眼有过什么看法，现在提起都是在转移话题。哪怕他是一位值得尊敬的智者，并且写了一本重要的书，也并不意味着他的观点就是最终定论。在达尔文的时代，我们甚至不知道 DNA 的存在；另一方面，现代研究对眼睛起源的理解更为深入，我们现在已经将眼睛的进化追溯到脑中那些为宿主动物提供生存优势的感光细胞。我们从中吸取的教训是：即使你以为自己已经了解自然选择的机制，也千万不要低估自然选择的力量。

然而，我们需要提醒自己（就像上面的每一条教训一样）：即便像人眼这般精巧的事物似乎无须微调，也并不意味着宇宙不是专门为我们的存在而精心设计的。

关于微调问题的若干解决方案

对于明显的微调现象，存在一系列可能的解释。当然，我无法断言其中哪一种是正确的（如果其中真的有正确答案的话），你可能也不确定。需要注意的是，这些选项并不相互排斥，所以你可以随意组合搭配。为奠定讨论基础，我们需要先引入“人择原理”，这一概念在微调问题的相关讨论中至关重要。

布兰登·卡特在 20 世纪 70 年代详细阐述了人择原理，[29] 其主要观点用一句话概括就是，我们这个宇宙的特性必须与我们能够存在于其中相兼容。这听起来就像是车轱辘话，但其核心却是一个必须牢记的重要概念，我们通常称之为“选择偏倚”，而具体在这一语境下则是“幸存者偏差”。

举例来说，假如你现在乘着渔船出海，打算用渔网捕鱼。如果渔网的网眼尺寸是 8 英寸，那么你就不应该指望能捕捞到体长小于 8 英寸的鱼；或者换个角度来说，在收网以后，你可能会（错误地）推断，海洋中只有体长大于 8 英寸的鱼。任何影响最终样本并致使其无法反映可能性随机分布的因素，都会让你陷入选择偏倚。“在海洋里只能捞到大鱼”就是这种情况。

问题在于，考虑到选择偏倚的存在，如果我们并非身处于一个允许我们生存和进化的宇宙中，就不可能繁衍生息、存续至今，更不可能观测宇宙并提出“它是否经历过微调”之类的问题。就像刚刚提到的例子，我们不应该对渔网中只有大鱼而感到惊讶。

罗伯特·迪克在 1961 年的一篇著名论文中提出上述观点的其中一种变体，但从标题《狄拉克宇宙学与马赫原理》中不太能看得出这篇论文与微调问题有关。在这篇论文中，迪克试图通过一系列精妙的推理来理解为什么宇宙如此庞大。他最终得出的结论是：若非如此，我们就不可能存在（在以下这段引文中，“T”指的是宇宙的年龄）：“因此，与我们最初的假设相反，T 并不是从广泛的可能范围中‘随机选择’的，而是受限于物理学家存在的条件。”[30]

迪克的推理逻辑如下：若要使得我们能在此处询问“宇宙为何如此庞大”，前提是必须存在碳元素来构成复杂生命；若要使得宇宙有足够的时间来产生并扩散碳元素，前提是宇宙的年龄至少有 10^{10} 年。另一方面，如果宇宙年龄超出 10^{10} 年，就会仅存恒星残骸。因此，我们能够提出“宇宙为何如此庞大”这一问题的时间窗口极窄。因为光的传播时间是有限的，所以我们观测到的宇宙大小必然是光可以传播的距离和宇宙年龄的乘积。诚然，他的论证略去了大量细节，但是其核心论证依然成立，只不过我们在此后的岁月里对宇宙的物理学特征有了更多了解，从而对论证过程中的部分具体数值进行了调整。

上述内容呈现的是一种较“弱”的人择原理，而该原理还有其他更“强”的版本，这需要我们回溯到亚里士多德的理论体系。亚里士多德曾深入思考世间一切事物何以发生，虽然他的思考仅仅集中在原因这一概念上，但他对原因的看法比我们日常所想的要细致得多。实际上，亚里士多德对原因的重视近乎痴迷，他不满足于单一的原因，甚至也不满足于两种或三种组分的原因，而是提出以下 4 种原因：“质料因”、“形式因”、“动力因”和“目的因”。

质料因：事物的构成材料。就宇宙而言，我们可以说其质料因就是质能（通过各种有趣的粒子得以体现）。如果你想继续用那个出海捕鱼的例子，那么质料因就是渔网中的线。

形式因：事物的规则或模式。例如，物理法则可能就是宇宙的形式因。这些法则支配着质料因中的一切事物（例如粒子）的运动轨迹与行为方式。回到我们的捕鱼之旅，形式因差不多类似于渔网织补师绘制的设计图。

动力因：事物的创造者或推动力。当我们谈论宇宙时，这个问题就变得棘手起来，显然我们进入了科学与神学、哲学交叉的边缘地带。究竟是什么（谁）赋予了宇宙最初的生命？为什么这些生命会存在？我们又该如何摆脱随之而来的无穷倒退？相比之下，这个问题对于捕鱼的例子来说要简单得多：渔网织补师编织出渔网（或者更有可能是现代工厂中的织网机，在这种情况下，是工程师制造了生产渔网的机器）。

目的因：事物存在的目的。我们将通过目的因的视角回到强人择原理的话题。事物究竟为何被创造？如果我们谈论的是渔网，这个问题不难回答。而当我们谈论宇宙时，想必你也会意识到，这个问题的难度便陡然上升。简而言之，强人择原理主张，宇宙诞生并且按照特定方式演化的根本目的在于孕育有知觉的生命。这个观点恐怕一时之间难以让人接受。我倒不是想说强人择原理是错误的（谁知道它是对还是错呢？），但它确实裹挟着浓厚的人类中心主义的傲慢色彩，让我不得不保持怀疑态度。实际上，在人类试图理解宇宙的过程中，每当我们自诩为宇宙“中心”时，我们都错了。但这远不足以反驳强人择原理。

无论如何，我们的宇宙似乎非常适合我们存在，这一事实迫切需要合理解释。以下若干选项供你参考。

选项 1：纯属巧合

纯粹随机的运气。哪怕某件事极不可能发生，也并不意味着它完全不可能发生。从无数种可能性中恰好抽中当前宇宙的概率究竟有多低，取决于还有哪些可能性。如果每一种基本物理参数的可能取值范围都非常窄，那么抽中当前这个宇宙的概率好像也没有那么低。

关键在于明确（或者至少限定）“可能的取值范围”，但通常情况下，我们做不到。既然不知道可能的取值范围，我们就不知道参数空间中还剩多少“地盘”，因此也就不知道我们宇宙中这些常数的取值究竟有多特殊。

选项 2：天意神授

我们在讨论微调问题时难免心生疑惑：这是不是来自超自然力量的“神意”？这里的“超自然力量”不一定是传统意义上的“神明”，它可能是任何更高层次的超然存在或外星种族。我们只需要某个满怀仁慈或是甘愿创造一个有生命宇宙的外部主体。在我们找到验证方法之前，这种可能性完全属于宗教范畴。可以肯定的是，“宇宙经历过微调”这样的观点常常被那些支持超自然力量存在的人借用。实际上，这只是稍加掩饰的“夹缝之神”谬误。然而，我们无法对其进行验证，这也意味着我们无法排除其可能性。

选项 3：模拟现实

其实，该选项是上一选项的衍生产物，但我认为模拟现实值需要单独阐述。试想，你是一个超级先进的存在，拥有着不可估量的“计算”资源（无论“计算”这一概念在超级先进的存在状态下是什么样子）。突然有一天，你感到百无聊赖，因为你几乎做了所有可以做的事情。你可能会想：“我需要创造一些东西来自娱自乐！要不就来点儿电子宠物吧，它们的滑稽举动或许足以让我一直开心下去。”毕竟，你应该见识过那些真人秀类综艺节目有多火爆吧？于是，你启动了多维计算机，并着手于构建模拟宇宙。在尝试过若干令人乏味或导致宇宙走向灭亡的参数取值之后，你终于找到了能够产生可爱小宠物的正确组合。（为了防止你对此前讨论过的内容有所遗忘，本书的第 9 章用了整整一节专门讨论模拟宇宙的可能性，而这种解释与生命游戏并没有太大的区别。）

选项 4：未知物理

该选项需要我们保持谦卑，因为可能存在着未知的物理机制决定了宇宙中各项参数的精确取值。既然我们不知道为什么基本参数会取当前数值，我们自然也不知道它们是否原本就有所不同。关于宇宙是否经历过微调的大部分讨论都假设，这些参数的可能取值范围很广，但我们目前还不知道这是否属实。诚然，我们知道我们尚未掌握所有物理学知识，所以我们需要为正在发展的更先进的理论预留空间，这些理论可能会提供确凿的依据来解释宇宙为何呈现出当前的样貌。

我知道许多物理学家都寄希望于弦理论（或其他类似的理论）能推导出至少一部分常数的数值，从而将当前宇宙的状态归咎于卡拉比-丘流形（或其他类似的形状）。这很可能会实现，但是，把责任转嫁到某个特定的卡拉比-丘流形上，只不过是把问题暂时搁置一旁，因为接下来我们还会继续追问："为什么是卡拉比-丘流形？"

选项 5：沙文主义

说到谦卑，其实我们远不如自认为的那般重要或特殊。对于微调问题的一种解释是，我们的想象力过于贫瘠，其实存在某种形式的生命可以在具有广泛基本参数取值的宇宙中演化出来。这就是我不厌其烦地使用"我们如今所知的生命"而不是简简单单地写成"生命"的原因，哪怕这会让我耗费更多笔墨。当科幻作家谈论诸如晶状生命体之类的生物，以及在截然不同的宇宙中繁衍生息的更怪异的生命形式时，他们可能离真相越来越近了。例如，回想一下我们在第 4 章讨论过的玻尔兹曼大脑，其基本概念为生命的存在形式开辟了一系列可能性。

选项 6：自然选择

如果一个宇宙的基本参数与在我们这个宇宙中观测到的相似，且能够像我们在关于黑洞和其他宇宙的章节中讨论过的那样繁衍和增殖呢？如果母宇宙与子宇宙之间有某种遗传特征，使得子宇宙能够继承类似的基本参数取值呢？比如，如果婴儿宇宙能够在母宇宙的黑洞中诞生，那么顺着这一逻辑就可能推导出宇宙层面的自然选择模式。在这种情况下，有些宇宙可能会具备某些有利于黑洞形成的参数，它们将会生生不息；反之，那些难以形成黑洞或压根无法形成黑洞的宇宙则会绝育。如此一来，当前宇宙的诞生从统计学的角度上来说就不再是小概率事件了。

选项 7：多重宇宙

也许在“外面”还存在无数个宇宙，其中每一个都具备不同的物理参数组合。如果物理参数的可能取值范围足够广阔，那么这一选项就暗示着存在数量极其庞大的宇宙。若此言非虚，则其中必定存在一个各项参数恰好容许演化存续的宇宙。这样一来，我们发现自己恰好处于这个特定的宇宙中，也就不足为奇了，因为我们绝不会存在于一个使我们如今所知的生命不可能存在的宇宙（向人择原理致敬）。

选项 8：伦理要求

这个选项也属于目的论，与强人择原理直接相关，其根基在于假设宇宙具有目的因（类似于亚里士多德的观点）。若该假设成立，则宇宙的目的因可能就是创造像我们这样的生命。这个选项意味着宇宙具有某种目的，也许这个目的就是促成我们的存在。这无疑能极大地满足人类的虚荣心，想象着整个宇宙因我们而存在，这种感觉着实令人舒畅。不过，我也要泼一盆冷水，仅仅因为我们希望某事为真，并不意味着它就是真的。宇宙存在的目的也有可能只是执行某种计算，或者进行某项实验，而这两者可能都会在某种程度上抑制我们的虚荣心。

选项 9：其他可能

你真的认为，人类仅存在于三维空间中、无法直观理解量子力学的微不足道的大脑，只用了短短 70 年左右的时间就有能力想出所有可能的选项吗？我不这么认为。也许你已经构思出其他选项，或者对某些选项进行了某种拓展。

这些选项各自依赖于不同的假设，其中有些假设在你看来可能相比于其他假设更显荒诞。在课堂上，我会让我的学生对这些可能性进行排序，并尝试论证其排序的合理性，这会让我们深入到合理－真实－相信的框架中，并回到我们本书开篇所探讨的认识论。对多数人而言，看起来最不荒诞的选项往往是他们接触最多的选项。例如，大约80%的美国成年人相信存在某种形式的超自然力量。对于这一类人来说，“天意神授”选项可能显得相当合理。但请注意：我们很熟悉某条解释，并不意味着它就是一个好的解释——这种谬误名为“可用性错误”。真正的挑战在于自省：为什么其中一些假设对你来说显得更容易接受？支持这一立场的合理性依据是什么？

小结

我们共同探讨了一系列抽象而神秘的话题。在探索我们感知范围之外的现实时，我们不得不正视科学、逻辑以及我们自身智慧水平的局限。我们探讨的话题不可避免地回到人类存在的意义，以及我们在宇宙中所扮演的角色；如果读到这里，你的心中还是充斥着人类所特有的傲慢，那便是我作为作者的失职。事实上，只要我们愿意接纳谦卑的自己，这种旅程也可以充满活力，甚至在心灵上疗愈自己。

那么，在面对宇宙中那些哲学纠葛和挥之不去的疑问时，我们该如何调整对宇宙的看法并继续前行呢？

第 11 章

我们在宇宙中究竟扮演什么角色？

走进树林

近年来，我对蘑菇着迷。在我身边的这一小片自然环境中，每到夏天，各式各样的蘑菇就会不断冒出来，持续一整个季节，其种类之丰富令人啧啧称奇，其斑斓的色彩、奇异的形状和多样的尺寸，使超市里那种灰褐色的寻常品种相形见绌，并重新点燃了我用树枝和苔藓建造精灵小屋的童真渴望。

每天，我都会经过同一条小路，并因此得以目睹这些真菌惊人的生长速度，以及同样惊人的凋零速度。关于真菌，最让我感到震撼的是，我们在地表上看到的蘑菇不过是巨大的菌丝网络结出的果实，这些菌丝网络与隐藏在地表下的整个生态系统相互连接、相互作用。事实上，榛蘑（奥氏蜜环菌）是地球上已知最大的生物体之一。[1] 其中一个菌丝网络的已知覆盖面积超过2 000英亩[①]，更令人震惊的是，该网络据信已存在超过 2 000 年。[2]

你也许会疑惑，为什么我要在一本关于宇宙的书中写到蘑菇。其中部分原因在于，我对它们深深着迷。我个人应对存在主义危机的一

① 1 英亩≈0.004 平方千米。——译者注

个重要方式，就是关注身边的美好事物。我知道这句话听起来就像贺卡上常见的心灵鸡汤，所以我打算用书呆子的方式重新表述一遍：我自己练习正念的方式之一就是在自然界中寻找数学元素——图案（模式）、对称、分形分析、湍流、谐波、比例、逻辑深度，以及算法可压缩性。我会在徒步途中突然停下脚步，仔细观察一朵极为对称的花，或是溯源一片叶子的分形图案，这种分形分析在自然界中无处不在：从海岸线到恒星孕育区，再到宇宙中星系的丝状结构。见证宇宙中最微小与最宏大的事物相互联系、交织，这是我抵御虚无主义的保护屏障。一次又一次地看到数学结构（比如圆周率和黄金分割比）在自然界中显现，这对我来说可以称得上是灵性体验。但蘑菇对我的意义不止它的美丽与对称，它们更象征着我们在宇宙中所扮演的角色。

最近我拍摄了一朵可爱的小蘑菇：它从一片树叶的孔洞中倔强地撑起菌伞，仿佛在为命运的馈赠欢歌载舞。我的朋友给这张照片配上了“人择原理”的标题，而我立刻感受到这一标题非常贴切。倘若宇宙中任一看似随机的事件发生任何细微的改变，即使是最柔和的一阵微风，情况都会截然不同。

那朵蘑菇身上的偶然性因其短暂而更显强烈。尽管这朵好奇的小蘑菇仅在地表停留了短短数日，也依然是地表下那隐藏着的生态系统中的某个庞然大物的一部分。

这让我不禁思考，人类在宇宙中是否也有类似的存在轨迹：是否存在一张生命之网，在条件适宜时会从中涌现出“智慧”？我们是否也属于某个隐藏在有限视角之外的宏大体系？我们是否与宇宙存在共生关系？如果是，那么我们是否尽到了自己的责任？把我们自己的偶然存在当作理所当然，在我看来，这是一种可悲的自满。我们本质上是由分子构成的集合体，装载着涌现而出的所谓意识，也就是觉知了自我意识的宇宙涨落。如果破土而出的我们在这短暂而绚烂的绽放期间未能充分利用这份宇宙尺度的自我意识，实在是莫大的遗憾。

问题是，既然拥有这种宇宙意识，我们怎样才能趁此良机善用它呢？诚然，最简单的选择就是直接忽略它，按部就班地生活，就好像我们与某个远非我们渺小的人类所能描绘的庞大体系毫无关联。不过，你应该能从我的职业选择判断出，我并不赞同这种完全忽视宇宙的态度。我认为，宇宙并不在意我们是否关注它，但我们主动地忽视它无异于自取灭亡。首先，在人类与宇宙的任何较量中，胜利永远属于后者。更重要的是，既然我们是宇宙中有知觉的涨落，那么理解宇宙的本质最终一定能让我们洞悉自己究竟是什么，又可以成为什么。忽视宇宙，相当于放弃实现自身全部潜能的可能。

费米悖论赤裸裸地摆在我们面前。正如此前在第 4 章中所讨论的，如果解决这一“悖论”的方法之一是技术先进的文明经常（甚至总是）自我毁灭，那么我想谦卑地呼吁，人类尽量不要成为该统计样本中的一员。我相信，总体而言，人类需要接触更多的敬畏与惊奇，才能将关注的焦点向外延伸，并以此来提醒自己：我们与某个难以想象的宏大体系相连，就像菌丝网络一样，其内涵远远超越我们短暂的生命和有限的日常生活经验。

遗憾的是，我同时还感觉到，随着现代生活节奏的逐渐加快，人们与自然界接触得越来越少，我们拥抱现实中存在主义问题的集体意愿也越来越薄弱。我担心，这种对宇宙现实及自身定位的日益疏离，正在使人类整体慢慢陷入短视。随着世代更迭，我们越来越倾向于在夜幕降临后退回室内，在舒适安全的环境中对外面的世界越发冷漠麻木，也不再好奇。全球超过 80% 的人口生活在严重的光污染下，他们几乎看不见夜空。[3] 我忍不住会思考，这会对我们的世界观、自我认知以及在宇宙中的自我定位产生什么影响。我猜测，这种与宇宙的割裂会导致人们过度关注那些肤浅的问题。或许我这么说也只是在美化遥远的过去，但是我确实十分向往人们能在夜晚仰望星空并心生惊叹的时代。

我知道，对许多人来说，在生活中不考虑宇宙本质，是一种舒适的状态。我偶尔也会陷入这种心态，尤其是在应对生活中的紧迫需求时，所以我没有资格评判这种想法是否正确。当我坐在桌前写作时，两种现实的交织总会让我感到眩晕，在从事洗衣做饭这类平凡"现实"中的日常琐事的同时，又能意识到某种超越我们日常经验（甚至有可能完全超出我们所能掌握的范围）的"真实"现实存在。我猜想，将注意力重新集中于日常生活的行为，既是出于期望退守舒适区的心理防御机制，也是出于纯粹的实际需求，即完成日常生活任务以满足作为生物体的生理需求（毕竟，内稳态的支撑力度终归有限，即便对水熊虫这类极端生物而言也是如此）。快节奏的日常生活总能裹挟着我们，将注意力重新聚焦于杂货采购、政治事务等紧迫的日常议题上。但这种普遍存在的忽视我们在宇宙中的自我定位以及贬低人类未来的趋势，终将反噬我们。未来转瞬即至，我们尽可以谴责过去的自己（或我们的祖先）缺乏更为广阔深远的视野，但这对当下的我们毫无裨益。我们做出的所有选择，乃至于整个人类做出的所有选择，不仅决定了我们自己的道路，更决定了我们子孙后代的生存环境。让我难以接受的是，我们竟如此轻易地推卸了对生活在遥远未来的人类后裔的道德责任，甚至对于哪怕几代人之后的事情，我们似乎也漠不关心。

有时我觉得，人类正参与全球规模的棉花糖实验。在这个经典的心理实验中，孩子们会面临棉花糖的诱惑。如果他们能稍等一会儿而不是立刻吃掉棉花糖，就可以获得第二块棉花糖。虽然这个实验的对象通常是幼童，但在我看来，它与当前人类的进化状态，以及我们所做出的影响人类长远发展的选择十分相似。毕竟，我们似乎正处于技术青春期，而且我们社会层面的前额叶皮质尚未完全发育。我们当下的渴望总是会压倒长期愿景和伦理考量。

这并非全然是我们的过错，进化使我们天生短视：如果你现在不吃那颗浆果，很快就会有其他人（或其他动物）过来吃掉它。因此，严重低估事物在未来的价值是人类的通病。我总是低估一个月或一年之后的价值，而且我也总是为此感到后悔，但我又忍不住要这么做。眼下的需求胜过长期的未知：当你正试图赶在下午 5 点的截止时间之前完成工作，或是忙着为家人准备食物时，往往无暇兼顾宇宙的命运。

智慧生命？

每当思考现代生活的模式和习惯时，我常常会想起以前孩子们照料过的那座装在玻璃盒子里的蚂蚁农场。我们会观察到蚂蚁忙碌地来回穿梭，一生都在挖掘隧道和来回搬运面包屑。据我所见，这些蚂蚁似乎对这种生存状态非常满足，但或许其中也有几只蚂蚁经历着存在主义危机，它们会质疑自己存在的意义，也会思索生活中是否存在比挖土和收集面包屑更有意义的事物。当看到蚂蚁挖掘出紧贴着玻璃的新隧道时，我止不住好奇地问：是否会有蚂蚁想知道这层无形的屏障之外有什么？它们是否希望某个隧道能通向更广阔的世界？或者，它们也有可能只是对超出自己理解能力的现实毫不在乎，于是安然接受了这层无法理解的屏障，继续专注于手上的事情。但我还是倾向于认为：至少有一些“哲人蚂蚁”会时不时地抬起头来思考自己的处境，或是惊叹于所处世界的特性，这些特性或许能为某种潜在的现实和它们在其中所扮演的角色提供线索。

我明白，将我们人类对宇宙的反应类比于蚂蚁的行为和心理或许没那么恰当，但正如我一直强调的，保持谦卑总是对的。我们与这些蚂蚁有很多相似之处（尽管我们没有长 6 条腿，而它们没有肺）：就像蚂蚁农场中的居民一样，我们实际上被限制在一个有限的领域内，对宇宙的接触同样受到限制。当然，也有人会认为，我们还有一个关键差异，那就是人类能够凭借智慧理解我们身处的宇宙（或者至少我们希望如此）。我们已经学会借助精密（以当代人类的标准而言）仪器，将我们对现实的感知扩展到自身的感知范围以外，并以此探索仅凭肉体所无法感知的宇宙。这当然意义非凡。尽管我们自诩智慧，却依然做了许多愚蠢的事情。我推测，我们之所以如此热衷于追逐眼下诱人的“棉花糖”，并心甘情愿地为“面包屑”奉献一生，至少有一部分原因在于，我们还没有意识到宇宙究竟有多么奇妙，以及我们在其中扮演的角色有多么特殊，前提是我们能够平稳地度过技术青春期。

我有时会设想这样一种情景，权当是思想实验：宇宙的创生是某项课后作业的产物，其唯一目的是检验有知觉的生命是否能够进化出理解现实的能力。在这个实验中，虽然有知觉的生命出现了，但这些生命却决定，争先恐后地积攒面包屑便是它们在这短暂存在期间所能做的最有价值的事。于是，在这个实验中，所产生的宇宙就像生命游戏（参见第 9 章）中只有闪光灯存在的网格世界。不知你有何感想，但当我玩生命游戏时，若是遇到网格中只剩下像闪光灯和方块这类缺乏变化的模式，我都会直接点击“重置”，然后再开一局新游戏。

解药

当然，面对存在主义问题，忽视宇宙并不应是我们唯一的回应。你为什么会拿起这本书，并决定投入宝贵的时间来阅读？阅读天体物理学书籍的人无疑是出于各自不同的原因而被这一主题所吸引——或许是追求展示宇宙之壮丽的图片，或许是寻求关于宇宙万物如何运行的答案（如果你恰好出于这样的目的，恐怕这本书在这两个方面都会让你大失所望)。但我认为，在这些理由的背后，潜藏着对敬畏与惊奇的渴求。我相信，宇宙既使我们感到自己是某个宏大体系的一部分，又唤起我们的谦卑，进而引发敬畏之情，也正是这种信念驱使我写下这本书。

探索宇宙深邃的奥秘，是全人类共同的事业。更重要的是，如果我们找不到与全人类分享科学奇迹的途径，就相当于站在宇宙的对立面，最终必将自食其果。我担心，随着我们的假说越发完备，数学理论越发艰深，推导出的结果越发难以直观理解，非专业人士想要突破专业术语的壁垒也将越发困难。当这些术语在外人听来开始变得难以理解时，术语与胡言乱语之间的界限恐怕也会变得模糊。如果尖端科学与胡言乱语对大多数人而言无从分辨，我们就会面临一个严峻的危机——科学否定主义将大行其道，伪科学也必然乘虚而入。

作为三个孩子的母亲和数十年一线教学的实践者，我见证了科学教育的日常运作。一方面，学校(至少公立学校)承受着巨大压力，它们往往没有足够的资源去做既定标准课程教学之外的事情，而这些课程充斥着死板的习题、课后作业和“标准”答案。另一方面，作为大学教授，我看到一批又一批的学生仿佛在参加一场比赛，其目的就是找到一份能让父母满意，并能给他们自己带来一大堆面包屑的工作。达成这一目标最便捷(也是最容易)的方式就是沿袭已知的路径。在我看来，这条路径几乎容不下任何深度思考与创造性探索。有时我还会担心，我们的教育体系早已深谙把我们的创造力消磨殆尽之道，我们(无论是通过公开的方式还是暗示的方式)也知道有很多既定的思维方式并固守其中。好吧，我承认，“有时”这个词可以直接划掉，其实我每天都在担心这个问题。

我个人(非常坚定地)认为，我们的世界迫切需要更多大量涉猎(看似)无关领域的学习者和思考者。不可否认，我们确实需要有人专注于深入钻研非常具体的问题，但如果选择走这条路的人太多，我们就会失去只有真正的通识教育才能带来的融会贯通、跨界融合与创新活力。如果你正在阅读这本书，并且恰好能在生活中接触到孩子，请抽出空来和他们谈谈这本书中最让你着迷的话题，什么话题都可以。我希望他们会提出许多问题，你也可以这样回答他们："我不知道，但也许你可以自己去找到答案。"请培养他们的好奇心，并且在此过程中不要吝惜赞美之辞。我敢打赌，此刻一定有孩子正在以某种极具创造性的新视角思考黑洞、维度或暗能量，科学领域的开拓以及科学理解的发展将会以此为新的起点。

诚然，我们对现实的理解微乎其微（甚至有可能是毫无进展），但仅仅是认识到自己的无知就已经非同小可。[4] 我喜欢把现实想象成一片广袤的风景，而我们已经勘测出了许多穿越各种地形的路径：其中一些通往山巅，我们从那里可以看到不同区域的生态系统之间有何联系；有些则通往我们尚未掌握攀登技巧的绝壁，或是能让我们轻易陷入其中的沼泽；还有一些路径虽然起点截然不同，却通往同一片区域。如果想要看看沼泽对岸或是绝壁顶端的景色，我们就必须不断探索，而最关键的是，我们必须对可能通往意外方向的新路线保持开放思维。还有一点同样重要：选择不同路径的探险者必须聚在一起，分享他们在各自路线上的探索成果。如果所有人选择的都是同一条路径，那么尽管我们对那条路径有极为深入的了解，但我们基本上不可能再次更新对整片风景基础结构的见解。

我们虽然可能只能看见下面几层的乌龟，但也可以抬头欣赏我们已经掌握的现实景观。即便是我们知识视野内所能见到的风景也相当壮观，而且视野本身也在不断扩展。没有谁能精通人类集体智慧所累积的全部成果，我们大多数人顶多只能专精于其中某个领域。你可以用一生的时间去探索多样的思维风景。至于那些已经掌握的知识，我们应当如何在未来充分利用它们？

课后作业

你不会以为，从头到尾读完一本由大学教授撰写的书会不需要写作业吧？开个玩笑，不要紧张，你不需要向任何人提交任何成果。但如果你能完成以下作业，我会感到非常欣慰，或许你也会因此收获快乐。

1. 把你在这本书中学到的东西传授给其他人。近年来我逐渐意识到，学习是我们人类最重要的事情之一，而教学大概排在第二。我有一种天真而乐观的想法：如果有更多人能发自内心地感受到宇宙的浩瀚，世界将会变得更美好。所以，请满足我这个愿望，好吗？

2. 亲身感受真正漆黑的夜空，让宇宙的星光洒遍你的全身。根据你所在的位置，这可能会是一项挑战，[5] 但请尽力而为。带上一条足以让你躺在上面的毯子（不然你一定会后悔）、适当的衣物、驱虫剂等，确保你的感觉舒适。你一定不希望在思索宇宙之浩瀚时被蚊子分散注意力，或是因寒冷而瑟瑟发抖。当然，要是对这些情况无所谓的话，也随意。另外，记得邀请几位朋友与你同行。

3. 将思考“我们在宇宙中所扮演的角色”变成你的长期习惯。在合上这本书并将它放回书架后，你大概就会重归对宇宙视而不见的生活。我不知道宇宙是否在意，但我很在意。每天或每周找一个时间，让自己沉浸在存在主义的思考中，感悟我们的存在具有何等意义。

最后，衷心感谢你花费时间阅读此书。我希望这本书的内容能够点燃你的好奇心，让你看待宇宙的方式在读完这几百页之后发生彻底的变化。

—— 致谢 ——

在过去的15年间，我曾3次动笔撰写本书。在我犹豫不决、时断时续的写作过程中，许多人都参与进来，我对他们感激不尽。

首先要感谢的是我的家人。当我第一次尝试撰写这本书时，我有3个年幼的孩子。事实证明，养育3个孩子让我难以腾出时间写书，所以我当时搁置了这个项目，并努力地说服自己，反正我本来就没有必要写书。在过去的一年里，在我第3次（也是最后一次？）重启这个项目以后，我的孩子和丈夫以无数种无法一一列举的方式给予了我大大小小的支持和鼓励。简而言之，没有他们，就不会有这本书。

在这期间，数百名学生容忍了我在课堂上以他们为对象实验新的教学材料和教学方式。当然，并非所有实验都获得了成功。我一直以来都有这种感觉：我在教学过程中学到的东西比我的学生还要多。因此，我要向这群了不起的学生致以衷心的感谢，他们通过反复试错帮助我掌握了更多传播知识的技巧。在过去的一年中，有几位学生对这本书的手稿提出了直接的反馈，这对我来说极为宝贵。特别是，杰西卡对本书多个章节提供了建设性的意见，其数量可能仅次于我的编辑。

在我第二次重启写作计划时，我曾经的博士后研究员（现为合作者）艾莉·科斯塔帮助我将那些疯狂的想法转化为一本教科书。艾莉是一位天赋异禀的教师，天生具有推动科学教育进步的使命感，是这项事业的完美搭档。我们花了大量时间制订这个写作项目的大纲和计划。然后新冠疫情来袭，就像世界上的许多事情一样，这个项目被迫搁置。谁知道呢，也许我们会再次重启这个项目。

我的挚友布瑞·勒克为提升本书对非专业读者的可读性提供了重要建议。作为一名艺术家和戏剧导演，布瑞从一个与众不同的角度阅读了这份手稿。她的反馈既精彩又周到，我欠她一顿丰盛的晚餐。

我还要感谢我的同事们，他们以宽容的态度接纳了我那些幼稚的问题和研究思路。多年来，我们进行了许多精彩的讨论（至少我是这么认为的，希望他们也这么认为），这些交流拓宽了我的视野和理解，对本书的创作至关重要。其中，特别要感谢马蒂恩·哈尔沃森–泰勒、柯蒂斯·谢弗、威勒斯·詹金斯、马丁·赫德斯特罗姆、珍妮特·斯皮特勒和查克·马修斯。

在我第三次重启本书的创作计划之时，它最终得以完成，这很大程度上归功于我出色的经纪人吉姆·莱文。吉姆天生具有将作者与编辑完美匹配的才能，他为我联系到了最适合本书的编辑T. J. 凯勒森。我在与T. J.共事的过程中，找到了志同道合的伙伴，在他的支持、指导和建议下，完成本书的过程充满了乐趣。

—— 延伸阅读 ——

第 2 章

《数学原理》(*Principia Mathematica*，第 2 版，1925)

我不确定有多少人会真正想读怀特海和罗素的《数学原理》，但如果你感到好奇，那么哪怕仅仅为了欣赏其美学价值而翻阅一番，也绝对是值得的。书中满载着神秘的符号和有趣的数理逻辑。

《知识》(*Knowledge: A Very Short Introduction*，2014)

想多了解一点儿关于认识论的知识，但时间又不充裕怎么办？这本由詹妮弗·内格尔撰写的书是一个不错的起点。

《感知》(*Perception: A Very Short Introduction*，2017)

上述相关认识论书籍的同系列作品，这本由布莱恩·罗杰斯撰写的小书短小精悍，概述了关于感知的一些重要主题。

《科学革命的结构》(*The Structure of Scientific Revolutions*，1962)

这是一本关于科学哲学、科学进步、创新以及我们如何以科学方式理解世界的经典书。这本书读起来没那么轻松，但托马斯·库恩在书中所确立的范式概念值得一读。

《思考，快与慢》(*Thinking, Fast and Slow*，2011)

丹尼尔·卡尼曼的这本书一经问世便引起巨大反响，也改变了我对“思考”的理解。此书面向普通大众（而非学术界），因此极易阅读。

《神奇的兰瑟姆博士的可爱谬误图鉴》(*The Amazing Dr. Ransom's Bestiary of*

Adorable Fallacies，2017）

我敢打赌，你绝对想不到一本关于谬误的书会在书名里使用“可爱”二字。这本由道格拉斯·威尔逊和N. D. 威尔逊合著的书简直是异想天开又令人愉悦的瑰宝。书中涵盖了所有主要的逻辑谬误，读起来却像一本奇幻生物图鉴。

《魔鬼出没的世界》（*The Demon-Haunted World: Science as a Candle in the Dark*，1996）

此书是卡尔·萨根的经典之作，直指伪科学为何危险，以及科学素养缺失的社会所面临的重重危险。我对此书推崇备至，甚至经常在我的课程中将其作为必读书目。

第 3 章

《宇宙视角》（*The Cosmic Perspective*，第 9 版，2019）

这是我最喜欢的入门级天文学教科书。主要作者杰夫·贝内特非常擅长帮助读者理解天体物理学的核心概念。书中内容涵盖本书中提到的诸多值得你深入了解的主题背景。

《暴胀的宇宙：探索宇宙起源的新理论》（*The Inflationary Universe: The Quest for a New Theory of Cosmic Origins*，1997）

如果你想深入探究暴胀理论如何运作，并了解诸如“伪真空”等概念，这本由暴胀理论奠基人之一阿兰·古斯所著的书是绝佳的起点。

《宇宙的生命》（*The Life of the Cosmos*，1997）

仅凭书名你可能无法推断，此书的核心在于讨论我们这个宇宙可能位于黑洞内部所带来的影响。在这本书中，李·斯莫林阐述了黑洞宇宙学的深远影响及其对物理法则的意义。

《弯曲的旅行》（*Warped Passages: Unraveling the Mysteries of the Universe's Hidden Dimensions*，2006）

如果你想进入那深不可测的领域，这本书是个不错的入口。作者丽莎·兰道尔是膜理论的奠基人之一，她将引力、弦理论以及大大小小的额外维度融为一体。

《最初三分钟》（*The First Three Minutes: A Modern View of the Origin of the Universe*，第 2 版，1993）

这部经典科普作品对宇宙早期阶段做了深入的概述。尽管此书初版至今已有数十年，但是自从史蒂文·温伯格成书以来，我们对宇宙的理解并没有发生实质性变化。

第 4 章

《宇宙中的生命》(*Life in the Universe*,第 5 版,2022)

这是天体生物学领域的权威教材,由深谙教育学与学习理论的杰弗里·贝内特主持编写。虽然此书价格不菲,但如果你真想学好这门学科,最好还是读一读。

《天体生物学、发现与社会影响》(*Astrobiology, Discovery, and Societal Impact*, 2020)

市面上有许多天体生物学的著作,其中不乏佳作。不过我特别推荐这本书,因为作者史蒂文·迪克不仅讨论了科学,还探讨了其中涉及的社会因素。作为美国国家航空航天局(NASA)前首席历史学家,他完全有能力做到这一点。

《生命是什么》(*What Is Life?*,1944,2012 重版)

这是已故诺贝尔奖得主、量子力学创始人埃尔温·薛定谔的经典之作。他的头脑极其聪慧,这本面向普通大众的书让我们得以窥见他的思想。

《天体生物学》(*Astrobiology: A Very Short Introduction*,2014)

如果你想要快速入门,这本书正适合你。戴维·卡特林出色地概述了该主题及其历史。

第 5 章

《暗物质与暗能量》(*Dark Matter and Dark Energy: The Hidden 95% of the Universe*, 2019)

这是对第 5 章所有内容的精彩通俗解读。作者布莱恩·克莱格涉猎广泛,这使他阐述问题的视角更贴近普通读者。

《4% 的宇宙——暗物质、暗能量和发现宇宙新知的科学竞赛》(*The 4 Percent Universe: Dark Matter, Dark Energy, and the Race to Discover the Rest of Reality*, 2011)

理查德·潘内克带我们走进暗能量这一发现背后的科学世界。这本书将让你窥见尖端科学领域,以及暗能量发现的全过程。

《宇宙中的大象》(*The Elephant in the Universe: Our Hundred-Year Search for Dark Matter*,2022)

在这本书中,霍弗特·席林深入探讨了暗物质(而非以暗能量为主角)以及我们探索宇宙奥秘的历程。

《万物的终结》[*The End of Everything (Astrophysically Speaking)*，2021]

虽然此书并非专门讨论暗物质或暗能量，但我忍不住将其列入书单，只因为凯蒂·麦克才华横溢且幽默风趣。在书中，麦克带领读者了解了宇宙可能终结的各种不同情景。

第 6 章

《相对论的可视化》(*Relativity Visualized*，1985)

我知道这本书出版于 1985 年，但刘易斯·卡罗尔·爱泼斯坦的这部作品始终是我的最爱，因为它能让我更加直观地理解相对论。令我欣喜且感激的是它尚未绝版，所以请趁现在还能买到赶紧入手一本。

《黑洞旅行指南》(*Black Hole Survival Guide*，2020)

这是一本关于黑洞的精美著作，无论是文字还是插图都令人赞叹。珍娜·莱文擅长以平易近人的文字让科学变得触手可及，此书也不例外。

《信息悖论》(*The Information Paradox: A Pedagogical Introduction*，2011)

这是由萨米尔·马瑟撰写的免费 PDF 文档。注意，此书并不适合毫无物理学背景的初学者。此书对信息“悖论”进行了深入而全面的探讨。

《黑洞战争》(*The Black Hole War*，2009)

伦纳德·萨斯坎德曾与霍金正面交锋，争论信息是否在黑洞中丢失。既然此书由萨斯坎德执笔，想必你也能猜得到，它更倾向于支持弦理论和全息原理。

《黑洞》(*Black Holes: A Very Short Introduction*，2015)

这本书是关于黑洞的内容梗概，全书不足 100 页。凯瑟琳·布伦德尔出色地将黑洞的基本物理原理浓缩成一份简短易读的资料。

第 7 章

《时间的秩序》(*The Order of Time*，2019)

这是由卡洛·罗韦利撰写的一本文笔优美的书，通俗地概述了围绕时间本质的物理学知识。我读过许多关于时间的书，这本可能是我的最爱。

《时间》(*Time: A Very Short Introduction*，2022)

与“牛津通识读本”系列中的其他书籍一样，这本由热南·伊斯梅尔撰写的书概述了时间的本质。由于作者是一位哲学家，他的视角与物理学家所著书籍略有不同。

《时间重生》(*Time Reborn*, 2013)

李·斯莫林一如既往地展现出特立独行的风格，这一点我十分敬佩。在这本书中，他向物理学发起了关于时间本质的挑战。如果你读过他的其他作品，此书的许多内容会显得似曾相识。

《关于时间》(*About Time: Einstein's Unfinished Revolution*, 1996)

这是本章推荐书目中最早出版的书，但在过去的25年里，我们对时间的理解并没有发生实质性变化。我是保罗·戴维斯及其写作风格的忠实读者，所以我必须把这本书列出来。

第8章

《穿越平行宇宙》(*Our Mathematical Universe*, 2015)

迈克斯·泰格马克毫不避讳地深入思考那些表面看似荒谬的理念。在这本书中，他深入探讨了多重宇宙猜想背后的动机及其数学基础。

《宇宙的琴弦》(*The Elegant Universe: Superstrings, Hidden Dimensions, and the Quest for the Ultimate Theory*, 1999)

美国公共广播电视公司旗下NOVA出品的同名纪录片即以此书为灵感范本。这本书是布赖恩·格林的经典之作，为弦理论之美提供了绝佳的入门介绍。

《弯曲的旅行》(*Warped Passages: Unraveling the Mysteries of the Universe's Hidden Dimensions*, 2006)

(这本书也是第3章的推荐书目)丽莎·兰道尔是膜理论的奠基人之一，此书为普通读者提炼了该理论的核心概念，并阐明了该领域学术带头人的思考过程。

第9章

《超级智能》(*Superintelligence: Paths, Dangers, Strategies*, 2016)

这本书将带你踏上一段探索人工智能未来可能走向的奇幻之旅，领航员是尼克·波斯特洛姆，全球范围内哲学与人工智能交汇领域的杰出思想家之一。

《通向实在之路》(*The Road to Reality: A Complete Guide to the Laws of the Universe*, 2007)

这本书犹如一顿四菜一汤的丰盛大餐，你需要时间来慢慢消化。诺贝尔奖得主罗杰·彭罗斯深入探讨了构成我们所知宇宙基础的数学和物理原理，并巧妙地融入了一些哲学思考。

《存在之轻》(*The Lightness of Being*，2008)

诺贝尔奖得主弗兰克 · 维尔切克是世界上最顶尖的粒子物理学家之一，他在这本书中深入探索了粒子物理领域以及各种作用力的统一（别提引力有多荒谬了）。

《哥德尔、艾舍尔、巴赫：集异璧之大成》(*Gödel, Escher, Bach: An Eternal Golden Braid*，1979)

我真不敢相信这本书已经出版超过 40 年了，我 20 岁出头时就通宵达旦地读过这本书，侯世达将美学、物理学与意识巧妙地编织在一起，这正是我当时所需要的。此书中的主要概念历久弥新。

第 10 章

《六个数》(*Just Six Numbers*，2001)

马丁 · 里斯是该领域的泰斗之一，也是一位高产的科普作家。这本短小精悍的书深入探讨了宇宙中一些最基本的参数。

《金发姑娘之谜》(*The Goldilocks Enigma*，2008)

我是保罗 · 戴维斯的忠实读者，也欣赏他兼具科学与哲学的双重视角。将这本书与《六个数》对照阅读，你会发现里斯和戴维斯看待事物的方式有何不同。

《物理宇宙中的微调》(*Fine-Tuning in the Physical Universe*，2020)

这是一部关于微调的文集。需要注意的是：这是一本专业教科书，因此相应内容密集且难度较高。

《大宇宙中的大数巧合与人择原理》(*Large Number Coincidences and the Anthropic Principle in Cosmology*，1973)

收录于《研讨会论文集：宇宙学理论与观测数据的对抗》(*Proceedings of Symposium: Confrontation of Cosmological Theories with Observational Data*) 中。通常，我不会推荐会议论文，但这篇由布兰登 · 卡特撰写的经典论文阐述了宇宙学中的人择原理。

注释

第 1 章

1. 自 2015 年以来，我们已经在引力波领域取得了突破性进展。你将在后续章节中了解更多。

2. 换句话说，光已经传播了 130 亿光年。澄清一下，我知道“光年”听起来像是一个时间单位，但别被误导了。光年指的是光在一年内传播的距离，而这是一段很长的路程。鉴于讨论宇宙时涉及的巨大尺度，拥有一个能够匹配的单位是有帮助的。如果我们用英里或千米来衡量一切，那将是愚蠢的。例如，到达仙女座星系（与银河系类似的最近的螺旋星系）的距离将是 15 000 000 000 000 000 000 英里。你知道该怎么读这个数字吗？

3. A. Chirico et al., “Designing Awe in Virtual Reality: An Experimental Study,” *Frontiers in Psychology*, 2018; C. Anderson et al., “Are Awe-Prone People More Curious? The Relationship Between Dispositional Awe, Curiosity, and Academic Outcomes,” *Journal of Personality*, 2020; V. Griskevicius and M. N. S. Shiota, “Influence of Different Positive Emotions on Persuasion Processing: A Functional Evolutionary Approach,” *Emotion*, 2010.

4. D. Keltner and J. Haidt, “Approaching Awe, a Moral, Spiritual, and Aesthetic Emotion,” *Cognition and Emotion*, 2003.

5. Keltner and Haidt, “Approaching Awe, a Moral, Spiritual, and Aesthetic Emotion” ; J. Piaget and B. Inhelder, *The Psychology of the Child*, Basic Books, 1969.

6. 讽刺的是，事情的“真相”是尼采从未说过这句话。他其实是这么说的：“不，事实恰好不存在，存在的只有诠释。”（F. Nietzsche, *The Will to Power: An Attempted Transvaluation of All Values*, translated by Anthony Ludovici, T. N. Foulis, 2016 [1913]. Made available through Marc D’Hooghe Free Literature/Project Gutenberg,

https://www.gutenberg.org/ebooks/52915.）话虽如此，前面那段所谓的“名人名言”说得也不是没有道理，并且在互联网中具有广泛的影响力。

7. A. C. Clarke, “Hazards of Prophesy: The Failure of the Imagination,” in *Profiles of the Future: An Enquiry into the Limits of the Possible*, Harper & Row, 1962.

第 2 章

1. A. N. Whitehead and B. Russell, *Principia Mathematica*, 2nd ed., Cambridge University Press, 1950.

2. 当心，“我思故我在”这个看似精妙的命题，实则会将我们卷入吊诡的自我指涉悖论。试想，“思考”作为一个动态过程，在发生时必然改变主体（也就是你）的存在状态。当思维活动完成之际，那个被定义的“你”已经不是思考发生之前的“你”了。

3. 这里的“通常”意味着并不是所有人都具备这样的视觉能力，许多人都罹患不同程度的色盲或色弱。

4. 注意！网上有很多测试声称可以帮助你判断自己是否为四色视者，但是大多数都是胡扯。还记得我们之前说的要保持怀疑态度吗？请继续保持。

5. R. Feynman, *Cargo Cult Science*, Caltech Commencement Address, 1974.

6. 补充说明：虽然我们普遍认为这句话出自费曼之口，并且它确实是个绝佳的金句（这也是我在此引用的原因），但是没有确凿的证据表明费曼确实说过这句话。当然，他发表过其他类似的观点（例如，“另一方面，我可以肯定，没有人真正理解量子力学”，参考 R. Feynman, *The Character of Physical Law*, MIT Press, 1965）。

7. 可以用科学家的名字命名的东西包罗万象。定律、定理、物理常量、计量单位等自不必说，而我觉得更有趣的是，某些特殊对象也能够得到命名，例如帕克不稳定性这样的物理现象，以及像洛克曼空穴这样的天文观测结果。

8. J. L. Lauritsen and N. White, *Seasonal Patterns in Criminal Victimization Trends, Bureau of Justice Statistics*, 2014; Federal Reserve Economic Data (FRED), *Industrial Production: Manufacturing: Non-Durable Goods: Ice Cream and Frozen Dessert*, https://fred.stlouisfed.org/series/IPN31152N, accessed May 2023.

9. 戴维 · 邓宁和贾斯汀 · 克鲁格在该领域做了一些有趣的工作，并且基于他们 1999 年的一项研究命名了“邓宁–克鲁格效应”，两人合写论文《无能与无知：对自身无能的认知困难如何导致无端自负》（*Journal of Personality and Social Psychology*, 1999）。

第 3 章

1. 若你想深入了解彗星、分子云、核合成、恒星演化等主题，我在“延伸阅读”部分列出了相关推荐书目。

2. T. Aquinas, *Summa Theologiae: Questions on God*, Cambridge University Press, 2006.

3. Augustine, *St. Augustine's Confessions* (translated by E. B. Pusey), Project Gutenberg, 2001. 如同前文所述的诸多以讹传讹的名言一样，这个所谓的圣奥古斯丁的回答并不准确。事实上，圣奥古斯丁在《忏悔录》第 11 卷中有明确的答复：“请看我对于‘天主在造天地之前做什么？’的答案。我绝对不愿再扔出那个为逃避这个问题的滑稽答案：‘他在为提出此问题的窥探天机者建造地狱。’”

4. E. Kolb and M. Turner, *The Early Universe*, Chapman and Hall, 2018.

5. 值得注意的是，从早期宇宙粒子的视角来看，10^{-32} 秒占据了宇宙年龄中相当可观的一部分。此外，若这些粒子以接近光速（“相对论速度”）运动，它们将经历时间膨胀效应——在粒子自身的参照系中，10^{-32} 秒可能成为极其漫长的时间跨度。

6. 公平地说，学界对此存在争议，而霍伊尔本人始终否认自己带有贬损意图。但鉴于他对该理论根深蒂固的反感与好辩倾向，我本人对此持保留态度。

7. H. Kragh, “What's in a Name: History and Meanings of the Term ‘Big Bang,’” 2013, accessed June 15, 2023, https://arxiv.org/abs/1301.0219.

8. 为公允起见，我必须指出学界还存在另一种假说——火劫宇宙模型，该模型同样能够解释标准暴胀理论所应对的诸多问题。关于这一理论，我将在本章后续部分展开论述。

9. C. Indicopleustes and J. W. McCrindle, *Christian Topography of Cosmas, an Egyptian Monk*, Cambridge University Press, 2010.

10. E. R. Harrison, *Darkness at Night: A Riddle of the Universe*, Harvard University Press, 1987.

11. L. D. Landau and E. M. Lifshitz, *Statistical Physics*, Pergamon Press, 1958.

12. E. Hubble, “A Relation Between Distance and Radial Velocity Among Extragalactic Nebula,” *Proceedings of the National Academy of Sciences*, 1929.

13. 最早详细阐述大爆炸和合成计算过程的论文之一被戏称为“αβγ 论文”，这或许来自科学家群体所独有的幽默感。拉尔夫 · 阿尔弗与其导师乔治 · 伽莫夫共同完成了这项研究，随后又特地将汉斯 · 贝特加入作者名单，使得论文作者呈现为“阿尔弗–贝特–伽莫夫”的排序，而这恰好对应了希腊字母表的前三个字母 α（阿尔法）、β（贝塔）、γ（伽马）的发音。

14. 可观测宇宙的视界受限于该区域发出的光自大爆炸以来所能传播的距离。

15. 以防万一有真正的宇宙学家读到这段文字（虽然我认为可能性微乎其微），我需要特别指出一个细节：当来自当前视界的光发出并朝我们传播时，该光源距离我们约 137 亿光年。然而，在这束光漫长的旅程中，宇宙持续膨胀。因此现在，该光源实际上距离我们超过 400 亿光年。

16. T. Aquinas, *Summa Theologiae: Questions on God*, Cambridge University Press, 2006.

17. 再次强调，“之前”这样的时序概念在这一语境下可能不太严谨，因为时间本身有可能尚不存在。

18. M. Juergensmeyer and W. C. Roof, *Encyclopedia of Global Religion*, SAGE Publications, 2001.

19. W. Wallace, “Empedocles,” *Encyclopedia Britannica*, 1911. 恩培多克勒是一个非常有趣的人物。如果你有时间，不妨研究一下这个人，尤其是关于其死亡的故事。

20. J. B. Hartle and S. W. Hawking, “Wave Function of the Universe,” *Physical Review D*, 1983.

21. J. Khoury, B. Overt, P. Steinhardt, and N. Turok, “The Ekpyrotic Universe: Colliding Branes and the Origin of the Hot Big Bang,” *Physical Review D*, 2001.

22. 又来了，好几个主题再次紧紧纠缠在一起，先是大爆炸和黑洞，然后是暗能量，现在又是宇宙微调问题，以及是否存在其他维度（这是弦理论自带的副产物）。我对此深表歉意，但是我也无能为力，毕竟这些规矩不是我能决定的。

23. L. Smolin, *The Life of the Cosmos*, Oxford University Press, 1997.

第 4 章

1. 耐辐射奇球菌的发现过程相当有趣。20 世纪 50 年代，人们试图通过高能辐射对罐头肉制品进行灭菌。结果，这种在当时看来万无一失的灭菌手段却意外遭遇滑铁卢。当一罐经过高能辐射处理的罐头依然腐败变质以后，这种“抵御辐射的可怕浆果”就在人们心中留下了深深的烙印。

2. 玻尔兹曼还拥有一个以他的名字命名的物理常数（玻尔兹曼常数 k_B），这对一名物理学家来说或许是比诺贝尔奖更高的殊荣（而且确实也更加罕见）。

3. 虽然我们已经强调过无数次，总想着以人类为例未免有些目光短浅，但有时这也实属无奈之举，毕竟人类是我们目前唯一已知的智慧生命。

4. 是的，你没看错，就是无线电光波。我们对于无线电波可能普遍存在误解，认为这是一种用来收听的介质——毕竟我们会通过无线电广播来收听节目，产生这种误解情有可原。然而，我们称之为“广播”的设备，其实际功能是将无线电光波转化为可以让耳朵听到的声波。

5. 由于 21 厘米线对天文学研究至关重要，它成为电磁波谱中少数几个受“保护”的频段之一，即在地球上禁止使用该频段，但这并不意味着该频段未被非法使用。

6. 此处排除了技术先进的生命可能消灭其他生命形式这一严峻的反乌托邦的可能性。

7. Kwon et al., “How Will We React to the Discovery of Extraterrestrial Life?,” *Frontiers in Psychology*, 2018.

第 5 章

1. 不止我一个人认为，薇拉 · 鲁宾理应凭借该项研究获得诺贝尔奖。2019 年，在其他从事相关工作的研究者荣获诺贝尔奖之际，我在《科学美国人》杂志上就此内容撰写了一篇专栏文章。

2. V. C. Rubin and W. K. J. Ford, “Rotation of the Andromeda Nebula from a Spectroscopic Survey of Emission Regions,” *Astrophysical Journal*, 1970.

3. 在观测条件极佳的地方，你确实可以用肉眼直接观测到仙女星系，它仿佛被托举在仙女座的手上。事实上，该天区的一系列星座（包括仙女座、仙后座、仙王座、英仙座、飞马座）在夜空中联袂演绎着一幕完整的古希腊神话剧作。

4. 具有引力作用的物体会导致周围光线路径发生弯曲。物体质量越大，光线路径的弯曲程度就越显著，这种现象被称为“引力透镜效应”。如果你的手边恰好有一个标准葡萄酒杯，那么不妨观察光线在穿过杯脚时产生的图像扭曲现象。光线在这一过程中走过的路径与引力透镜效应下的路径相当接近，只不过原理完全不同。

5. G. Bertone, D. Hooper, and J. Silk, “Particle Dark Matter: Evidence, Candidates and Constraints,” *Physics Reports*, 2005.

6. 天文学家着实钟爱首字母缩写。我有时不禁怀疑，一个项目的成功程度是否与其首字母缩写的巧妙程度呈负相关。

7. P. Tisserand et al., “Limits on the Macho Content of the Galactic Halo from the EROS-2 Survey of the Magellanic Clouds,” *Astronomy and Astrophysics*, 2007.

8. A. Dar, “Dark Matter and Big Bang Nucleosynthesis,” in *Dark Matter in Cosmology*, 1995.

9. B. Carr and F. Kühnel, “Primordial Black Holes as Dark Matter: Recent Developments,” *Annual Review of Nuclear and Particle Science*, 2020.

10. R. Bernabei et al. (DAMA Collaboration), “First Results from DAMA/ LIBRA and the Combined Results with DAMA/NaI,” *European Physical Journal C*, 2008;

Z. Ahmed et al. (CDMS Collaboration), "Results from the Final Exposure of the CDMS II Experiment," *Science*, 2009.

11. F. Wilczek, "Time's (Almost) Reversible Arrow," *Quanta Magazine*, 2016.

12. The ADMX Collaboration and S. J. Asztalos et al., "A SQUID-Based Microwave Cavity Search for Dark-Matter Axions," *Physical Review Letters*, 2010.

13. G. Bertone, D. Hooper, and J. Silk, "Particle Dark Matter: Evidence, Candidates and Constraints," *Physics Reports*, 2005.

14. N. Arkani-Hamed et al., "Manyfold Universe," *Journal of High Energy Physics*, 2001; R. Pease, "Brane New World," Nature, 2001; J. Garriga and T. Taka hiro, "Gravity in the Randall-Sundrum Brane World," *Physical Review Letters*, 2000.

15. I. Antoniadis et al., "New Dimensions at a Millimeter to a Fermi and Superstrings at a TeV," *Physics Letters B*, 1998. 论文引用量相当于学术界的通用流通货币。你的论文被其他论文引用的次数越多越好。引用量标志着学界对你的观点或工作的重视程度，其他学者通过引用来验证、反驳或引述你的论点。有时我希望我们能建立一种“负面”引用体系，即在不引用该论文的前提下，表达“不要阅读这篇论文”的意图。

16. G. Landsberg, "Searches for Extra Spatial Dimensions with the CMS Detector at the LHC," *Modern Physics Letters A*, 2015.

17. I. Banerjee, S. Chakraborty, and S. Sengupta, "Looking for Extra Dimensions in the Observed Quasi-Periodic Oscillations of Black Holes," *Journal of Cosmology and Astroparticle Physics*, 2021; S. Vagnozzi and L. Visinelli, "Hunt ing for Extra Dimensions in the Shadow of M87*," *Physical Review D*, 2019.

18. K. Agashe, M. Ekhterachian, and D. Kim, "LHC Signals for KK Graviton from an Extended Warped Extra Dimension," *Journal of High Energy Physics*, 2020; E. Boos, V. E. Bunichev, and I. P. Volobuev, "Heavy Scalar Boson in View of the Unconfirmed 750 GeV LHC Diphoton Excess," *Journal of Experimental and Theoretical Physics*, 2017; K. Ghosh et al., "Universal Extra Dimension Models with Gravity Mediated Decays After LHC Run II Data," *Physics Letters B*, 2019.

19. B. Betz et al., "Mini Black Holes at the LHC," in *22nd Winter Workshop on Nuclear Dynamics*, 2006.

20. C. Xue et al., "Precision Measurement of the Newtonian Gravitational Constant," *National Science Review*, 2020.

21. D. Clowe et al., "A Direct Empirical Proof of the Existence of Dark Matter," *Astrophysical Journal Letters*, 2006.

22. K. Croswell, "The Constant Hubble War: A 20 Year Fight over the Age of the

Universe," *New Scientist*, 1993.

23. 百万秒差距（Mpc）是天文学上常用的长度单位，1 百万秒差距约合 326 万光年。以人类尺度来看，这一距离似乎遥不可及；但在宇宙尺度上，1 百万秒差距的距离如同近在咫尺。

24. 前文用于描述当前 H_0 值的“大约”一词，以及这里采用的“主要”一词均有深意。我们还可以通过宇宙微波背景的测量来独立确定 H_0。目前，这两种方法得到的结果之间存在些许差距，可能暗示着宇宙中存在某些重要的新现象。此议题所蕴含的丰富物理内涵固然值得探讨，但我不想偏离暗能量的主线。

25. 天文学中存在三种不同类型的红移：引力红移、宇宙学红移与相对论性红移。由于光源运动导致光波波长被拉伸（即“红化”），星系高速远离我们时会产生相对论性红移。

26. A. Riess et al., "Observational Evidence from Supernovae for an Accelerating Universe and a Cosmological Constant," *Astronomical Journal*, 1998; S. Perlmutter et al., "Measurements of Omega and Lambda from 42 High Red shift Supernovae," *Astrophysical Journal*, 1999.

27. M. P. Hobson, G. P. Efstathiou, and A. N. Lasenby, *General Relativity: An Introduction for Physicists*, Cambridge University Press, 2014.

28. J. Martin, "Everything You Always Wanted to Know About the Cosmological Constant Problem (but Were Afraid to Ask)," *Comptes Rendus Physique*, 2012.

29. P. Agrawal, G. Obied, P. Steinhardt, and C. Vafa, "On the Cosmological Implications of the String Swampland," *Physics Letters B*, 2018.

30. P. Steinhardt and N. Turok, "A Cyclic Model of the Universe," *Science*, 2002; A. Khodam-Mohammadi, "Unifying Turnaround-Bounce Cosmology in a Cyclic Universe Considering a Running Vacuum Model," *Modern Physics Letters A*, 2022; J. Farnes, "A Unifying Theory of Dark Energy and Dark Matter: Negative Masses and Matter Creation Within a Modified ΛCDM Framework," *Astronomy and Astrophysics*, 2018.

第 6 章

1. 我对警告读者即将出现数学内容这件事存在严重的认知失调。我担心这种警告会加深人们对数学的恐惧，仿佛数学是需要被提前警示的危险品。但另一方面，如果你已经对数学心存畏惧，我想让你知道这完全没问题。请不要害怕方程式，它们不过是由非常精确的符号和语法构成的特殊语句。有时这些符号语言对我们直观理解那些无法（也未必想要）亲身经历的现象具有不可替代的启发作用。

2. 平心而论，当我们考虑量子力学概率时，“空”这个概念会变得有些棘手，不过我们暂时还是别想那么复杂的事情了。

3. 事实证明，从严格意义上来说，黑洞可能并非真正的“黑”，我们稍后会就此深入讨论。就目前来看，我们暂且可以继续将其视为“黑”的。

4. 需要留意一个细微的差异，光可以尝试从黑洞边界逃脱，但在此过程中它们会耗尽所有能量，因而从某种意义上来说它们已不复存在。此处的语言表述颇为棘手。

5. 平心而论，对于真正在意物理学严谨性的人而言，物体形状确实在某种程度上会影响计算结果，但让我们暂且假设身处“球形奶牛”（理想化模型）的理想化世界会如何？具体的形状对我们当前讨论的目标来说并不重要。而且，我真心认为你并不想做必要的微积分运算，至少我不想。

6. 这里讨论的黑洞类型（史瓦西黑洞）是最简单也最易于理解的。实际上还存在另外三种涉及旋转与电荷的黑洞类型，但是编辑提醒我本书并非一本关于黑洞的专著，因此我暂时不打算展开讨论。

7. 我实在忍不住要停下来品味“史瓦西”这个名称的绝妙之处。该术语以卡尔·史瓦西的名字命名，他在第一次世界大战期间，于俄国前线提出爱因斯坦场方程的这个解（H. Hornung, *The Mystery of the Dark Bodies*, Max Planck Gesellschaft, 2019）。如果你略通德语，想必你也发现了，Schwarzschild这个德语名可直译为“黑盾”，这种语义上的巧合简直妙不可言。

8. 平心而论，此处说法有待商榷——所谓的“空”是基于将电子、质子视为微小固体粒子的假设。但在量子力学的视角下，它们实际上是充满空间的“概率云”。

9. 无须担忧，即便大型强子对撞机真的制造出黑洞，也绝不会带来什么危险。本章后续将回归这个话题。

10. 这的确是学界通行的术语，但愿不会破坏你对这道传统美食的好感。若追求更加学究气的表述，则可将这种现象称为“潮汐拉伸”。

11. A. Almheiri, D. Marolf, J. Polchinski, and J. Sully, “Black Holes: Complementarity or Firewalls?,” *Journal of High Energy Physics*, 2013.

12. 物理学家对时空图各坐标轴的设定有特定惯例，此处我将做一些更改。本文采用的时空图版本同样有效，但需注意，其坐标轴可能与常见形式不同。

13. 此处，我们陷入了语言表述的困境。日常用语中不存在时间维度上的“速度”这一概念。这是什么意思呢？在数学上，我们简单将其视为导数（若你学习过微积分便能理解），但这无益于晚宴中的闲谈。

14. 如此有趣的知识要归功于佩尔西·戴康尼斯博士，他既是一位数学家，又是一名魔术师。他主导的这项研究发表于 1990 年。

15. 小提示：存在不同类型的“虚无”，正如大爆炸相关章节所述。

16. 我明白，你一定想知道何为“观测”，我也很想知道。物理学与哲学界对此仍有争议，但大致可归结为量子系统与需要其确定状态的宏观事物发生的相互作用。

17. J. Maldacena and L. Susskind, "Cool Horizons for Entangled Black Holes," *Fortschritte der Physik*, 2013. Abstract at Astrophysics Data System，https://ui.adsabs.harvard.edu/abs/2013ForPh..61..781M/abstract.

18. L. Susskind, L. Thorlacius, and J. Uglum, "The Stretched Horizon and Black Hole Complementarity," *Physical Review D*, 1993.

19. J. Baez, "This Week's Finds in Mathematical Physics," John Baez's Stuff (website), 2004, accessed June 2023, https://math.ucr.edu/home/baez/week207.html.

20. Baez, "This Week' s Finds in Mathematical Physics."

21. S. Mathur and O. Lunin, "AdS/CFT Duality and the Black Hole Information Paradox," *Nuclear Physics B*, 2002.

22. S. Haco, S. Hawking, M. Perry, and A. Strominger, "Black Hole Entropy and Soft Hair," *Journal of High Energy Physics*, 2018.

23. Maldacena and Susskind, "Cool Horizons for Entangled Black Holes."

24. 同上。

25. A. Chamseddine, V. Mukhanov, and T. Russ, "Black Hole Remnants," *Journal of High Energy Physics*, 2019.

26. P. Chen and R. J. Adler, "Black Hole Remnants and Dark Matter," *Nuclear Physics Proceedings Supplements*, 2003.

27. 我在这里深陷章节排序的困境。关于时空的此类行为，我们将在大爆炸与暗能量相关章节详述。若提前阅读相关章节了解暴胀概念，此处论述将更易理解。

28. L. Smolin, "Did the Universe Evolve?," *Classical and Quantum Gravity*, 1992; J. Brockman, "Smolin vs. Susskind: The Anthropic Principle," Edge, 2004, https://www.edge.org/conversation/lee_smolin-leonard_susskind-smolin-vs-susskind-the-anthropic-principle.

29. R. Casadio, A. Kamenshchik, and I. Kuntz, "Covariant Singularities in Quantum Field Theory and Quantum Gravity," *Nuclear Physics B*, 2021.

第 7 章

1. 我在这里提到的"事件"具有非常广泛的指涉，远远超越派对这样的狭义范畴。任何实际发生过的事情都是"事件"，比如你阅读这段注释的行为本身即构成一个"事件"。

2. 考虑到麦克斯韦方程组中共有 4 个方程，这种热爱实在令人惊叹，但我依然认为欧拉方程是最优选择。

3. 艾米·诺特的故事并未获得应有的关注。她是世界上最早获得数学博士学位的女性之一，她在求知的道路上所遇到的障碍和歧视，使她的突破性发现更显卓越。

4. 此处与我们在认识论相关章节对于我们真的“知道”什么的讨论有关。再次向笛卡儿表示致意。

5. 诚然，我从未在街头随机拦访路人，询问他们认为时间是线性的还是循环的。我的直觉告诉我，这样的互动恐怕不会有什么好结果。这或许能成为某个心理学博士生的绝佳研究课题。

6. 为了简便，我们在图中仅考虑单一空间维度。

第 8 章

1. 例如，“代数”（algebra）来源于阿拉伯语 الجبر（al-jabr），其字面意思大致为“连接破碎的部分”。

2. P. Ball, “Islamic Tiles Reveal Sophisticated Maths,” *Nature*, 2007.

3. M. Gardner, “Extraordinary Nonperiodic Tiling That Enriches the Theory of Tiles,” *Scientific American*, 1968. 在这里指出数学中有不同的无穷集合似乎很合适。在这里，“不可数”无穷比“可数”无穷更大。

4. A. C. Clarke, “Hazards of Prophesy: The Failure of the Imagination,” in *Profiles of the Future: An Enquiry into the Limits of the Possible*, Harper & Row, 1962.

5. J. Horgan, “Why String Theory Is Still Not Even Wrong,” *Scientific American*, 2017; R. Peierls, “Where Pauli Made His ‘Wrong’ Remark,” *Physics Today*, 1992.

6. A. F. Ali, M. Faizal, and K. Mohammed, “Absence of Black Holes at LHC Due to Gravity’s Rainbow,” *Physics Letters B*, 2015.

7. P. Hořava and E. Witten, “Eleven-Dimensional Supergravity on a Manifold with Boundary,” *Journal Nuclear Physics B*, 1996.

8. Abbott et al., “Tests of General Relativity with GW170817,” *Physical Review Letters*, 2019.

9. 这本书本身就是另一个例证：我将本书的写作视为一项实验，若因担心效果不佳而畏惧动笔，或是畏惧敲击键盘，便永远无法开始创作。

10. 我真的非常厌恶“永远不可能”这样的字眼。然而，根据我们目前所掌握的物理定律，在这里使用“永远不可能”似乎恰如其分。话虽如此，但我衷心期盼未来某位读者拿起这本书的时候，会嘲笑我们这些 21 世纪的人类有多么幼稚和愚昧。

11. M. Tegmark, "Parallel Universes," in *Science and Ultimate Reality: From Quantum to Cosmos*, Cambridge University Press, 2003.

12. A. Guth, "Eternal Inflation and Its Implications," *Journal of Physics A*, 2007.

13. P. Steinhardt, "Natural Inflation," in *The Very Early Universe*, Cambridge University Press,1983.

14. M. Kramer, "Our Universe May Exist in a Multiverse, Cosmic Inflation Discovery Suggests," Space.com, 2014, https://www.space.com/25100-multiverse-cosmic-inflation-gravitational-waves.html.

15. S. Hawking and T. Hertog, "A Smooth Exit from Eternal Inflation?," *Journal of High Energy Physics*, 2018.

16. "Taming the Multiverse: Stephen Hawking's Final Theory About the Big Bang," University of Cambridge, 2018, accessed June 2023, https: //www.cam.ac.uk/research/news/taming-the-multiverse-stephen-hawkings-final-theory-about-the-big-bang.

17. J. Brockman, "Smolin vs. Susskind: The Anthropic Principle" ; D. Overbye, "About Those Fearsome Black Holes? Never Mind," *New York Times*, 2004.

18. L. Randall and R. Sundrum, "A Large Mass Hierarchy from a Small Extra Dimension," *Physical Review Letters*, 1999; M. Gogberashvili, "Hierarchy Problem in the Shell-Universe Model," *International Journal of Modern Physics D*, 2002.

19. V. Rubakov and M. Shaposhnikov, "Do We Live Inside a Domain Wall?," *Physics Letters B*, 1983.

20. J. Khoury et al., "The Ekpyrotic Universe: Colliding Branes and the Origin of the Hot Big Bang," *Physical Review D*, 2001.

21. C. Collaboration, "Search for Microscopic Black Hole Signatures at the Large Hadron Collider," *Physics Letters B*, 2011; L. Visinelli, N. Bolis, and S. Vagnozzi, "Brane-World Extra Dimensions in Light of GW170817," *Physical Review D*, 2018.

第 9 章

1. M. Gardner, "The Fantastic Combinations of John Conway's New Solitaire Game 'Life,'" *Scientific American*, 1970.

2. 在本书完成时，你仍可以直接在浏览器的地址栏中输入conwaylife.com，该网页提供了动态演化的生命游戏界面——如此极客的展现方式深得我心。你可以在该网页中尽情调整不同的参数，如通过缩放功能调节元胞尺寸、设置迭代速率等。你尽管去尝试，看看会发生什么。

3. 很遗憾，虽然我每年夏天都会参加科学夏令营，但也要承认我始终无缘参加形而上学哲学夏令营。不知道他们是否也会就“棉花糖夹心饼干是否存在”这样的问题展开辩论。

4. G. Oppy, “Ontological Arguments,” *Stanford Encyclopedia of Philosophy*, 2021.

5. A. Franklin, “The Rise and Fall of the ‘Fifth Force’: Discovery, Pursuit, and Justification in Modern Physics,” *American Institute of Physics*, 1993. 在 20 世纪 80 年代，确实有人提出过第五种作用力存在的可能（Fischbach et al., “Reanalysis of the Eoumltvös Experiment,” *Physical Review Letters*, 1986），但是随着研究者完成实证研究的循环验证，他们开始反思：“我们的假设和实验方法是不是出错了？”

6. J. C. Maxwell, *A Treatise on Electricity and Magnetism*, Clarendon Press, 1873.

7. 让青蛙悬浮的物理学家安德烈·海姆因这项研究于 2000 年获得“搞笑诺贝尔奖”。之后他因对石墨烯的研究于 2010 年获得了真正的诺贝尔物理学奖。我想他的实验室应该是一个非常有趣的地方。

8. 现代物理学中的专业术语已经从“力”转变为“相互作用”，这种转变表明我们所感知的力实际上源自与场的相互作用。坦率地说，我也恰好认为“相互作用”这个术语听起来更加友好、亲切，因此我完全支持这种转变。虽然强力与弱力通常被称为“强相互作用”和“弱相互作用”，但为了防止造成更多困惑，我在本书中统一采用“力”来指代所有基本相互作用。

9. 需要特别说明的是，孤立状态（即原子核之外）的质子衰变尚未被观测到，这一点对微调相关章节的讨论至关重要。质子拥有通过捕获电子发生衰变的能力。

10. 我偶尔会布置一项课后作业，要求学生从不同高度将墨水滴到纸上，然后观察溅射出的图案。事实上，这些图案蕴含着惊人的对称性。这项特殊的作业常引发诸多质疑的目光。读者可自行尝试该实验，此举很可能激起路人的好奇探询。最终形成的墨迹图案可能会美得令人惊叹。

11. 大约每 10 000 人中就有 1 个人的心脏位于右侧，这被称为“右位心”。该情形仍然是非对称状态，只是手性相反。

12. A. Salam and J. Ward, “A Treatise on Electricity and Magnetism,” *Nuovo Cimento*, 1959; S. Weinberg, “A Model of Leptons,” *Physical Review Letters*, 1967.

13. 我完全明白，声音的传播需要介质，而鉴于现今宇宙大部分区域的密度极低，我们通常认为外太空不存在声波。但别忘了，暴胀时期的早期宇宙的密度要比现在高得多。事实上，当时的宇宙是稠密炽热的等离子体，声波绝对存在，而这些远古声波如今已被冻结在宇宙微波背景的结构之中。

14. R. Descartes, *Discourse on Method and Meditations on First Philosophy*, Yale University Press, 1996. 在现代人工智能技术下，笛卡儿的说法也站不住脚了，聊天机器人可以对各式各样的指令给出恰当的回应。

15. B. Voytek, “Are There Really as Many Neurons in the Human Brain as Stars in

the Milky Way?," *Nature*, 2013. 坊间流传着一种说法：大脑的神经元数量超过银河系的恒星总量。我怀疑此类迷思的根源与人类渴望彰显自身重要性有关。若有兴趣进行事实核查，你会得知银河系至少拥有 1 000 亿颗恒星，甚至可能多达 4 000 亿颗。耐人寻味的是，这个数量级恰与可观测宇宙中的星系总数相仿。阴谋论爱好者想必已如获至宝。

16. A. Turing, "Computing Machinery and Intelligence," *Mind*, 1950.

17. 例如，"揭示计划"的模拟系统及其后续演化（Illustris Project [website], accessed June 2022, https://www.illustris-project.org/.）。

18. D. A. Grier, *When Computers Were Human*, Princeton University Press, 2005.

19. N. Bostrom, "Are You Living in a Computer Simulation?," *Philosophical Quarterly*, 2003.

20. S. Hossenfelder, "The Simulation Hypothesis Is Pseudoscience," *BackReAction*, 2021.

21. 我无意诋毁笛卡儿，但是自我指涉的问题确实根植于"我思故我在"。思考这一行为会改变存在状态，因此在完成思考之后，你已经不再是思考开始前的那个人了，这引发了对"存在"本质及其所涵盖内容的质疑。

22. A. Tarski, "The Semantic Conception of Truth: And the Foundations of Semantics," *Philosophy and Phenomenological Research*, 1944; A. Tarski, *Logic, Semantics, Metamathematics: Papers from 1923 to 1938*, Clarendon Press, 1956.

23. P. Raatikainen, "Gödel's Incompleteness Theorems," *Stanford Encyclopedia of Philosophy*, 2020; K. Gödel, *On Formally Undecidable Propositions of Principia Mathematica and Related Systems*, Dover, 1992.

24. S. Hawking, "Godel and the End of Physics," Stephen Hawking (website), 2002, accessed June 2023.

25. R. Penrose, "Gödel, the Mind, and the Laws of Physics," in *Kurt Gödel and the Foundations of Mathematics*, Cambridge University Press, 2011.

26. R. Penrose, *The Emperor's New Mind: Concerning Computers, Minds, and the Laws of Physics*, Oxford University Press, 1989.

27. P. Raattkainen, "On the Philosophical Relevance of Godel's Incompleteness Theorems," *Revue internationale de philosophie*, 2005.

第 10 章

1. 如果想要获得对宇宙参数更深入的概述，请参考M. Tegmark et al., "Dimensionless Constants, Cosmology, and Other Dark Matters," *Physical Review D*, 2006.

2. 如果你的书架上确实没有一本像样的物理书，建议赶紧备一本，毕竟你永远不知道什么时候需要用到它。退一万步说，这类书至少还有个实用功能：压泡面特别趁手。

3. G. W. Anderson and D. J. Castaño, “Measures of Fine Tuning,” *Physics Letters B*, 1995.

4. G. Hooft, “Naturalness, Chiral Symmetry, and Spontaneous Chiral Symmetry Breaking,” in *Recent Developments in Gauge Theories*, NATO Science Series B,1980.

5. 在我看来，这个天文学术语（就像天文学中的其他术语）极为荒谬，完全没有任何道理。这里根本没有“hydro”（该词根来自古希腊语ὕδωρ，本意为“水”）的事，而static（意指“状态不变”）和equilibrium（意为“平衡”，亦有“稳定”之意）的组合在我眼中完全是语义重复。

6. F. Adams, “Stars in Other Universes: Stellar Structure with Different Fundamental Constants,” *Journal of Cosmology and Astroparticle Physics*, 2008.

7. H. Kragh, “When Is a Prediction Anthropic? Fred Hoyle and the 7.65 MeV Carbon Resonance,” *Philosophy of Science Archive*, 2010.

8. 不好意思，我又不小心说了个不知所谓的术语。希望“三”这个字能让你明白，该过程需要三个同种物质的参与。这种物质就是氦原子核，也叫作α粒子，每个氦原子核包含 2 个质子和 2 个中字。换句话说，三阿尔法过程需要消耗 3 个氦原子核。

9. F. Hoyle, “On Nuclear Reactions Occurring in Very Hot Stars. I. The Synthesis of Elements from Carbon to Nickel,” *Astrophysical Journal Supplement Series*, 1954.

10. H. Oberhummer, A. Csótó, and H. Schlattl, “Stellar Production Rates of Carbon and Its Abundance in the Universe,” *Science*, 2000.

11. 我们是如何做到的呢？放心，实验室里有专门从事精确测定这些常数的科学家（例如在美国国家标准与技术研究院工作的研究人员）。相信你一定迫不及待地想去了解在这些精密实验室做的实验了。

12. 作为对物理法则相关章节的呼应，你可能会注意到中子衰变过程涉及弱相互作用。

13. 小提示：可以翻回上一章，简要回顾那条描述质子衰变的注释。

14. 我目前并不相信转世轮回的说法，但如果真的有这回事，我也不想下一世变成这种螨虫。

15. M. Tegmark, “On the Dimensionality of Spacetime,” *Classical and Quantum Gravity*, 1997.

16. 相关注释参见外星生命一章。

17. 我要解读一下这一术语，以免你对此感到好奇：通常，希腊字母σ用于表示衡量测量数据差异的统计量（即标准差）；下标数字 8 则表示该测量值被归一化为 8Mpc/h 这一单位。需要注意的是，这里的 h 不是“小时”的意思，而是一个无量纲参数，其含义为哈勃常数与“基准值”的比值，即 H_0/(100km/s/Mpc)。也有人会采用 Q 来表示原初涨落幅度，这是在宇宙微波背景中直接观测到的涨落振幅，其数值约为 10^{-5}。

18. G. Hinshaw et al., “Nine-Year Wilkinson Microwave Anisotropy Probe (WMAP) Observations: Cosmological Parameter Results,” *Astrophysical Journal Supplement Series*, 2013.

19. M. Tegmark, “Why Is the Cosmic Microwave Background Fluctuation Level 10^{-5}?,” *Astrophysical Journal*, 1998.

20. R. V. Wagoner, “Big-Bang Nucleosynthesis Revisited,” *Astrophysical Journal*, 1973.

21. 顺带一提，氦元素是地球上的不可再生资源，正源源不断地向太空中流失。下次将氦气球拿在手上的时候，你或许可以想想这个问题。

22. S. Rahvar, “Cosmic Initial Conditions for a Habitable Universe,” *Monthly Notices of the Royal Astronomical Society*, 2017.

23. M. Tegmark et al., “Dimensionless Constants, Cosmology, and Other Dark Matters,” *Physical Review D*, 2006.

24. C. H. Bennett, “Logical Depth and Physical Complexity,” in *The Universal Turing Machine—a Half-Century Survey*, Oxford University Press, 1988.

25. Bennett, “Logical Depth and Physical Complexity.”

26. 请注意，行星的公转轨道实际上并非正圆，但是在观测水平尚不发达的过去，这些轨道确实看起来像是正圆。

27. I. Newton, *Opticks: or, A treatise of the reflections, refractions, inflexions and colours of light* (London: Printed for Sam. Smith, and Benj. Walford, 1704), Smithsonian Libraries online.

28. C. Darwin, *The Origin of Species*, William Collins, 2011 (1859).

29. B. Carter, “Large Number Coincidences and the Anthropic Principle,” in *Confrontation of Cosmological Theories with Observational Data*, D. Reidel, 1973.

30. R. Dicke, “Dirac’s Cosmology and Mach’s Principle,” *Nature*, 1961.

第 11 章

1. A. Casselman, “Strange but True: The Largest Organism on Earth Is a Fungus,” *Scientific American*, 2007.

2. 作为参照，地球上还有其他年龄远远在它之上的宏观生物体，其中包括几种据信存活超过 10 000 年的植物。

3. F. Falchi et al., “The New World Atlas of Artificial Night Sky Brightness,” *Science Advances*, 2016, https://www.science.org/doi/10.1126/sciadv.1600 377. 更不必说即将涌入地球轨道的卫星洪流了。截至本书完成时，全球互联网供应商已申请向地球轨道发射超过 50 万颗人造卫星。相比之下，在地球上最黑暗的地方，人类肉眼可见的恒星大约只有 5 000 颗。哪怕上述发射计划中仅有 1/4 的卫星最终升空，其中仅有 1/10 的卫星亮度能达到肉眼可见的标准，那么夜空中可见的人造卫星数量也将超过可见恒星数量的 3 倍有余。

4. 我不确定能否对我家的狗也做出同样的评价，我总感觉它们只是简单地接受现实的本质而不追问其缘由。它们显然不会思考量子力学的哲学含义。

5. 你可以在网络上搜索，附近最黑暗的夜空在什么地方。这里有一条专业建议：请注意月相。通常情况下，中国的农历初一是新月，农历十五是满月，因此观测星空的时间离初一越近越好。